중학수학

처음부터 이렇게 배웠더라면

한때 중학생이었던 동생 유리, 조카 명훈과
지금 중학생인 조카 원일에게

수학을
절친으로 만드는
19가지 방법

중학수학

처음부터 이렇게
배웠더라면

박병하 (모스크바대 수학박사) 지음

행성B

머리말

　이 책은 여러분이 재미를 느끼고 공부에 도움이 되기를 바라며 썼다. 재미도 없고 도움도 안 된다면 그런 책은 빈 종이보다 쓸모가 없다. 도대체 뭐 하러 끙끙대며 글을 쓰고 책으로 엮겠는가. 그런데 재미와 유익이라는 목표, 설정하기는 쉬우나 달성하기는 어렵다. 먼저, 재미와 유익이라는 두 마리 토끼를 한꺼번에 잡기가 쉽지 않으므로. 게다가 재미도 재미 나름이고 유익도 유익 나름이다. 그래서 나는 '수학하는 재미'와 '공부에 유익'으로 선을 그었다.

　수학하는 재미란 따지는 재미를 말한다. 수학이란 이치를 따지는 학문이기 때문이다. 공부에 유익이란 더 높은 수준을 염두에 두고 이야기하는 것을 말한다. 공부란 높은 수준으로 올라가기 위해 노력하는 과정이기 때문이다. 거기에 더해 어떻게 쓰면 독자가 더 쉽고 정확하게 이해할까 생각을 거듭했다. 그 목표들을 이루기 위해 어떤 원칙을 정해 썼는지 독자 앞에 밝히는 게 도리일 것 같다.

어떻게 썼나?

　초중고 수학 공부 중 중학교 수학이 가장 중요하다. 중요한 개념들이 모두 중학교 때 등장하기 때문이다(이 책에서는 급수와 수렴과 미분법은 안 다뤘지만, 사실 유리수를 소수점으로 나타내기와 무리수 개념에 이미 수렴 개념이 섞여 있고, 다항 함수 그래프부터 이미 기초 미분법과 함께 가야 한다고 생각한다). 사람을 만날 때도 첫 만남이 가장 중요하듯 수학 개념도 첫 만남이 중요하다. 수학 언어로 말하면 개념이란 정의definition이다. 정의를 이해하고 정의된 개념이 어떤 성질을 갖고 있나 따져보는 일이 수학 공부다.

따라서 독자가 정의와 그 성질을 어떻게 만나는게 좋을까 고민했다. 그 질문에 답을 찾는 과정이 '이 책을 어떻게 쓸까'라는 문제에 답하는 과정이었다. 아래에 보듯 그 질문은 다시 작은 질문들 몇 개로 쪼개졌다. 이 작은 질문들에 답하면서 나는 책쓰기 원칙을 마련했다.

어떤 정의를 다룰까? 이 책에서 다루는 중요한 정의들은 수, 항, 식, 함수이다. 중고등 교육과정에는 집합, 확률, 도형 같은 것들도 있지만 거기까지는 안 갔다. 우리나라 교육과정을 뜯어보면, 수와 식과 함수를 이해하는 게 핵심이다. 얘들과 얼마나 친해지느냐가 수학 공부를 잘하느냐 못하느냐를 결정짓는다. 꽃 중의 꽃은 2차 방정식과

2차 함수다. 따라서 2차 방정식과 2차 함수를 집중 조명했고 설명도 꼼꼼히 했다.

그 정의는 어떻게 나왔나? 자연수든 방정식이든 다항 함수든 정의는 하늘에서 뚝 떨어진 게 아니다. 나올 만하니까 나왔다. 이 책에서는 정의가 필요하게 된 배경을 이야기했다. 처음에는 단순한 것이 차츰 자라나며 다른 정의를 낳고 키운다. 좋은 씨앗 하나가 떨어져 아름드리나무로 자라듯 자연수라는 씨앗 하나가 2차 함수까지 자라난다. 이 책을 다 읽을 즈음 여러분에게 그런 느낌이 들었으면 좋겠다.

그 정의는 어떤 성질을 갖고 있나? 새로운 정의가 등장하면 그 성질을 탐구한다. 뭐가 있으면 그게 어떻게 생겼나, 어떻게 행동하나 보고 싶은 것이 본능이다. 수학 정의도 그렇다. 자연수가 정의되면 자연수와 그와 연관된 덧셈 성질을 본다. 덧셈을 알면 그와 연관된 곱셈 성질을 본다. 자연수를 포함하는 정수integer가 정의되면 자연수 성질 말고 다른 성질은 뭐가 있는지 본다. 1차 항으로 만들어진 함수와 2차 항으로 만들어진 함수는 어떻게 다른지 본다. 이와 같이 새로운 정의가 나오면 앞부분과 비교하고 따졌고, 앞으로 어떤 정의로 뻗어 나갈지 계속 질문했다.

　이 책 전체를 요약하면 이렇게 말할 수 있다. 수는 자연수에서 실수로 확장하고, 그러면서 변수까지 다루는 항의 세계로 확장된다. 변수가 하나인 항을 다루는 방정식 세계로 뻗어간다. 우리는 그중에서 다항 방정식, 그중에서도 1차와 2차 방정식을 살핀다. 그다음, 변수가 2개인 경우로 더 넓혀진다. 함수 세계로 나아가는 것이다.

　그 성질을 어떻게 찾았나? 그렇듯 수학 세계가 점점 넓어질 때마다 새로운 정의가 등장하고, 우리는 새로운 성질을 탐구한다. 정의와 성질은 하늘에서 뚝 떨어진 게 아니다. 이 책은 정의와 성질을 찾는 탐색 과정을 보였다. 탐색 과정은 보통 이런 형태로 되어 있다. 질문을 던진다 ― 답을 찾기 위해 도전한다 ― 실패한다 ― 실패했지만 얻는 게 있다 ― 그것을 바탕으로 더 좋은 답을 찾는다 ― 답이 나왔을 때 기뻐한다 ― 다시 새로운 질문을 던진다. 한마디로 물음표를 느낌표로 바꾸려고 몸부림치고, 느낌표로 바꾸었으면 다시 물음표를 던지는 과정이다. 그러니 모험을 떠났다가 돌아오고 다시 모험을 떠나는 과정과 비슷하다.

어떻게 읽을까?

그럼 이 책을 어떻게 읽는 게 좋을까? 이 질문에 대해서는 누가 읽느냐에 따라 초점이 다를 수 있다.

중학교 1, 2학년. 수학 공부 별거 아니라는 광고 문구를 많이 보는데, 내가 보기에 그건 새빨간 거짓말이다. 수학은 다른 과목보다 현실과 멀어 보인다. 기호도 낯선 게 많고 따라야 할 규칙도 꽤 된다. 작은 실수도 용납하지 않는다. 한마디로 수학은 땅의 과목이라기보다는 하늘의 과목이다. 그렇다 보니 알아도 아는 것 같지 않은 불안감이 항상 따라다닌다. 이걸 극복하는 길은 하나다. 먼저 정의와 성질을 꼼꼼하게 따져 봐야 한다. 이어서 얼마나 이해했는지 확인해야 한다. 또 수학은 외국어나 음악처럼 독특한 기호를 쓰므로 그 기호에 익숙해지도록 해야 한다. 마지막으로 계산 과정에 익숙해져야 한다.

따라서 수학 공부를 처음 하는 독자는 이 책을 천천히 읽는 게 좋다. 전체 흐름을 잡기 위해 처음 읽을 때는 하루에 1장쯤 읽으면서 '숲'을 본다. 어렵다고 생각하는 부분은 더욱 천천히 읽는다. 두 번째 읽을 때는 그것에 해당하는 교과서 익힘 문제를 함께 푼다. 특히 방정식 문제를 많이 풀어야 한다. 그렇게 해서 익숙해졌으면 세 번째 읽으면서 다시 숲을 본다. 이때 책 곳곳에 숨어 있는 토론거리에 스스로 답을 해보고 친구와 이야기한다.

중학교 2, 3학년. 방정식 풀이에 꽤 익숙한 학생은 중학 과정 전체를 정리하는 마음으로 읽는다. 수와 식까지는 큰 틀을 잡는 기분으로 읽고, 함수 부분은 꼼꼼히 읽는다. 학년이 올라갈수록 함수 종류가 복잡해지지만, 이 책에서 다루는 내용을 조금 더 밀어붙였을 뿐이다. 기본 틀을 잡고 있으면 덜 고생한다. 특히 '평행이동과 대칭' 개념으로 그래프를 설명한 부분에 익숙해지도록 한다. 그러면 고차 다항 함수가 나오든 유리, 근호, 지수, 로그 함수가 나오든 원리는 하나이므로 적응하기 쉽다. 또한 이 책에서 정의와 성질을 탐색하는 과정을 곰곰 따진다. 자기 방식으로 탐색을 해본다. 생각을 공책에 옮겨 적으며 다듬어 간다. 친구와 토론한다. 그런 공부 방법이 익숙해지면 수학 논술 공부에 크게 도움이 되리라 믿는다.

감사

이 책은 지난 3년 반 동안 방학 때마다 했던 수학 캠프 0단계, 1단계에서 얼개만 뽑아 정리했다. 쓰고 싶은 만큼은 다 못 썼다. 다 썼더라면 교과서에서 배우지도 않는 걸 왜 다루었냐며 이 책을 펴지도 않을까 봐 겁났다. 책도 너무 두꺼워졌을 것이다. 아쉬움이 남지만, 수학하기에 재미를 붙인 독자와는 또 만날 기회가 있을 거라 위로했다. 어쨌든 이 책은 세상에 나왔다. 감사할 분들이 많다. 짧게나마 감사를 남기고 싶다.

캠프는 부모님들이 서로 도우며 개최하고 운영해 주셨다. 함께한 아이들과 부모님들께 감사드린다. 책을 쓰자는 제안을 받고 머뭇거리고 있는데, 그즈음 친구 동욱이가 노트북을 선물했다. 써야 하는구나 여기고 쓰기로 했다. 친구에게 감사한다. 이 책 쓰는 내내 모차르트 음악만 들었다. 일부러 그랬다. 즐거웠고 위로받았다. 모차르트와 연주자들에게 감사한다.

초고가 나왔을 때는 엉성했다. 초고를 꼼꼼히 읽고 틀린 것을 지적해 주고 포스트잇을 붙여 주석을 해주신 미현, 순옥, 혜옥 샘들께 감사한다. 실력과 경험을 갖춘 중학교 수학 교사들께서 봐 주셔서 한결 다듬어졌다. 그래도 남은 실수가 있다면 온전히 내 책임이다. 아울러 일선 학교에서 수학의 묘미를 전하기 위해 고군분투하고 계시는 교사들께 감사한다. 이 책은 어느 것 하나 새로운 게 없다. 수천 년 동안 수많은 사람들이 해놓은 것이다. 수학 언어를 발전시켜 온 분들께 감사한다. 마지막으로 이 책을 쓰라고 독려해 주시고 선머슴 같았던 거친 원고를 이렇게 멋쟁이 책으로 만들어 주신 행성:B 여러분께 감사한다.

이 책을 통해 이루고 싶었던 세 목표가 얼마나 이루어졌는지 모르겠다. 두 번째 읽을 때 재미가 늘어나는 책을 쓰고 싶었다. 판단은 독자의 몫이다. 이제 독자 여러분의 심판을 기다리는 일만 남았다. 좋은 평가를 받았으면 하고 바랄 뿐이다. 진지하게 공부하는 학생이 이 책을 통해 수학하는 재미를 느낀다면 더할 나위 없이 기쁘리라. 이 책을 읽고 있는 독자 여러분에게 감사한다.

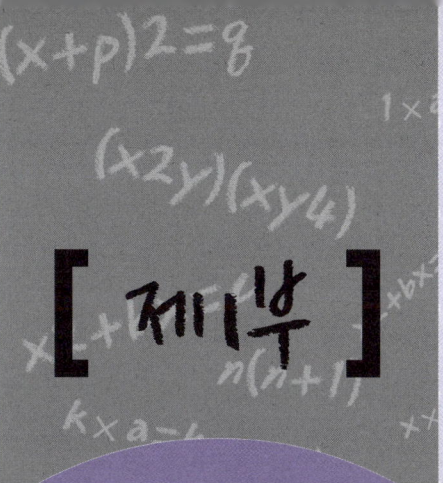

[제1부]

수와 식
1에서 방정식까지

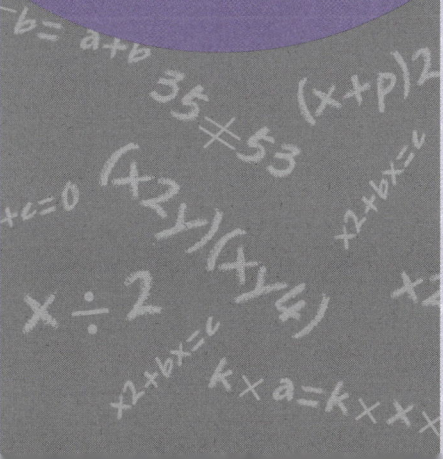

01

자연수, 수학이 탄생하다

0과 1, 자연수, 수와 숫자, 십진법, 수직선

까마득한 옛날 누군가가 깨달았다. 양과 조약돌은 다르지만 양 한 마리와 조약돌 하나 사이에는 같은 성질이 있다는 걸. 해가 뜨면 양을 몰고 나가면서 양이 몇 마리인지 세어야 했다. 그런데 양치기에게는 숫자가 없었다. 그래서 양이 한 마리 나올 때마다 조약돌을 하나씩 담았다. 해가 지면 양을 몰고 돌아왔다. 이때는 거꾸로 했다. 양이 울타리로 들어갈 때마다 조약돌을 하나씩 꺼냈다. 늑대에게 물려간 양, 길 잃은 양 하나 없이 모두 무사히 돌아와서 마지막 양이 들어갈 때 마지막 조약돌을 꺼냈다.

이 흔적은 지금도 남아 있다. 아직 말을 할 줄 모르는 아가에게 "몇 살?" 하고 물어보자. 아가는 고사리 같은 손가락을 세 개 편다. 세 살이라는 나이는 눈으로 볼 수 없지만, 손가락이 나이를 볼 수 있게 한다.

❶ 자연수와 숫자

양치기는 조약돌 하나마다 손가락을 셀 수 있으니 손가락 하나는 양한 마리와도 성질이 같다. 누가 시켜서 아는 게 아니라 저절로 안다. 이렇듯 사람들은 나이 한 살, 손가락 하나, 조약돌 한 개, 양 한 마리들을 관통하는 공통 성질이 있다는 것을 안다. 거기서 '하나'라는 어떤 느낌이 탄생한다. 그것이 바로 수 '하나'다. 이것은 마음으로 봐야만 보인다.

사람들은 그 하나를 '하나' 또는 '일'이라고 불렀다. 거기서 모든 것이 시작했다. 하나는 홀로 우뚝 섰다. 하나에 하나를 더하면 하나보다 크다. 그것은 하나가 아니니 다른 이름이 있어야 한다. 이것을 '둘'이라 부른다. 거기에 하나를 더하면 더 커진다. 하나를 또 더하면 수는 더 커진다.

이처럼 하나에 하나씩 더해가는 수를 자연수라 부른다. 수가 다르니 이름도 저마다 다르다. 한글로는 이렇게 부른다.

하나, 둘, 셋, 넷, 다섯……

수가 커지는데 그 수를 나타낼 기호가 없다면 불편하다. 그래서 사람들은 그것을 나타낼 기호를 발명해 냈다. 수를 나타내는 기호를 숫자라 부른다. 수를 숫자로 나타내니 편하다. 나중에 기억하기도 좋고 물건을 사고팔며 대화를 하기에도 좋다.

> 수 개념이 잡히지 않은 부족도 있다. 호주 사막에 사는 한 부족이 그렇다. 따가운 햇볕을 피해 그늘에 앉아 있는 이 부족 노인에게 "자식이 몇 명이에요?" 하고 물어보라. 노인은 자식 이름을 하나하나 부르다가는 그냥 이렇게 대답할 것이다. "많아!"

숫자를 말로 나타내는 것은 민족마다 다르다. 한국어로 하나는 '하나'이고 일본어로는 'いち(이찌)'다. 미국에서 피자를 사면서 "다섯 판 주세요" 해봤자 통하지 않는다. 'five(파이브)'라고 말해야 한다. 어떤 외국어를 배우든 수를 말로 할 때 바로 알아듣기란 상당히 골치 아픈 일이다. 하지만 쓰는 기호는 통일돼 있어서 그런 불편이 없다. 현대 지구인들 대부분은 이런 기호를 쓴다.

1, 2, 3, 4, 5, 6, 7, 8, 9……

이것은 인도를 거쳐 아랍 사람들이 체계를 잡았다고 해서 인도-아라비아 숫자라 부른다. 간단해 보여도 이렇게 되기까지는 수천 년이 걸렸다.

자, 그럼 간단히 시험을 치러 볼까? 다음에 쓴 숫자들은 모두 인도-아라비아 숫자다(정확히 말하자면 '숫자였다'). 다음 그림이 뜻하는 것을 오늘 우리가 쓰는 숫자로 쓰면 무엇일까?

흠, 3이라고? 딩동댕!

바로 맞히다니 좀 쉬웠던 모양이다. 그럼 이건 어떨까?

9? 땡! 7? 땡! 4? 오호! 그렇다, 4다! 천 년이 넘은 글자를 알아맞히다니 대단하다. 자, 그럼 하나만 더 해볼까?

ɛ

3? 땡! 8? 땡! 2? 땡!

짐작하기 어려울지 모르지만, 이것도 4였다. 게다가 4를 **╋**라고 쓰던 시절도 있었다. 숫자 6을 **φ**로 쓰기도 했고(그런가 하면 **ㄱ**로 쓰기도 했다. 7이 아니라 6을 말이다!), 또 숫자 9를 **ℒ** 모양으로도 썼다.

이렇듯 오랜 세월을 거치는 동안 숫자들은 시대에 따라 민족에 따라 변하며 지금 우리가 쓰는 숫자로 정착되었다. 어쨌든 적는 숫자가 통일된 것은 참 다행이다.

처음 러시아에 공부하러 갔을 때, 나는 러시아 말에 서툴러서 시장에 갈 때면 수첩과 연필을 들고 갔다. 수첩을 주면 상인이 금액을 적어 보여 주었고, 그러면 나는 거기에 맞게 돈을 내면 됐다. 이것도 모두 숫자가 통일된 덕분이다. 마찬가지로 여러분이 외국에 나가서 피자 가게를 간다면 그 나라 말로 '다섯'을 몰라도 된다. 숫자를 통일시켜 준 선조들에게 감사하는 마음으로 종이에 '5'라고 쓰면 피자가 정확히 '다섯' 판 나올 테니까.

❷ 십진법으로 자연수 나타내기

1, 2, 3, 4, 5, 6, 7, 8, 9.

자연수를 나타내는 이 숫자는 맨날 쓰는 것이지만 생각해 보면 참이상한 기호다. 조약돌 셋, 별 셋, 손가락 셋, 사흘……. 그런 것들에서 뽑아낸 공통 성질 '셋'이 어떻게 하필 3이라는 묘한 모양이 된 걸까? 4, 6, 9에는 구멍이 하나 있고, 8은 구멍이 둘 있고, 다른 숫자에는 없다. 여섯인 6과 아홉인 9는 닮았다. 왜 하필 그런 모양이 되었을까? 우주에 있는 다른 생명체들도 이 기호를 쓸까?

큰 수를 나타낼 때도 문제는 생긴다. 9 다음 수를 나타낸다고 하자. 위에는 기호가 9개밖에 없다. 더 쓸 기호가 없다. 어떻게 나타내야 할까? 쉽게 생각해 볼 수 있는 방법은 '9보다 하나 더 많은 수'를 나타내는 새로운 기호를 만드는 것이다. 지금 쓰는 한자가 이런 식이다. 열을 나타내기 위해 十(십)이라는 새로운 기호를 쓴다. 九十九(구십구)까지 쓰고 나면 또 새로운 숫자가 필요하므로 百(백)이라는 기호가 있어야 한다.

우리나라에서는 불과 100년 전까지만 해도 이 방법을 주로 썼다. 이 방식으로 태양까지 거리를 나타내려면 엄청 길게 써야 하고, 숫자를 많이 알아야 했을 것이다. 꽤나 유식한 사람이 아니면 숫자만 봐서는 아예 이해를 못했을 것이다.

다른 방법도 있다. 자리를 옮기는 방법이다. 9가 있던 자리를 비우고 1이 다음 자리에 다시 나타난다. 빈자리에는 0을 쓴다. 지금은 속이 빈 달걀 모양으로 0을 쓴다. 그렇게 1과 0을 나란히 써서 10이 된다. 같은 기호 1이라도 첫 자리에 있을 때는 그냥 '하나'이고, 둘째 자리에 있으면 '열'인 것이다. 이 원칙은 계속 지켜진다. 99까지 써서 두 자리까지 꽉 채우면 그다음 수는 100이 된다. 99를 나타낸 두 자리를 비워 00이라 쓰고 셋째 자리에 1을 쓴 것이다.

기호가 쓰인 자리가 중요한 역할을 하니 '자릿수 방법'이라 하자. 태양까지의 거리도 짧게 쓸 수 있고 쉽게 이해할 수 있다.

실제로 옛날에는 두 방법이 모두 쓰였다. 지역마다 저마다 자기 방식대로 썼지만 크게 보면 그 두 방법이었다. 즉, 수가 커질 때마다 새 기호를 만드는 방법과 자릿수 방법이다. 둘은 수천 년 동안 경쟁을 벌였고, 마침내 자릿수를 중요하게 여기는 방법이 승리한다. 천 년 전쯤의 일이다. 요약하면 다음 두 가지를 기본으로 하는 방법이 천하 통일을 이룬 것이다.

- 기호 열 개 : 0, 1, 2, 3, 4, 5, 6, 7, 8, 9
- 열 단위마다 자릿수 옮기기

기호 10개와 자릿수로 수를 나타내는 방법을 십진법이라고 한다. 국제 공용어다. 어떤 영웅도 세계를 제패하지는 못했지만, 십진법은 그것을 해냈다.

> 십진법은 영원할까? 경쟁은 정말 끝났을까?
> 현대 컴퓨터는 기호 2개를 쓰는 이진법을 좋아한다. 이진법은 외울 기호도 2개밖에 없고 셈하기도 매우 쉽다. 어떤 사람들은 십이진법으로 쓰는 게 여러모로 더 좋다고 우기고 있다. 아직 경쟁자들은 많다. 타임머신을 타고 천 년 뒤로 가면 그때도 십진법이 세상을 지배하고 있을까?

❸ 자연수의 크기 비교와 수직선

자연수를 십진법으로 나타내는 것은 썩 괜찮은 방법이다. 기호 10개만 외우면 되고 큰 자연수도 짧게 쓸 수 있다. 게다가 이 기호를 쓰면 자연수 두 개를 비교하기도 쉽다. 예를 들어 '1이 2보다 크다'를 1<2라는 기호로 간단히 쓴다고 하자. 십진법으로 나타낸 수를 비교하려면 두 가지 원칙만 알면 된다.

- 자릿수가 긴 수가 더 크다.

  예 999 < 1111
- 자릿수가 같다면 왼쪽부터 봐서 먼저 큰 게 나오는 쪽이 크다.

  예 123 < 132

따라서 두 자연수 중 어느 쪽이 큰지 고르는 것은 식은 죽 먹기다. 보나 마나 모든 자연수를 크기 순서로 세울 수 있다. 그래서 자연수를 나타내는 방법을 하나 더 생각할 수 있다.

우리 선조들이 자연수를 직선에 있는 점과 대응시킨 방법이 바로 그것이다. 이 방법은 아주 쓸모가 많다. 자, 아래 그림을 보자.

어떻게 표시한 것일까? 간단하다.

- 직선을 긋는다. 아무 점이나 찍는다. 그것을 기준점이라 부르겠다.
- 아무 점이나 다른 점을 찍는다. 떨어진 거리를 기준 단위라 부

르겠다. 거기에 1을 대응시킨다.
- 기준점에서 기준 단위만큼 떨어진 곳마다 2, 3, 4…를 대응시킨다.

이렇게 '같은 방향으로 계속' 바보 같은 행동을 해 나가면 자연수 하나와 점 하나를 모두 대응시킬 수 있다. 이때 기준점에서 더 멀리 있는 점에 대응하는 자연수가 더 크다.

조약돌 하나와 양 한 마리를 대응시키더니 이제 자연수 하나에 점 하나를 대응시킬 생각을 하다니 놀랍다. 그것도 직선에 있는 어떤 점 하나를 말이다! 이것은 별것 아닌 것 같아도 놀라운 발상이다. 보통 수는 '얼마나'를 뜻하고 점은 '어디에'를 뜻하는데 그 경계를 허물어 버린 것이다. 이런 훌륭한 발명은 제대로 대접을 받아야 마땅하다. 그래서 사람들은 따로 이름 하나를 지어 바쳤다. 이것을 수직선이라 부른다. 수가 대응한 직선이니까. 아직은 자연수만 대응했으니 '자연수 직선'이라 할까……. 어쨌든 좋다.

잠깐! 뭔가 이상하다. 자연수를 직선에 대응시킬 때, 찍히는 점마다 수가 대응한다. 그런데 기준점에는 아무 표시도 못했다. 같은 점인데 푸대접을 하다니 안 될 일이다. 게다가 이 점은 매우 중요한 점이다. 기준이 아닌가. 다행히 우리에게는 기호가 하나 더 있다. 십진법에서 '빈자리'를 나타내는 기호 0이다.

❹ 0이라는 수

기준점을 표시했던 0도 수다. 자연수는 1에서 1씩 더해 가는 수라고
했으니, 아직 1도 아닌 것을 수라고 말하는 것이 조금 이상하기는 하
다. 그렇다고 수가 아니라고 하자니 그것도 찜찜하다. 수를 나타내려
면 0은 없어서는 안 되는데, 0은 수가 아니라니.

사람들이 0을 수로 생각하게 되기까지는 눈물겨운 사연이 있었다.
그 기구한 이야기만으로도 날이 샐 정도다. 어떤 사람들이 0을 수로
생각하자고 아무리 말해도 그 말을 끈질기게 안 듣는 사람들이 많았
다. 결국 수백 년이 걸려서야 0을 자연스럽게 수로 받아들이게 된다.
다행히 지금은 0을 수로 여기는 사람이 훨씬 많다. 아직 0층이라는
말은 잘 안 쓰지만.

0이 수라면 0은 무엇을 뜻할까? 때때로 0은 '아무것도 없음'을 나
타낸다. 때때로 그렇다는 것이지 항상 그렇다고 생각하면 큰코다친
다. 십진법으로 자연수를 나타낼 때는 '빈자리'였다. 그러나 1이라는
숫자 오른쪽에 0 하나만 써도 열이 된다. 거기에 0 하나를 더 쓰면
백이 된다. 0을 하나 붙일 때마다 10단위씩 커진다.

그런가 하면 수직선에서 0은 '기준'이었다. 음수라는 개념이 나올
때 이 기준이라는 생각은 아주 중요한 구실을 한다. 그렇듯 0은 쓰이
는 곳에 따라 뜻도 다양하다.

다양한 의미를 담고 있어서 그럴까? 수학에서 0은 항상 골칫거리
다. 미리 몇 가지를 예로 들어봐도 그렇다.

- 0으로 나누면 안 된다.
- 5^3은 5를 세 번 거듭 곱한다는 거듭제곱셈이다. 그럼 5^0은 무엇일까? 5를 한 번도 안 곱하니 0이 맞는 것 같은데 수학에서는 1이라고 정의한다.
- 5!이라는 셈은 $5 \times 4 \times 3 \times 2 \times 1$이다. 5부터 하나씩 줄이면서 1까지 곱한 것이다. 5!은 '5팩토리얼factorial'이라고 읽는데, 수학 여러 곳에서 중요한 셈이다. 1!은 당연히 1일 것이다. 그렇다면 0!은? 아무것도 없음이라면 0이 맞을 것 같다. 그런데 아니다. 수학에서는 1이라고 정의한다.

이제 보니 0이란 무엇인지 알다가도 모르겠다. 누군가는 이렇게 말할지도 모른다.

"1!도 1인데 0!도 1이라니, 이게 말이 돼?"

아우성쳐도 어쩔 수 없다. 0이란 '아무것도 없음'이라고 고집을 부리니까 말이 안 되는 것이지, 그 생각만 버리면 된다. 그 이야기를 계속하는 것은 자리가 마땅치 않으니 귓속말만 전하겠다.

"0!은 1인 것이 가장 좋아. 그래서 사람들은 그렇게 정의해 둔 거야."

이렇게 말해 놓고 보니 무턱대고 '0이란 아무것도 없음이야'라고 생각하면 큰코다칠 것 같다. 그렇다면 0은 무엇일까?

0이 무엇인지 알려면 0이 어떻게 행동할지 겪어 봐야 한다. 어떤 수가 어떻게 행동하는가는 그 수가 셈할 때 어떻게 되느냐로 나타난다. 수 중의 기본이 하나와 자연수였듯이 셈 중의 기본은 덧셈과 곱셈이다. 따라서 0이 어떤 수인지 알려면 무엇보다 덧셈, 곱셈을 할 때 0이 어떻게 행동하는지를 보는 게 우선이다.

1과 0으로 수학 세계의 문을 열었다. 끼익, 이 큰 문을 열고 들어가 덧셈과 곱셈부터 만나 보자.

몇 년 전 페렐만이라는 수학자가 푸앙카레 가설을 증명해 냈다. 이것은 전 세계를 뒤흔든 대사건이었고, 그 떨림은 지금도 계속되고 있다. 페렐만은 미국의 유명한 대학에서 푸앙카레 가설을 요약해 강의하고는, 그것이 끝나자 고향 러시아로 돌아가 버렸다. 유명 대학에서 모셔 가려고 안달이지만, 수학의 노벨상이라는 필즈 상의 수상도 거부한 채 꼭꼭 숨어서 지내고 있다. 어쨌든 이 일로 러시아는 세계 수학계에 수학 강국이라는 깊은 인상을 다시 남겼다.

하지만 300년 전, 러시아는 십진법도 안 썼을 만큼 수학 후진국이었다. 그렇다면 어떻게 나타냈을까? 글자를 가지고 수를 나타냈다. 예를 들면 ㄱ은 1, ㄴ은 2, ㄷ은 3… 하는 식이다. 이렇게 하면 어떤 자연수가 글자가 되기도 하지만, 거꾸로 글자를 수로 둔갑시킬 수도 있다. 즉, '꽃'이라는 단어도 ㄲ, ㄱ, ㅗ, ㅊ으로 바꿔서 1, 1, 1만, 10으로 바꾼 다음 이것을 조합해서 어떤 자연수가 될 수 있다. 어떻게 조합하느냐는 엿장수 마음대로다.

300년 전쯤 러시아에는 키가 2m가 넘는 새 황제가 등극했다. 그의 이름은 표트르 황제. 그는 자신을 반대하는 자들을 죽이면서까지 무자비하게 개혁을 감행했다. 말하나 마나 적들이 차고 넘쳤다. 반대파들은 '표트르 황제'라는 이름이 '666'이라는 수라고 소문을 냈다. 666은 악마의 수니 황제도 악마라고 유언비어를 퍼뜨린 것이다.

사실 러시아의 표트르 황제가 그런 일을 처음이자 마지막으로 당한 것은 아니었다. 로마의 네로 황제, 가톨릭 교황, 나폴레옹 황제도 그런 일을 당했다.

유명한 사람들만 그런 일을 겪었겠는가? 십진법이 자리를 잡지 못한 때에는 이렇게 기막힌 일들이 아주 많았을 것이다.

아, 그래서 표트르 황제는 어떻게 했을까?

간단했다. 숫자 쓰는 방법으로 십진법을 도입하고 인도 – 아라비아 숫자로 개혁해 버렸던 것.

02

이것이 덧셈과 곱셈이다

덧셈, 곱셈, 거듭제곱셈, 교환·결합·분배법칙, 0, 항등원

여러분은 지금까지 덧셈과 곱셈을 지겹도록 하고 또 해왔을 것이다. 그런데 여기서 곱셈과 덧셈에 대해 또 본다. 다 아는 걸 왜 또 하느냐고 대들어 봤자 소용없다. 우리는 먼 길을 가야 한다. 2차 함수까지 간다. 먼 길을 가려면 흐트러짐이 없어야 한다. 잡다한 것에는 눈독 들이지 말고 중요한 것은 알아도 다시 두드려 보고 가야 한다는 말이다. 게다가 0이 덧셈, 곱셈과 어울려 어떻게 행동하는지도 궁금하다. 설마 나만 궁금한 건 아니겠지…요?

❶ 덧셈과 곱셈의 교환과 결합

잘 알다시피 1과 2를 덧셈하는 기호는 보통 1+2 기호를 쓴다. 1+2란 엄밀히 말하면, '1에서 시작해 1을 두 번 더'라는 말이다. 답

은? 물론 3이다. 그게 3의 정의였다. 하나에서 하나 더, 거기에서 하나 더. 그게 3이었으니까.

아주 옛날에는 큰 수의 덧셈이 아무나 할 수 있는 게 아니었지만, 십진법이 자리를 잡고 난 뒤로는 아주 쉬운 셈이 되었다. 그나저나 덧셈에는 아주 중요한 성질이 있다. 바로 교환법칙과 결합법칙이다.

$$3+4=4+3$$

위에서 보듯 덧셈하는 수를 바꿔서 해도 결과는 같다는 것이 덧셈에 대한 교환법칙이다.

$$(3+4)+5=3+(4+5)$$

이처럼 덧셈 순서를 바꿔도 결과는 같다는 것이 덧셈에 대한 결합법칙이다.

이제부터는 $1+2+3+4+5$처럼 여러 수를 더하더라도 괄호를 어디서부터 칠지 고민할 필요가 없다. 괄호를 어디에 치든 같다는 것이 결합법칙이 하는 말이니까.

덧셈에 대한 교환이니 결합이니 하는 게 뻔한 것 같지만 천만의 말씀! 여러분이 이미 아주 익숙해져서 그렇게 여기는 것뿐이다. 셈을 배운 지 얼마 안 된 아이에게 $3+5$를 물으면 8이라고 답한다. 이어서 $5+3$을 물어보면 아이는 바로 8이라고 답하지 않고 다시 계산한다. 한 손에 있는 다섯 손가락으로 주먹을 쥐고 다른 손의 손가락 셋을 더 꼽는다.

덧셈에 대한 교환법칙은 아이들에게만 낯선 게 아니다. 아침에 먹이를 3개 주고 저녁에 4개 주겠다고 하니 화를 냈다는 원숭이 이야기도 있다. 그 원숭이한테 "자, 그럼 아침에 4개, 저녁에 3개 줄게" 했더니 좋아라 팔짝팔짝 뛰더란다. '조삼모사(朝三暮四)'라는 옛날이야기다.

어쨌든 그 원숭이들의 덧셈은 이렇다.

아침 3개＋저녁 4개 ≠ 아침 4개＋저녁 3개

그러니 그들의 덧셈은 우리의 덧셈과 다르다.

결합법칙도 뻔한 것 같지만 항상 그런 것은 아니다. 예를 들어 끓는 물에 라면을 넣고 나중에 달걀을 넣는 사람이 라면과 달걀을 함께 풀고 여기에 끓는 물을 넣는 걸 원치 않는다면 어떨까?

(끓는 물＋라면)＋달걀 ≠ 끓는 물＋(라면＋달걀)

이렇게 되니 그에게는 라면 끓이기에 대한 결합법칙이 통하지 않는다. 하지만 우리는 수학의 세계에서 덧셈이란 교환·결합을 할 때 변함없다고 받아들이며, 그렇게 변함없는 것이 우리의 덧셈이다.

이제 여러 수를 덧셈한다고 하자.

$1+2+3+4+5$

이때 처음부터 $1+2$를 하고 그 결과를 3에 더하고 또 그 결과를 4에 더해 갈 수 있다.

이런 방식으로는 $1+2+3+4+\cdots+2011+2012$ 정도가 되면 셈이 거의 불가능하다. 이 방식보다는 $1+2+3+(1+3)+(2+3)$으로 모양을 바꾸고, 덧셈의 교환·결합법칙에 따라 다음과 같이 한다.

$(1+2)+3+(1+2)+3+3$

그런 다음 다음과 같이 바꾼다.

$$3+3+3+3+3$$

그러면 같은 수 3을 5번 더한다고 생각하는 게 낫다. 같은 수 3을 거듭해서 더하니 '거듭 덧셈'이라 부를 만도 한데 그러지 않고 곱셈이라 부른다.

여기서 내가 욕먹을 각오를 하고 "3×5는 얼마?"하고 물으면 여러분은 콧방귀를 뀌며 15라고 답할 것이다. 하지만 십진법 곱셈표(일명 구구단)를 아직 외우지 않은 어린아이에게 3+3+3+3+3은 꽤 어려운 셈이다. 덧셈을 여러 번 해야 하고, 자릿수를 생각해서 올려 주어야 하며, 덧셈할 때마다 '지금까지 덧셈을 몇 번 했더라?' 생각해야 한다. 이 복잡한 작업을 머릿속으로 동시에 해내야 한다.

그런데 그 아이에게 3+3+3+3+3의 결과가 5+5+5를 덧셈한 결과와 같다고 말해 주면, 아이는 놀라 눈이 휘둥그렇게 된다.

$$3×5=5×3$$

위와 같이 어떤 자연수든 곱하는 두 수를 바꿔도 같다는 믿음이 곱셈에 대한 교환법칙이다. 또한 다음과 같이 곱셈하는 순서를 바꿔도 결과는 같다는 믿음이 곱셈에 대한 결합법칙이다.

$$(3\times5)\times7 \ = \ 3\times(5\times7)$$

따라서 곱셈 $1\times2\times3\times4\times5$를 할 때 괄호를 어디에 칠지 고민하지 않아도 된다. 괄호를 어디에 치든 결과는 같을 테니까(그래서 팩토리얼 셈 5!의 결과는 이랬다저랬다 하지 않고 수 하나다).

❷ 덧셈과 곱셈의 분배

옛날 십진법을 쓰지 않았을 때, 곱셈은 아무나 할 수 없었다. 특별히 훈련한 사람들만 곱셈을 할 줄 알았다. 하지만 우리는 다르다. 곱셈을 빨리 하기 위해서 '3을 5번 덧셈'하지 않고 우리는 미리 표에 적어 두고 참고한다. 그 표만 보면 금방 $3\times5=15$를 알아낸다. 이런 표를 십진법 곱셈표라고 부른다.

십진법 곱셈표는 9×9개만 외우면 되기 때문에 짧게 구구단이라고도 한다. 이 곱셈표 하나면 충분하다. 큰 수를 곱할 때도 그렇다. 예를 들어 7×32처럼 큰 수를 곱할 때도 우리는 쉽게 해낸다. 7×3과 7×2를 곱셈표에서 보고 자릿수만 잘 맞춰 쓰면 되는 것이다.

$$7\times(30+2)=7\times30+7\times2$$

자신도 모르는 사이에 우리는 위와 같이 바꿔서 7×30 곱셈을 하고, 7×2 곱셈을 해서 그 결과를 더하고 있는 것이다. 이렇게 덧셈과 곱셈이 섞여 있을 때 7을 '분배해서' 30과 2에 따로 곱셈한 다음, 그 결과를 나중에 더해도 같다고 믿는다.

$$x \times (y+z) = x \times y + x \times z$$

이러한 믿음을 우리는 덧셈과 곱셈에 대한 분배법칙이라고 한다 (그림 1). 또는 이렇게 뒤집어 말할 수도 있다. 분배법칙이 성립하는 것이 우리의 덧셈과 곱셈이라고.

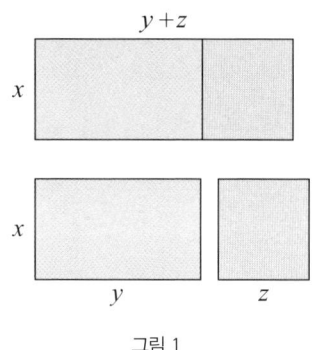

그림 1

예제 실제로 곱셈 12×34를 해보자. 옆에 근거를 달았다.

$$12 \times 34$$
$$= 12 \times (30 + 4) \qquad\qquad \leftarrow \text{십진법 표시}$$
$$= 12 \times 30 + 12 \times 4 \qquad \leftarrow \text{분배}$$
$$= (10+2) \times 30 + (10+2) \times 4 \qquad \leftarrow \text{십진법 표시}$$
$$= 10 \times 30 + 2 \times 30 + 10 \times 4 + 2 \times 4 \qquad \leftarrow \text{분배}$$
$$= 300 + 60 + 40 + 8 \qquad\qquad \leftarrow \text{곱셈표 보고 곱셈}$$
$$= 408 \qquad\qquad\qquad\qquad \leftarrow \text{자릿수 맞추어 덧셈}$$

이것이 원리다. 우리는 자신도 모르는 사이에 계속 분배법칙을 쓰고 있다. 그런데 어느 세월에 이렇게 할 것인가? 1234×765를 계산하라고 하면 한숨부터 나온다. 그래서 사람들은 원리를 지키면서 빠르고 정확히 해내는 방법을 찾아냈다. 그중 하나가 '길게 내려쓰기 long multiplication' 방법이다(그림 2). 자릿수를 맞추려면 세로로 쓰는 게 낫기 때문이다.

```
  12
  34
───────
   8    2x4
  40   10x4
  60   30x2
 300   30x10
───────
 408
```

```
  12
  34
───────
 1 4
 408
```

그림 2   그림 3

그림 3처럼 '숫자를 작게' 써서 한 번에 끝내는 경우도 있다. 이 방법은 짧게 쓰는 장점은 있지만 모든 원리와 절차를 덮어 버렸다. 게다가 글자를 작게 써서 계산 실수를 하기도 쉽다. 나도 어렸을 때 이렇게 배우는 바람에 습관이 들었다. 그래서 나도 모르게 이렇게 하고 있고, 지금도 계산 실수를 한다. 짜증난다. 이런 꼼수를 배운 게 억울하다.

좋은 습관은 인생을 매끄럽게 한다. 여러분은 그림 3으로 하지 말고 그림 2로 하는 습관을 들이길!

❸ 거듭제곱셈

덧셈을 거듭하는 셈을 곱셈이라고 했듯이 곱셈을 거듭하는 셈도 있다. 이것을 짧게 거듭제곱셈이라 부른다. 예를 들어 $3 \times 3 \times 3 \times 3 \times 3$ 은 3을 다섯 번 거듭 곱셈한다. 이것도 물론 기호로 나타낸다. 보통 3^5이라고 쓴다. 거듭제곱셈은 교환법칙이 성립하지 않는다. 교환법칙이 성립한다면 다음과 같을 것이다.

$$3^5 = 5^3$$

이것은 참인가? 3을 5번 곱하면 243인데, 5를 3번 곱한 것은 125밖에 안 된다. 그러니 거듭제곱셈에 대해서는 교환법칙이 성립하지 않으며, 다음과 같이 써야 한다.

$$3^5 \neq 5^3$$

이것은 거듭제곱셈이 어려운 연산이라는 불길한 징조다.

그게 다가 아니다. 결합법칙도 안 된다.

$$2^{(3^5)} \neq (2^3)^5$$

이때 $(2^3)^5$은 2^3을 5번 곱했으니 $(2^3) \times (2^3) \times (2^3) \times (2^3) \times (2^3)$이다. 2를 15번 곱한 것일 뿐이다. 그런데 3을 5번 곱하면 243이니까, 2^{3^5}은 2를 243번 곱한 수다. 상상을 초월할 만큼 엄청나게 큰 수다.

 2^{3^5}밀리미터는 지구에서 태양까지의 거리보다 멀까?
(지구에서 태양까지의 거리를 1억 5천만 킬로미터라고 가정함.)

덧셈은 '당연히' 교환법칙이 통했고, 거듭하는 덧셈인 곱셈도 교환법칙이 통했다. 그런데 거듭하는 곱셈인 거듭제곱셈은 교환법칙이 통하지 않는다. 결합법칙도 안 통한다. 이상하다. 매우 어려울 것 같은 불길한 느낌이 더 강해진다.

실제로 거듭 덧셈인 곱셈은 곱셈표가 있어서 쉽게 계산할 수 있는 데 비해 거듭 곱셈에는 그런 표도 없다. 계산이 무척 어렵다. 그래도 거듭제곱셈은 꽤나 매력 있는 셈이다. 다음과 같은 성질이 있기 때문이다.

$$2^3 \times 2^5 = (2 \times 2 \times 2) \times (2 \times 2 \times 2 \times 2 \times 2)$$
$$= 2 \times 2 \times 2 \times 2 \times 2 \times 2 \times 2 \times 2$$
$$= 2^{3+5}$$
$$= 2^8$$
$$(2 \times 3)^5 = (2 \times 3) \times (2 \times 3) \times (2 \times 3) \times (2 \times 3) \times (2 \times 3)$$
$$= (2 \times 2 \times 2 \times 2 \times 2) \times (3 \times 3 \times 3 \times 3 \times 3)$$
$$= 2^5 \times 3^5$$

결론만 보면 다음과 같다.

$$2^3 \times 2^5 = 2^{3+5}$$
$$(2 \times 3)^5 = 2^5 \times 3^5$$

'2^3 곱하기 2^5'이 '3 더하기 5'로 바뀌었다. 또 2^5과 3^5을 안다면 6^5이라는 '거듭제곱셈'이 '2^5 곱하기 3^5'으로 바뀌었다. 어려운 셈이 더 쉬운 셈으로 바뀔 가능성을 품고 있는 것이다!

❹ 0과 1의 덧셈, 곱셈, 거듭제곱

이제 덧셈, 곱셈, 거듭제곱셈 들에서 0이 어떻게 행동하는지 살펴볼 차례다. 보는 김에 기본 중의 기본인 1이라는 자연수도 함께 보자. 0과 자연수를 더하면 그냥 그 자연수다. 그리고 1과 다른 자연수를 곱하면 항상 그 자연수 그대로다. 아무 자연수나 그렇게 될 테니 잠깐 '어떤 자연수'를 x라고 놓아 보면 이렇게 쓸 수 있다.

$$x + 0 = 0 + x = x$$

$$x \times 1 = 1 \times x = x$$

보다시피 0은 덧셈과, 1은 곱셈과 함께 아무 힘을 쓰지 않는다. 있으나 없으나 결과는 같다. 이렇게 연산을 해도 다른 값을 변하지 않게 하는 것을 우리는 그 연산에 대한 항등원이라 부른다. 그래서 덧셈에 대한 항등원은 0이고, 곱셈에 대한 항등원은 1이다.

0은 덧셈과 함께 있으면 더없이 겸손한 수다. 그런데 곱셈과 만나면 얼굴을 싹 바꾼다. 자연수가 아무리 커도 0과 곱하면 항상 0이다. 그 주위를 지나가는 모든 것을 빨아들여 사라지게 만드는 블랙홀처럼 무지막지하다. 곱셈과 함께 있으면 0은 모든 자연수를 흡수해 버린다.

$$x \times 0 = 0 \times x = 0$$

이게 '아무것도 없음'이니 당연하지 않느냐고 말할 수도 있다. 하지만 100×0을 100을 한 번도 안 더한 것이라고 보면, 지금까지 우리가 아는 수 중에서도 0부터 99까지 무려 100개나 후보가 있다. 그것들 중 어떤 것도 100을 한 번도 안 더했는데, 그중에서 꼭 0만 되어야 할까?

자, 그렇다면 3^0은 어떻게 될까? 0을 '아무것도 없음'이라 이해하고 곱셈을 거듭 덧셈이라고 이해하면, 결국 3^0은 3을 한 번도 안 더한 것과 같다. 그렇다면 0이 맞겠다. 그런데 아니다. 어떤 자연수 x가 있든 항상 다음 결과가 나온다.

$$x^0 = 1$$

왜 그럴까? 그게 가장 좋기 때문이다. 그럴듯한 이유가 여럿 있지만, 여기서 하나만 들어보겠다.

$3^4, 3^3, 3^2, 3^1$은 81, 27, 9, 3이다. 다시 쓰면 다음과 같다.

그러니 거듭제곱이 4, 3, 2, 1로 1씩 줄면서 결과는 3배씩 줄고 있다. 그렇다면 3^1에서 3배 줄어든 수는? 그렇다. 1이다. 3^0은 1인 게 기왕이면 낫다.

지금까지 우리는 자연수와 가장 기본이 되는 덧셈, 곱셈에 대해 확인했다. 다시 한 번 정리해 보자. 다음에서 x, y, z는 아무 자연수나 된다고 하자. 자연수가 들어갈 수 있는 자리라고 생각하면 좋겠다. 또 같은 문자에는 같은 수를 써 넣는다고 가정한다.

$3 \times 0 = 0$을 설명할 때도 같은 근거를 댈 수 있다. 다시 말해 3×4, 3×3, 3×2, 3×1은 곱하는 수가 1씩 줄 때 그 결과는 3씩 줄고 있다. 그렇다면 3×0은 3×1에서 3 줄어든 수, 다시 말해 0인 것이 가장 좋다고 볼 수 있다.

자, 여러분, 0을 몇 번 곱하든 결과는 항상 0이죠. 그렇다면 0^0은 뭘까요?

(덧셈에 대한 교환법칙)	$x + y = y + x$
(덧셈에 대한 결합법칙)	$(x + y) + z = x + (y + z)$
(곱셈에 대한 교환법칙)	$x \times y = y \times x$
(곱셈에 대한 결합법칙)	$(x \times y) \times z = x \times (y \times z)$
(덧셈과 곱셈에 대한 분배법칙)	$x \times (y + z) = (x \times y) + (x \times z)$
(덧셈에 대한 항등원 0)	$x + 0 = 0 + x = x$
(곱셈에 대한 항등원 1)	$x \times 1 = 1 \times x = x$
(0과 곱셈)	$x \times 0 = 0 \times x = 0$
(0과 거듭제곱셈)	$x^0 = 1$ (x가 0이 아닐 때)

갑자기 문자가 쏟아졌다. 아직 이런 표현이 낯선 독자에게는 미안하다. 하지만 영어 공부를 할 때 영어 쓰는 사람처럼 생각해야 '콩글리시'를 줄일 수 있듯 수학 공부를 할 때도 수학 언어에 익숙해지게 습관을 들여야 한다. 즉, 수학 기호에 익숙해지게 연습해야 한다. 지금까지 한 말을 이렇게 정리할 수 있다.

"0과 1을 포함해서 자연수는 덧셈, 곱셈과 더불어 위의 성질들이 통한다. 그리고 위의 성질들이 통하는 것이 0, 1을 포함한 자연수와 그 덧셈, 곱셈이다."

다시 말해 0은 '없음'을 나타내는 수니까 그럴 수밖에 없다고 생각할 게 아니라, 어떤 수와 곱셈하든 0으로 만들어 버리는 행동하는 수가 바로 0이요 그것이 곱셈이라고 생각하자. 상식을 뒤집어 생각할 줄 알아야 한다. 상식 뒤집기는 뺄셈과 나눗셈에서도 필요하다.

외국의 시골에서 노인 한 분을 만났다. 어쩌다 곱셈 이야기가 나왔다. 그때 어떤 수로 했는지 정확히 생각이 안 나니 17×8이었다고 하자.

그 시골 노인은 말했다.

"나는 곱셈표 몰라. 한창 학교 다닐 나이에 전쟁이 일어나서 학교를 못 다녔 거든. 그래도 나는 곱셈을 할 줄 안다오."

노인은 반말과 존댓말을 섞어 말하고는 종업원에게 종이를 달라고 했다.

"자, 17과 8을 나란히 써. 그리고 17줄을 2배하고 8은 반으로 줄이지. 그럼 다음 줄에는 34와 4가 나란히 있겠군. 그렇죠? 자, 다음 줄에도 같은 일을 해. 그럼 그다음 줄은 68과 2. 이걸 또 한 번 하면 마지막 줄에는 136과 1. 자, 오른쪽 줄에 쓰인 8, 4, 2, 1 중 짝수가 쓰인 줄은 모두 지우고 홀수 줄만 남겨요. 그럼 왼쪽 줄에 136만 남는군. 이게 바로 17×8이라오. 어때, 맞죠?"

아래 그림이 바로 그것이다.

$$\begin{array}{ll} \cancel{17} & \cancel{8} \qquad 17 \cdot 8 = 136 \\ \cancel{34} & \cancel{4} \\ \cancel{68} & \cancel{2} \\ \boxed{136} & 1 \end{array}$$

맞았다! 실제로 곱셈표를 보고 해도 17×8은 136이었다. 오, 이런!

그래서 내가 물었다.

"그럼 17×9는요?

그때는 오른쪽을 반으로 줄이면

계산이 복잡해지는데요?"

$$\begin{array}{ll} \textcircled{17} & 9 \\ \cancel{34} & \cancel{4} \\ \cancel{68} & \cancel{2} \\ \textcircled{136} & 1 \end{array}$$

$$17 \cdot 9 = 17 + 136$$
$$= 153$$

답은 간단했다.

"아, 오른쪽이 홀수일 때? 그것도 간단하다오. 9를 반으로 줄이되 그것보다 작은 가장 가까운 자연수를 쓰면 돼. 나머지는 모두 같고."

세상에! 또 된다. 곱셈은 곱셈표로만 하는 줄 알았던 나는 이런 걸 처음 보고 깜짝 놀랐다. 믿기지 않아서 다른 곱셈도 해보았다. 그랬더니 내가 해본 것은 다 되었다. 게다가 8을 왼쪽 줄에 쓰고 17을 오른쪽 줄에 써서 같은 방법을 적용해도 결과는 같았다. 그러니까 교환법칙도 성립한다는 것이다.

나중에야 알았다. 이 곱셈 방법이 '농부의 곱셈'이라는 이름으로 알려진 곱셈 방법이라는 것을. 그리고 이 방법은 고대 이집트에서도 썼다는 것을.

여러분의 생각은 어떤가? 이런 방법으로 하는 곱셈은 곱셈표로 하는 곱셈과 항상 같을까?

03

이것이 뺄셈과 나눗셈이다

뺄셈, 나눗셈, 인수, 소수, 소인수분해, 인수의 개수, 인수 찾기

뺄셈은 빼기, 나눗셈은 나누기다. 이 말이 맞을까? 아니, 뺄셈이 빼기 아니면 뭐고, 나눗셈이 나누기 아니면 뭐야? 이 무슨 생뚱맞은 질문이야? 지금까지 배운 게 잘못이란 말이야? 그렇게 생각한다면 걱정 마시라. 잘못된 것은 없다. 다만 상식을 뒤집어서 생각해 볼 것이다. 돌다리도 두드려 보고 건너기 위해.

　뺄셈과 나눗셈은 덧셈, 곱셈과 함께 기초 중의 기초인 연산이다. 얼마나 중요하면 4대 기본 연산이라는 이름까지 붙였을까. 기초는 항상 튼튼해야 한다. 똑똑똑, 두드리며 가 보자.

❶ 뺄셈은 거꾸로 덧셈

뺄셈은 '어떤 수에서 다른 수를 빼라'는 연산이다. 뺄셈은 기호로 −

를 쓴다. 예를 들어 사과가 3개 있는데 2개를 먹었다. 남은 것은 몇 개인가? 이 문장을 수학 언어로 바꾸면 이렇게 번역된다.

$$3-2$$

직선에 자연수를 대응시킨 것으로 보면 $3-2$는 기준점 0에서 셋째 점인 3에서 '거꾸로' 2칸 옮긴 점이다. 그래서 점 1이다. 사과 3개에서 2개를 먹었으면 1개가 남는다. 그런데 여기서 잠깐! 사과 3개에서 2개 먹은 상황을 수학 언어로 $3-2$로 쓸 수 있다고 해서 수학 언어로 $3-2$가 꼭 사과 3개에서 사과 2개를 뺀다는 뜻은 아니다. $3-2$는 사과 3개에서 귤 2개를 뺄 수도 있고, 양 3마리에서 이틀을 뺀다고 상상해도 좋다. 그게 수학이다. 핵심은 3이라는 수에서 2라는 수를 뺄셈한다는 사실이다.

이렇게 생각하고 보니 뺄셈이라는 것이 그동안 우리가 아는 대로 단순히 '빼내기'가 아닐 수도 있다는 찜찜한 느낌이 살짝 든다.

사실 빼내기라고만 여기면 뺄셈이 섭섭해한다. 뺄셈은 '빼기'를 설명할 수 있지만 그것보다 넓고 깊은 뜻을 지닌다. 사과일 때는 '빼기'였지만 수직선에서는 '거꾸로'라는 뜻이었다. 그렇다면 뺄셈을 어떻게 이해하면 깔끔할까? 내가 여러분에게 제안하고 싶은 방식은 이것이다.

$2+x=3$인 x를 찾는 것이 뺄셈 $3-2$라는 것

2에 얼마를 덧셈해서 3이 되는지를 찾는 절차가 뺄셈이라는 말이다. 범인이 누구인지는 모르니 잠시 x라 놓고, 알려진 증거 2와 3으로 $2+x=3$이라는 상황을 짜 맞춘다. 그런 다음 거꾸로 범인 x를 역추

적해 가는 과정이랄까. 어쨌든 덧셈을 거꾸로 되짚어 가는 셈으로 보는 관점이다.

이렇게 하고 나면 지금 정의한 뺄셈은 '빼기'도 충분히 설명한다. $3-2$는 (먹은 사과) 2개에서 몇 개가 더 있어야 (원래 있던) 3개가 되느냐니까.

예제 1　$17-9$는 $9+x=17$이다. 17은 $10+7$이므로 덧셈이 끝났을 때 최소한 10이 되려면 x에 최소한 1이 있어야 한다. 그리고 7이 더 있어야 하니 $1+7$, 결론은 8.

예제 2　$2-2$는 $2+x=2$인 수다. 덧셈과 함께 이렇게 행동하는 x는 0밖에 없다.

❷ 나눗셈은 거꾸로 곱셈

그렇다면 나눗셈은? 그렇다. 눈치 빠른 사람은 이미 짐작했겠지만, 나눗셈은 '거꾸로 곱셈'이라고 볼 수 있다. 이야기를 더 하기에 앞서 나눗셈을 나타내는 기호부터 약속하자. 빵 4개를 2명에게 나누는 것을 수학 언어에서는 $4÷2$로 쓴다. 이것을 나눗셈이라고 한다. 덧셈 기호는 대부분 통일되었지만 곱셈 기호는 그렇지 않았던 것처럼 나눗셈 기호도 몇 개가 경쟁하고 있다. 흔히 쓰는 $4 \div 2$ 대신 $4 : 2$를 쓰기도 한다. 이것은 무엇보다 컴퓨터 자판으로 쓰기 편하다.

따라서 나눗셈은 $4 \div 2 = x$인 x 찾기다. 이 말을 거꾸로 곱셈이라는 관점으로 보면 $2 \times x = 4$인 x 찾기다. 자연수 범위를 넘어서는 순간 나눗셈을 '빵 4개를 2명에게 나눠주기'로 이해하는 데는 한계가 있다. 예를 들어 다음 장에 나올 음수를 미리 보자. $(-6) \div (-2)$는 도대체 무슨 말인가? 빵 -6개를 -2명에게 나눠 준다? 사람 -2명이 뭐지? 유령인가? 음수 곱셈에서 나오겠지만 이럴 때는 $(-2) \times x = (-6)$인 x 찾기라고 보면 한결 쉽다.

이렇게 보니 곱셈을 할 줄 알아야 나눗셈을 할 수 있다는 결론이 나온다. $4 \div 2 = x$는 $2 \times x = 4$와 같은 말이므로 곱셈표에서 2 곱하기 부분을 외워 가면서 4에 도달하는 것을 찾으면 된다.

예제 1　$18 \div 3$은 $3 \times x = 18$인 x 찾기다. 따라서 3 곱하기를 외우다가 18이 되는 x니까 6이다.

예제 2　$108 \div 12$는 조금 복잡하다. 곱셈표에 12는 없으니까. 이때는 자릿수를 조심하면서 곱셈해 가면 된다. $12 \times x = 108$인 x를 찾아야 하는데, x에 1부터 차근차근 넣어 보면 되지만 처음부터 통 크게 10을 넣어 보자. 그러면 120이므로 이미 108을 넘는다. 따라서 그보다는 조금 작다. 9는? 맞다. $12 \times 9 = 108$이다.

❸ 인수

뺄셈과 나눗셈은 어렵다. 덧셈과 곱셈만 할 줄 안다고 되는 게 아니다. 거꾸로 되짚어 가면서 '범인 x'를 역추적해야 한다. 이중에서 나눗셈은 특히 어렵다. 뺄셈하고도 차원이 다르다. 나눗셈을 하려면 곱셈을 거꾸로 해야 하는데, 덧셈을 거듭하는 게 곱셈이니 어려울 수밖에.

나눗셈은 어려울뿐더러 항상 성공하리라는 보장도 없다. 주어진 정보로 그렇게 '범인'을 쏙 잡아내려면 운이 아주 좋아야 한다. 예를 들어 18÷3의 경우는 증거 3과 18로 곱셈을 거꾸로 해서 $3 \times x = 18$인 x를 찾을 수 있다. x는 6이다.

> 옛날부터 나눗셈은 항상 어려웠고, 지금도 초등학교에서 나눗셈을 배우며 골머리를 썩이는 아이들이 많다. 여러분 동생이 나눗셈을 못한다면 절대로 답답해하지 말라. 나눗셈은 원래 어려운 셈이고 어려울 수밖에 없으니까.
> 옛날 이탈리아 속담에 '나누기는 항상 어렵다'는 말도 있다고 한다. 그리고 우리가 앞으로 배울 변수에서도 변수에 덧셈, 뺄셈, 곱셈만 들어갈 때는 다항이라고 부르지만, 나눗셈이 들어갈 때는 유리항이라고 이름도 따로 붙인다.

예제 18÷4를 보자.

$4 \times x = 18$인 x는 우리가 아는 자연수 범위 안에는 없다. 곱셈표를 외우면 x가 4일 때는 16인데, x가 그다음 자연수인 5일 때는 20으로 18을 깡충 넘어가 버린다. 우리가 아는 자연수 범위 안에서는 범인 x를 찾을 수 없다. 그런데 정말 $4 \times x = 18$이라는 범행이 일어났고 4와 18이라는 증거가 있다면 '자연수가 아닌' 어딘가에 분명 범인이 있다. 어쨌든 4보다 크고 5보다 작은 수라는 사실까지는 짐작할 수

있다. 이 이야기는 다음에 나올 유리수에서 계속하기로 하자.

어쨌든 18÷3처럼 운이 좋아 자연수로 셈을 종료할 수 있는 경우를 '나누어 떨어진다'고 말하고 '3은 18을 나눈다'고 이야기한다. 이제 질문을 바꿔 보자. 18을 나누는 자연수는 무엇일까?

이 문제는 '되었다고 생각하고 거꾸로 찾아가기' 유형이다. 까다로울 수밖에 없다. 역추적 과정이니까. 이럴 때는 수학 언어로 바꾸는 게 한결 편하다.

$$y \times x = 18$$

여기에서 y와 x의 쌍을 찾아야 한다. y에 1, 2, 3…을 넣어보면서 그때마다 적당한 x를 찾아야 한다는 말이다. 이런, 세상에! 나눗셈도 어려웠는데 이게 뭐람? 하지만 어쨌든, 최소한 y가 3일 때 x가 6인 것은 있다. 이것을 (3, 6)이라고 하자. 그렇다면 y가 1일 때, y가 2일 때… 차근차근 찾아보면 이렇게 나온다.

(1, 18), (2, 9), (3, 6), (4, 없음), (5, 없음) …

18을 나누는 수는 1, 2, 3, 6, 9, 18이다. 이것 말고는 없다. 이렇게 어떤 수 a를 나누는 수를 일컬어 '약수divisor'라고도 하고 인수factor 라고도 한다. 이 책에서는 인수라 부르겠다.

다음 질문들을 머릿속으로 생각해서 참인지 거짓인지 답하라

(1분 안에 모두).

(1) 2는 12의 인수다. (2) 1은 12의 인수다.

(3) 0은 12의 인수다. (4) 12는 0의 인수다.

그렇다면 18을 나누는 자연수는 무엇일까? 이 질문은 18의 인수를 모두 찾으라는 문제와 같다. 앞에서 본 대로 1, 2, 3, 6, 9, 18이었다. 오늘도 그렇고 내일 찾아도 그렇다. 두 자리밖에 안 되는 18의 인수를 찾는 것은 그래도 쉬운 편이다.

자, 이제 120의 인수를 모두 찾으라고 하면? 흠, 만만치 않다. 어렵게 어렵게 찾아봤다. $y \times x = 120$으로 놓고 y에 1부터 120까지 넣어볼 수는 없는 일이다. 그걸 언제 다 하겠는가? 그래서 찍어 가면서 해보았다. 먼저 가장 쉬운 것부터. $120 = 12 \times 10$이므로 12와 10은 인수다. 또 12와 10을 나누는 수들은 120을 나눌 테니까 1, 2, 3, 4, 5, 6, 12는 y가 되고 이때 짝지어지는 x까지 정리했다. 그래서 최종 결론은 1, 2, 3, 4, 5, 6, 10, 12, 20, 24, 30, 40, 60, 120이다. 휴!

역시 거꾸로 찾아가기는 상당히 힘들다. 뭔가 좋은 방법이 있어야 할 것 같다. 그런데 방금 내가 찾아 놓은 120의 인수들을 지나가던 꼬마가 쓱 보더니 질문을 툭 던진다.

"그게 다예요? 더는 없는 거 맞아요?"

헉!

❹ 소인수분해

이것을 푸는 열쇠는 소수에 있다. 사실 이 문제뿐만 아니라 자연수와 연관된 문제는 대부분 소수에 열쇠가 있다. 소수의 성질을 아느냐 모르느냐에 따라 판가름이 난다는 것. 소수는 수 세계를 이해하는 열쇠다. 소수란 무엇인가? 1이 아닌 그 자신과 1로만 나뉘는 수를 소수prime number라고 한다.

가장 작은 소수들을 쓰면 2, 3, 5, 7, 11, 13… 같은 수들이 소수다. 소수는 몇 개나 있을까? 1110101001은 소수일까, 아닐까? 더 나아가 어떤 자연수가 소수인지 아닌지 알아내는 규칙이 있을까? 자연수 전체에서 소수는 얼마나 될까? 이런 호기심들이 마구 샘솟지만 꾹 참아야 한다. 지금 다루기에는 너무 무거운 주제들이기 때문이다.

어쨌든 이 정의에서 알 수 있는 것은 분명하다. 1을 뺀 모든 자연수는 소수로 나뉜다. 소수면 이 정의에 따라 그 자신으로만 나뉘고, 소수가 아니면 그 자신이 아닌 다른 수로 나뉠 테니까. 예를 들어 12는 그 자신으로만 나뉘는 것이 아니다. 12는 소수 2로도 나뉜다. 13은 1과 그 자신으로만 나뉜다. 그럴 때 어떤 자연수를 소수들의 곱으로 쪼개 놓는 과정을 '소수 인수로 분해하다' 또는 짧게 소인수분해prime factorization라고 한다.

> 자연수는 모든 수의 기초이고 소수는 자연수의 기초다. 그러나 1은 소수로 보지 않는다. 1은 아주 기초가 되는 수이기 때문이다. 사실 수학 공부를 하다 보면 1을 소수라 할 경우 귀찮은 일이 자꾸 생긴다. 그래서 사람들은 아예 1을 소수 집단에서 빼 버렸다. 1과 그 자신 말고도 인수를 갖는 수를 합성수composite number라 부르니, 자연수는 소수와 합성수 그리고 1로 이루어져 있다.

정말 다행이라 할 만한 성질이 있다. 1이 아닌 어떤 자연수도 소인수분해하는 방법은 하나밖에 없다는 사실이다. 12라는 자연수를 나눠 가며 가지 뻗기 하듯 그림 1에 나타냈다. 그림에서는 두 방법이다. 어떤 자연수도 소인수분해하는 방법이 하나밖에 없다는 말은 가지 뻗기를 어떻게 하든 소수 열매만 따서 모으면 항상 같다는 말이다. 그림 2·3·4는 120을 가지 뻗기 하는 여러 모양이다. 가지 모양은 달라도 소수 열매만 모으면 모두 같다.

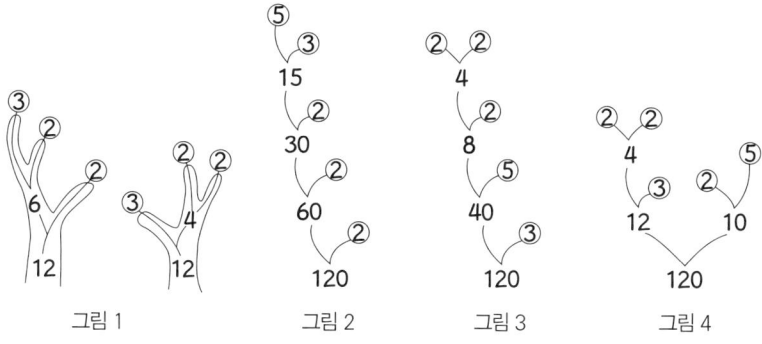

그림 1   그림 2   그림 3   그림 4

이것이 얼마나 대단한 정리인지 이름도 따로 있다. 이것을 자연수 세계에서 가장 기초가 되는 정리fundamental theorem of arithmetic라고 부른다.

앞에서 던진 질문에 답하는 것으로 이 성질이 어떤 폭발력을 지니는지 맛만 보기로 한다. 어떤 자연수든 그 인수를 모두 찾을 열쇠는 소인수분해에 있다. 120을 소인수분해해서 거듭제곱꼴로 쓰면 $120 = 2^3 \times 3^1 \times 5^1$인데, 그 인수 개수를 짜임새 있게 찾아보면

$(3+1) \times (1+1) \times (1+1)$이다. 결국 모두 16개일 수밖에 없다. 그런데 앞에서 내가 찾은 것은 아래에 쓴 14개다.

  1, 2, 3, 4, 5, 6, 10, 12, 20, 24, 30, 40, 60, 120

그러니 2개가 부족하다! 앞에서 얘기한 꼬마는 심심해서 나를 건드려 본 게 아니었다. 부족함을 깨우치는 스승이었던 것이다. 나는 무엇을 빠뜨렸을까? 차근차근 해보니 $8 \times 15 = 120$이니, 8과 15도 인수인데 빠뜨렸다. 미안하다, 8과 15!

이제 이것까지 채워서 120의 인수를 모두 적어 보자.

  1, 2, 3, 4, 5, 6, 8, 10, 12, 15, 20, 24, 30, 40, 60, 120

모두 16개가 되었다. 완전히 끝났다.

❺ 인수 모두 찾기

앞에서 짜임새 있는 방법으로 120의 인수를 찾았다고 했다. 그것도, 모두라고 장담했다. 어떻게 한 것일까? 16개가 정말 모두 다일까? 정말 더는 없을까? 또 혹시 내가 찾은 16개 안에 겹치는 것은 없을까? 이런 질문에 답할 때다. 예제로 살펴보자.

예제 1 2의 인수를 모두 구하라.

소인수분해하면 $2 = 2^1$이다. 2^0은 1인데 1은 모든 수의 인수이니 여기서도 당연히 인수다. 그리고 원래 있던 2^1도 인수다. 그래서 모든 인수는 2^0일 때와 2^1일 때, 그래서 $1+1$이다.

예제 2 6의 인수를 모두 찾아라(그림 5).

소인수분해하면 $6=2\times3$이다. 다시 쓰면 $6=2^1\times3^1$이다. 2^0에 3의 인수 3^0을 곱하든 3^1을 곱하든 모두 인수다. 또 2^1에 3의 인수 3^0을 곱하든 3^1을 곱하든 모두 인수다. 그래서 $(1+1)\times(1+1)$이다.

예제 3 12의 인수를 모두 찾아라(그림 6).

소인수분해하면 $12=2^2\times3^1$이다. 2^0에 3의 인수 3^0을 곱하든 3^1을 곱하든 두 경우 모두 인수다. 그래서 또 2^1에 3의 인수 3^0을 곱하든 3^1을 곱하든 모두 인수다. 2^2에도 3의 인수 3^0을 곱하든 3^1을 곱하든 모두 인수다. 그래서 $(2+1)\times(1+1)$이다.

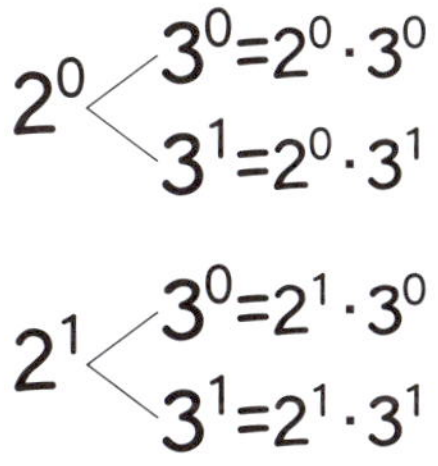

$$2^0 \begin{cases} 3^0=2^0\cdot3^0 \\ 3^1=2^0\cdot3^1 \end{cases}$$

$$2^0 \begin{cases} 3^0=2^0\cdot3^0 \\ 3^1=2^0\cdot3^1 \end{cases} \qquad 2^1 \begin{cases} 3^0=2^1\cdot3^0 \\ 3^1=2^1\cdot3^1 \end{cases}$$

$$2^1 \begin{cases} 3^0=2^1\cdot3^0 \\ 3^1=2^1\cdot3^1 \end{cases} \qquad 2^2 \begin{cases} 3^0=2^2\cdot3^0 \\ 3^1=2^2\cdot3^1 \end{cases}$$

그림 5 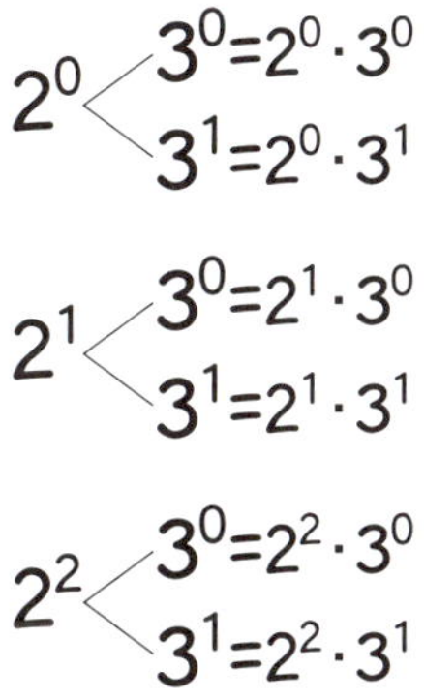 　　　　　　　　　　그림 6

예제 4　60의 인수를 모두 찾아라(그림 7).

소인수분해하면 $60 = 2^2 \times 3^1 \times 5^1$이다. 그림 7에서 보듯 2의 인수가 2^0, 2^1, 2^2일 때마다 3^0, 3^1 들을 곱해도 인수이고, 따라서 지금까지 $(2+1) \times (1+1)$개 인수인데, 그 경우마다 5^0, 5^1을 곱해도 인수다. 그래서 $(2+1) \times (1+1) \times (1+1)$이다. 이것 말고 다른 인수는 없으며, 이 인수들 중에 겹치는 것은 하나도 없다.

예제 5　120의 인수를 모두 찾아라(그림 8).

소인수분해하면 $120 = 2^3 \times 3^1 \times 5^1$이다. 앞에서 한 설명과 같다. $(3+1) \times (1+1) \times (1+1)$이니 16개다. 그림 8에서 곱셈 가지마다 인수가 하나씩 만들어진다.

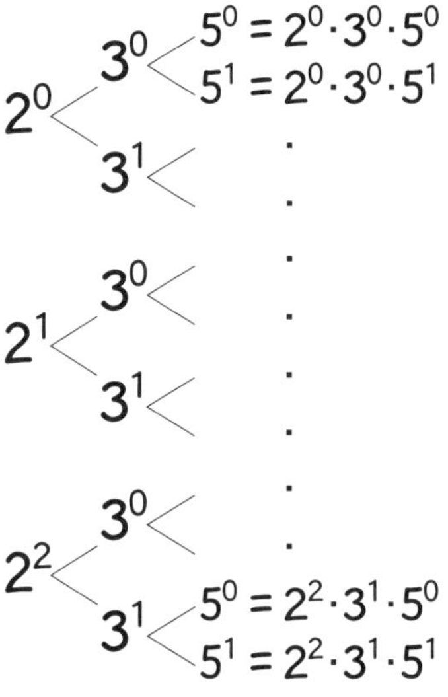

그림 7

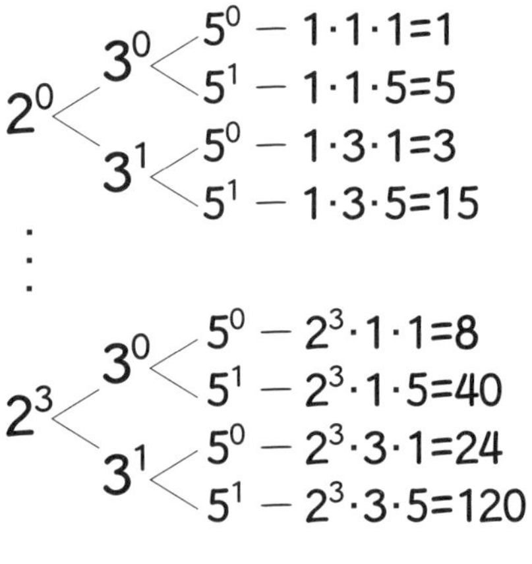

그림 8

자, 되었다! 모든 인수를 찾는 짜임새 있는 방법을 고안해 냈다. 이제 어떤 자연수라도 소인수분해만 되면 우리는 약수의 개수와 약수를 '모두' 찾아낼 수 있다. 위에서 본 대로 자연수를 소수 인수로 분해하면 수에 숨어 있는 것을 밝힐 수 있다. 소인수분해는 아주 중요한 열쇠다.

문제1 180, 220, 284의 인수를 모두 찾아라.

문제2 220의 인수에서 220을 빼고 모두 더하라. 284의 인수에서 284를 빼고 모두 더하라. 두 결과를 비교하라.

그렇다. 소인수분해는 아주 중요하다. 할 수만 있다면 말이다. 하지만 아쉽게도 어떤 수가 소수인지 아닌지 알아내기는 매우 어렵다. 수학에서 가장 복잡한 문제로 꼽힌다. 우리는 보통 소인수분해가 잘되는 것만 다루지만 말이다. 소인수분해는 정말 어려운 문제다. 그래서 지금도 수학자들은 소수를 찾는 좋은 방법을 알아내기 위해 힘쓰고 있다.

소수 찾기가 이렇게 어렵기 때문에 암호를 만들고 푸는 데 결정적인 역할을 한다. 패스워드도 신용카드도 소인수분해와 연관이 있다. 기업 기밀이나 국가 방위에도 보안이 중요하고, 보안은 암호와 긴밀하게 연관되어 있다. 그러니 개인이나 기업, 국가의 운명도 어느 정도는 소수와 연관이 있다. 우리가 보든 못 보든 알든 모르든 우리가 사는 땅 저 아래 깊은 곳으로 소수라는 마그마가 흐르고 있는 것이다.

어쨌든 괜찮다. 우리는 당분간 그런 어려운 문제를 다루지 않을 테니까. 소인수분해가 수학의 깊은 곳에서 매우 중요한 문제라는 느낌을 가지는 것만으로도 충분하다. 아! 또 있다. 뺄셈은 거꾸로 덧셈이고, 나눗셈은 거꾸로 곱셈으로 보면 좋다는 것도.

이제 위에서 잠시 미뤄 둔 문제들, 그러니까 빵 −6개를 −2명에게 나눠주기가 무엇인가 하는 문제를 탐사할 준비가 되었다.

모든 수의 기초는 자연수이고, 소인수분해는 자연수 세계를 아는 열쇠다. 따라서 어떤 자연수가 이렇게도 소인수분해가 되고, 저렇게도 소인수분해가 된다면 상당히 골치 아픈 일이 발생할 것 같다. 하지만 그런 걱정은 붙들어 매도 된다. 왜냐하면 소인수분해를 하는 방법은 하나밖에 없다고 했으니까. 그게 얼마나 중요하면 자연수 세계에서 가장 기초가 되는 정리라 부른다고까지 했을까.

'정리theorem'라는 것은 증명을 필요로 한다는 말이다. 그냥 믿을 수는 없다는 말이기도 하다. "아니, 이게 당연한 거 아니에요?" 하고 말하는데, "이게 당연해요? 지금까지 검토한 자연수는 그랬을지 몰라도 어디엔가 소인수분해하는 방법이 두 개인 자연수가 있을지도 모르잖아요?" 하고 되물으면 할 말이 없다.

수학의 역사가 수천 년이 되도록 사람들은 이 정리를 당연한 것으로 받아들였다. 그런데 200여 년 전 가우스라는 독일 청년이 '정말 그럴까?' 하고 이 정리에 대해 의문을 품었다. 참 다행스럽게도 그는 스스로 증명까지 해냈다. "정말 그렇군. 소인수분해를 하는 방법이 두 개인 자연수는 있을 수 없어!"

가우스는 길고 긴 수학 역사에서 가장 뛰어난 인물 중 한 사람이다. 인기투표를 하면 최고로 뽑힐 가능성이 높다. 수학자 중에는 계산 능력이 탁월한 사람이 있고, 정반대로 계산 능력이 꽝인 사람도 있다. 가우스는 이론뿐만 아니라 계산 능력도 탁월한 수학자였다. 그는 어려서부터 계산을 잘하기로 유명했지만, 평생을 바친 노력이 그 재능을 더욱 빛나게 했다.

가우스는 15분 정도만 여유가 생겨도 새로운 소수를 찾아 머릿속으로 계산을 했다고 한다. 생각해 보라. 처음 몇 개야 쉽지만 천 자리, 만 자리로 갈수록 어떤 수가 소수인지 아닌지 계산하는 건 생각만 해도 어질어질하다. 그런데 그는 꾸준히 그런 계산 연습을 했다. 젊은 시절부터 이미 천재로 이름을 날리면서도 죽을 때까지 그것을 계속했다는 것이다.

04

마이너스 곱하기 마이너스는 플러스?

정수, 정수의 크기 비교, 절댓값, 정수의 덧셈과 곱셈

빵 -6개를 -2명에게 나눠주기. 말도 안 되는 말이다. -2명이라니, 유령 2명인가? 나눗셈 $(-6) \div (-2)$는 $(-2) \times x = (-6)$인 x 찾기인데, 사람들은 답이 +3이라고 한다. $(-2) \times 3 = -6$이라니, 세상에! 유령 2명이 식탁에 놓인 빵 3개씩을 가져가면 유령빵 6개인가? 도대체 무슨 말일까?

이런 해괴한 말은 수학에만 나오는 게 아니다. 『휜 거울』이라는 3쪽짜리 소설에 이런 말이 나온다.

마이너스 곱하기 마이너스는 플러스

낮에는 다정한 의사였고 밤에는 희곡과 소설을 썼던 안톤 체호프가 남긴 소설이다. 휜 얼굴을 지닌 사람이 휜 거울을 보자 자기 얼굴이 아름답게 보여서 허구한 날 거울만 보고 살았다는 이야기를 하다가 나오는 문장이다. 이 말이 맞다면 $(-2) \times (-3) = +6$이다. 유령 2명이 유령빵 3개를 가져오면 식탁에 진짜 빵 6개가 있단다. 이건

또 무슨 황당한 말일까? -2, -3이라는 수는 도대체 무엇이길래…….

❶ 음의 정수

-2는 '마이너스 2' 또는 '음수 2'라고 말한다. -2라는 수가 무엇인지 예제로 이야기를 풀어 보자.

예제 1　용돈을 받을 때마다 모았다. 매일 10원씩 빨간 저금통에 차곡차곡 넣어 100원이 되었다. 오늘은 친구 생일, 모두 쓸어 담아 마음에 드는 꽃을 사러 갔다. 그런데 꽃이 110원이란다. 다른 친구에게 10원을 빌렸다. 내가 가진 10원이나 빚 10원이나 10원은 10원이지만 뭐가 달라도 다르다. 저금한 10원을 자연수 10으로 표현한다면 빚 10원은 수로 어떻게 표현할까?

예제 2　열기구를 띄웠다. 지금 기온은 10도이고, 1km 올라갈 때마다 6도씩 떨어진다고 하자. 몹시 추웠지만 3km까지 올라갔다. 온도계는 몇 도를 가리키고 있을까? 아까보다 18도 떨어졌으니 0도를 찍고 8도가 더 내려갔을 것이다. 이것은 자연수만으로 표시할 수 없다. 보통 0보다 아래라 해서 '영하'라는 한자로 말하는데, 이것을 수로 간단히 나타낼 수는 없을까?

여기에서 가진 돈이나 영상 기온은 자연수로 나타낼 수 있다. 기준점 0에서 '한 방향으로만' 계속 1씩 더하면 10이 나오니 자연수 10이라고 하면 된다. 이전에 자연수는 '개수'만 말했는데, 이제 보니 '한 방향으로 된 개수'였다. 그런데 수를 나타내기 위해 왜 한 방향만 고집해야 하는가? 한 방향만 고집해서 우리를 묶어 둘 이유는 없다.

아니나 다를까, 그런 억지를 참다못한 선조들께서 우리 후손들을 위해 자연수와 다른 수를 생각해 냈다. 자연수 방향과 '반대 방향'도 나타낼 수 있는 수, 크기에 '방향'까지 나타낼 수 있는 수가 바로 그것이다! 그 덕분에 우리는 이제 빚이나 영하도 수로 간단히 나타낼 수 있다. 이렇듯 자연수만큼이지만 반대 방향을 나타내는 수들을 '음의 정수negative integer'라 부른다. 예제 하나 더.

예제 3 큰삼촌은 48세, 작은이모는 25세다. 몇 년 지나면 큰삼촌 나이가 작은이모 나이의 2배가 될까? 풀기 전에 가만 생각해 보자.

작은이모 나이의 2배면 50세. 벌써 큰삼촌보다 많다. 그러니 앞으로 몇 년이 지나도 2배일 수는 없다. 끝! 문제를 해결했다.

한 우직한 사람이 이 문제를 '수학으로' 풀고 싶어 했다. 그래서 이렇게 했다. 몇 년인지는 모르지만 그것을 잠시 x라고 놓는다. 그러면 큰삼촌 나이는 x년 뒤 $48+x$다. 작은이모의 나이는 그때 $25+x$다. 그때 작은이모 나이의 2배는 $2 \times (25+x)$다. 따라서 이 문제는 이렇게 놓고 참이 되는 x를 찾으면 된다.

$$48+x = 2 \times (25+x)$$

이것을 분배하면 이렇게 된다.

$$48+x = 50+2x$$

양쪽이 같으니 같은 만큼 덜어 낸다. 처음에는 48을 덜어 낸다.

$$x = 2+2x$$

다음엔 똑같이 x를 덜어 낸다.

$$0 = 2+x$$

그런데 2에 더해서 0이 되는 자연수 x는 없다. 다시 말해 올해부터 몇 년이 흘러도 작은이모 나이가 삼촌 나이의 2배는 될 수 없다. 그렇다면 이렇게 풀려고 애쓴 건 다 헛짓일까? 창의적으로 머리를 쓰면 간단히 끝날 일을 굳이 수학으로 하겠다고 헛수고를 한 걸까?

아니다. 앞에서 말한 대로 '자연수에 대해 반대 방향'인 수를 생각하면 -2가 바로 x다. 이 말은 '2년 전'에 큰삼촌의 나이가 작은이모 나이의 2배였다는 뜻이 된다. 자연수만 있을 때는 문제를 풀 수 없다고 결론 내렸지만, 음의 정수까지 있을 때는 새로운 정보까지 더 얻게 된다. 수가 많아져서 우리는 더 자유로워진 것이다. 그렇다! 자연수만 있는 벽을 과감히 허물어야 한다.

이렇게 해서 자연수는 더 풍요로운 수 세계의 부분이 되었다. 그래서 자연수를 '양의 정수positive integer'라 부르게 되었고, 음의 정수와 0까지 포함한 수 세계를 '정수integer'라 부른다. 음의 정수는 자연수 앞에 뺄셈과 닮은 형태인 '−'를 붙여서 쓰고, 이 기호를 소리 내서 말할 때는 '마이너스'라고 한다. 그래서 예제 1에서 부족한 돈 10원은 −10으로, 예제 2에서 영하 8도는 −8로, 예제 3에서 2년 전은 −2로 쓰면 간단하다. 이를 정리하면 다음과 같다.

a가 어떤 자연수일 때 $a + x = 0$인 x가 음의 정수인 $-a$다.

❷ 정수의 크기 비교

자연수 경계를 훌쩍 넘는 새로운 수가 탄생하고 있다. 그러나 아직 그 실체는 투명 인간 같다. 자연수에서 그랬듯이 정수가 어떤 수인지 알기 위해 우리가 해야 할 것은 최소한 세 가지다.

- 기호 주기
- 크기를 비교할 기준 정하기
- 덧셈과 곱셈을 정의하기

기호가 있어야 우리는 쓰고 말하고 볼 수 있다. 크기를 비교할 기준이 있어야 무엇이 큰지 확실히 말할 수 있다. 또 정수인 두 수가 덧셈, 곱셈해서 어떻게 되는지 봐야 정수를 알 수 있다. 앞에서 0이라는 수를 정확히 알기 위해 0이 다른 수와 덧셈, 곱셈할 때 어떻게 행동하는지 보았듯이 말이다. 뺄셈과 나눗셈은 굳이 정하지 않아도 된다. 거꾸로 덧셈, 거꾸로 곱셈으로 보면 충분할 테니까.

최소한 이 세 가지는 정해 줘야 비로소 우리는 쓰고, 말하고, 비교하고, 규칙을 찾으며 정수를 갖고 놀 수 있다.

■ 기호

이미 말했듯이 양의 정수는 자연수 그대로 쓰고, 음의 정수는 자연수 앞에 마이너스 기호(-)를 붙여 쓴다. 뺄셈 기호와 닮았다. 가끔 자연수가 양의 정수라는 것을 나타내기 위해 플러스 기호(+)를 붙일 때도 있다. 덧셈 기호와 닮았다.

$1+x=0$인 수가 (-1)이므로 양수 1과 음수 (-1)은 기준 0에 대해 대칭이다. 영상 8도가 물이 어는 온도인 0도에 대칭인 것이 영하 8도다. 내가 모은 10원이 무일푼인 0원에 대칭인 것이 빚 10원이다.

양수와 음수가 대칭하는 것을 눈으로 볼 수도 있다. 우리는 자연수를 표시할 때 자연수를 직선에 점으로 표시했다. 자연수를 오른쪽으로 나타냈으니 음의 정수는 0을 기준으로 대칭시켜 왼쪽에 표시하면 된다. 이제 정수까지 나타내는 수직선이다.

```
        -3    -2    -1     0     1     2     3
    ●──────●─────●─────●─────●─────●─────●─────●
```

방향은 상관없이 0에서 떨어진 거리만 고려하면 +10이나 −10은
같다. 이와 같이 어떤 수 x가 0에서 떨어진 거리만 나타내라는 말을
수학에서는 x의 절댓값 또는 절댓값 x라 부르고, 기호로는 $|x|$라고
쓴다. 그래서 $|+10| = |-10| = 10$이다.

■ **크기 비교**

이제 정수의 크기를 정의할 준비가 끝났다. 0과 자연수의 크기 비
교는 우리가 아는 것과 같다. 음수에 대해서만 정하면 된다.

- 방향(부호)과 크기(절댓값)가 모두 같으면 두 정수는 같다.
- 양수는 음수보다 크다.

  예 $-2 < +1$
- 모든 음수는 0보다 작다.

  예 $-100 < 0$
- 절댓값이 큰 음수가 절댓값이 작은 음수보다 작다.

  예 $-100 < -2$

흠, 그리고 보니 수직선에 정수를 나타내면 크기 비교를 말하기가
한결 쉽다. 우리가 만든 수직선에서는 더 오른쪽 정수일수록 더 크
다. 자연수에서 적용되었던 크기 기준이 더 넓은 세계인 정수에서도

잘 지켜지고 있다. 정수 세계가 자연수 세계만큼 조화로운 것을 보니 우리가 지금까지는 아주 잘하고 있는 것 같다.

❸ 정수의 덧셈

이제 덧셈과 곱셈을 뚝 부러지게 정의하면 정수가 어떻게 행동하는 수인지 알게 된다.

먼저 덧셈. 0과 자연수를 덧셈하는 건 이미 알고 있다. 새로 나온 음의 정수가 0, 양의 정수, 음의 정수와 어떻게 어울리는지 정의할 차례다. 음수 -1은 $x+1=0$인 수였고, 그래서 $(-1)+1=0$이라는 것을 되새기자. 1일 때만 그런 게 아니라 어떤 자연수 x에 대해서도 $(-x)+x=0$이라는 사실만 알면 충분하다.

■ 0과 음수의 덧셈

여전히 0은 어떤 수와 덧셈해도 한없이 겸손하다. $0+(-2)=-2$ 다. 뒤집어서 말해도 좋다. 그렇게 행동하는 수가 바로 0이다.

■ 음수와 음수의 덧셈

$(-2)+(-1)$은 얼마일까? 이 수에 -1과 -2의 정의에 따라 $(-1)+1=0$이고, $(-2)+2=0$이다. 따라서 $(-2)+(-1)+1+2=0$이 다. $(-2)+(-1)$은 여기에 3을 더해서 0인 수다. 따라서 -3이다.

■ 양수와 음수의 덧셈

덧셈 $3+(-2)$는 어떤 수와 대응할까? $3+(-2)=1+2+(-2)$다. 그리고 $2+(-2)=0$이므로 $3+(-2)=1$이다. 이것은 양수 쪽의 절댓값이 큰 경우다. 이번에는 음수 쪽의 절댓값이 큰 경우를 보자. 덧셈 $(-3)+2$는 어떤 수와 대응할까? -3은 $(-1)+(-2)$다. 따라서 $(-3)+2=(-1)+(-2)+2=(-1)+0$이므로 $(-3)+2=-1$이다.

요약

- 양수끼리 덧셈 : 자연수에서 하던 대로
- 음수끼리 덧셈 : 절댓값만 더하고 부호는 음수
- 양수와 음수의 덧셈 : 크기는 절댓값 차이만큼, 부호는 절댓값이 큰 쪽의 부호

이것을 굳이 외울 필요는 없다. 연습을 자꾸 하면 자신도 모르는 사이 손이 기억한다.

다음은 뺄셈. 뺄셈은 '빼내기'로 이해하면 음의 정수를 설명하기가 복잡하다. 그 대신 '거꾸로 덧셈'으로 이해하면 일사천리다.

예제 1 $2-3$. 이것은 자연수만 있을 때는 불가능했던 연산이다. 하지만 정수 세계에서는 가능하다. $2-3$을 $3+x=2$인 수 찾기라고 보면 x는 -1이다. 다시 보면 $2-3=2+(-3)$과 결과가 같다.

사실 2−3에 있는 −는 뺄
셈을 뜻하는 기호이고,
2+(−3)에 있는 −는 음수를
뜻하는 기호이다. 그런데 보
다시피 '뺄셈 양수'는 '덧셈 음
수'와 똑같이 행동한다. 그래
서 수백 년 전 음수 기호를 정
할 때 여러 개가 경쟁했지만
결국 뺄셈과 닮은 기호가 승
리할 수밖에 없었던 것이다.

예제 2 2−(−3). 이 뺄셈은 $(-3)+x=2$이
참인 x 찾기이다. 등호 왼쪽과 오른쪽에 모두
3을 더하면 $(-3)+x+3=2+3$이므로 뺄셈의
결과값 x는 5이다. 빨리 외우기 위해 '빼기 음
수'는 '더하기 양수'라고 하거나 '마이너스에
마이너스는 플러스'라고 한다.

❹ 정수의 곱셈

마지막으로 곱셈. 양수끼리 곱하는 것은 자연수 곱셈을 따르면 되겠
다. 남은 것은 역시 음수가 들어가는 곱셈이다.

■ 0과 음수의 곱셈

여전히 0은 어떤 수와 곱셈하든 절대 권력을 가진다.

그러므로 $0\times(-2)=(-2)\times0=0$이다. 또는 그렇게 행동하는 수가
바로 0이다.

■ 양수와 음수의 곱셈

곱셈을 '거듭 덧셈'으로 이해하면 조금 까다롭다. $(-2)\times3$은 그렇
게 이해해도 괜찮다. $(-2)\times3=(-2)+(-2)+(-2)$이므로 −6이다.
따라서 음수×양수 꼴은 절댓값 곱셈을 하고 음수 부호를 붙이면 된

72

다. 그럼 $3 \times (-2)$는 무엇일까? 이것을 '3을 -2번 더하기'로 생각하자니 이상하다. '-2'번이라는 것 자체가 말이 안 된다.

■ 음수와 음수의 곱셈

$(-2) \times (-3)$은? 앞부분을 읽으면서 혹시 '$3 \times (-2)$는 $(-2) \times 3$이겠지. 그럼 -6이지 복잡할 게 뭐 있어?' 하고 가볍게 생각했던 사람이 있었을지 모른다. 하지만 $(-2) \times (-3)$에 오면 더 이상 할 말이 없다. 도대체 '음수를 곱셈한다'는 게 무슨 뜻일까?

이것을 이해하려면 곱셈이 무엇이었는가를 따져 봐야 한다. 자연수에서 곱셈은 $x \times y = y \times x$였고, $x \times (y+z) = x \times y + x \times z$인 셈이었다. 교환법칙, 분배법칙이라고 불렀던 것으로 자연수 곱셈은 그런 성질을 가지고, 그런 성질을 가지는 것이 곱셈이었다.

자연수에서 믿었던 성질이 자연수를 포함하는 더 넓은 세상에서 된다고 믿는 게 더 자연스럽다. 여러분이 이 말을 그대로 받아들인다면, 다시 말해 곱셈이 곱하는 수를 바꿔서 곱해도 같다고 믿는다면 $3 \times (-2) = (-2) \times 3$이어야 한다. 따라서 (-6)이다. 또 분배가 된다면 다음과 같아야 한다.

$$(-2) \times (3 + (-3)) = (-2) \times 3 + (-2) \times (-3)$$

괄호 안 덧셈부터 해보자.

$$(-2) \times (3 + (-3)) = (-2) \times 0$$

여기서도 0은 여전히 절대 권력. 따라서 0이다. 그런데 곱셈부터 분배하면 $(-2) \times 3 + (-2) \times (-3)$인데, 이것은 $(-6) + (-2) \times (-3)$

이다. 분배법칙이 통한다고 믿으면 두 결과는 같아야 한다. 다시 말해 $0 = (-6) + (-2) \times (-3)$. 그래서 $(-2) \times (-3) = (+6)$. 바로 이것이 『흰 거울』에 나왔던 '마이너스 곱하기 마이너스는 플러스'라는 말이다.

이것은 증명이 아니다. 그렇게 정의하면 좋다는 이유를 설명했을 뿐이다.

물론 다른 설명도 가능하다. '이렇게 정의하는 건 억지야! 다 거짓이야!' 하고 생각한다면, 그래서 "나는 어쨌든 $(-2) \times (-3)$을 -6으로 하겠어. 음수끼리의 곱은 음수여야지!" 하고 싶다면 그렇게 하면 된다. 아니, 아예 수가 아니라 "$(-2) \times (-3)$은 코끼리야"라고 정의해도 좋다. 그렇게 정의하고 정수와 그 곱셈을 하면 된다.

나는 말릴 생각이 없다. 그런 수학을 하면 된다. 하지만 그 수학은 $(-2) \times (-3) = +6$인 수학보다 아름답지도 않고, 훨씬 빈곤한 수학일 것이다.

넓이를 구하는 문제를 하나 보자. 오른쪽 그림은 길이가 5인 정사각형에서 한 변은 3을 잘라내고 한 변은 2를 잘라낸 넓이 A를 구하는 문제다. 수로 쓰면 $(5-3) \times (5-2)$를 구하는 문제다. 괄호 안부터 계산하면 물론 6이다. 그런데 수식으로 풀어 본다면 어떨까?

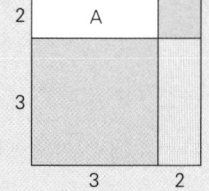

이것은 $(5 + (-3)) \times (5 + (-2))$와 같으므로, 이를 분배하면 $5 \times 5 - 5 \times 3 - 5 \times 2 + (-3) \times (-2)$다.

이때 $(-3) \times (-2) = +6$이어야 우리가 자연스럽게 받아들이는 넓이 A인 +6이 나온다. 수의 세계와 도형의 세계가 고루 맞아떨어진다.

누군가가 $(-2) \times (-3)$을 -6으로 정하고 싶다면 그래도 되지만, 그 수학에서는 이 넓이 문제를 풀 수가 없다.

요약

- 양수끼리 곱셈 : 자연수에서 하던 대로
- 음수끼리 곱셈 : 크기는 절댓값 곱셈, 부호는 양수
- 양수와 음수의 곱셈 : 크기는 절댓값 곱셈, 부호는 음수

이제 다음은 나눗셈. 정수 곱셈을 이해했고 자연수 나눗셈을 이해 했으면 짧게 끝낼 수 있다.

예제 1　$4 \div (-2)$. 이것은 $(-2) \times x = 4$인 x다. 결과가 +4이므로 음 수 -2를 곱해야 한다. $4 \div (-2) = (-2)$

예제 2　$(-4) \div (-2)$. 이것은 $(-2) \times x = (-4)$인 x다. 결과가 -4이 므로 양수 +2를 곱해야 한다. $(-4) \div (-2) = 2$

이렇게 해서 우리는 곱셈을 조금 더 이해하게 되었다.
- $2 \times (+3)$은 2에 +3을 곱한다. 이것은 2의 방향과 같은 방향으로 3번 더하는 뜻으로 볼 수 있었다. 마찬가지로 $(-2) \times 3$은 -2와 같은 방향으로 3번 더한다는 뜻이다(그림 2).
- $2 \times (-3)$은 2에 (-3)을 곱셈한다. 이것은 양수 2의 방향에서 3을 곱하고 '기준점에 대해 대칭'이다(그림 3). 그래서 $(-2) \times (-3)$도 음수인 -2 방향에서 3을 곱하고 '대 칭'이다(그림 4).

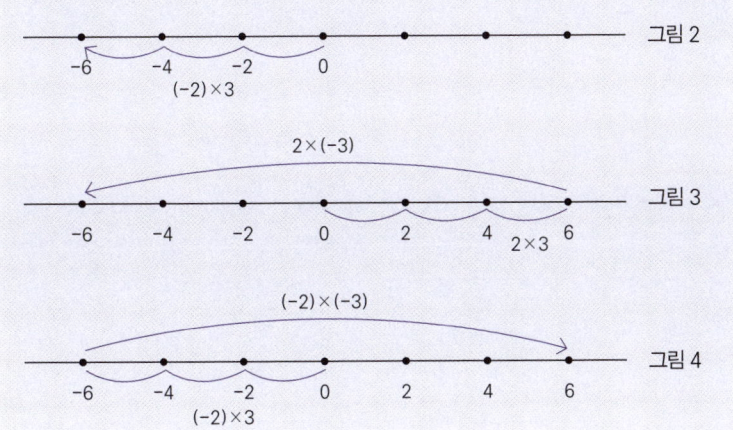

이제 문제를 풀면서 이 단원을 마치기로 하자.

가지가 만나는 곳의 네모에는 덧셈 결과를 적고 동그라미에는 곱셈 결과를 적어 보라. 그림 5는 예제다. 그림 6, 7의 빈칸 안에 수를 채워 보라.

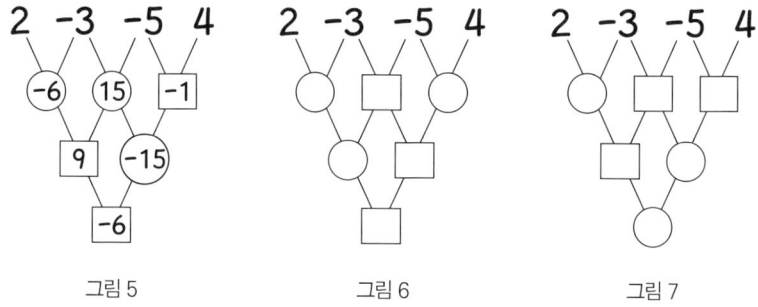

그림 5   그림 6   그림 7

마이너스 곱하기 마이너스는 플러스. 이게 모든 사람에게 자연스러운 것은 아니다. 스탕달이라는 프랑스 사람이 있었다. 『적과 흑』, 『연애론』 같은 책으로 세계문학전집에 이름을 올리는 작가다. 스탕달은 어려서부터 수학신동이었다. 그는 수학을 진리로 가는 길이라고 생각하고 수학에 열광했다.

그러던 어느 날 '마이너스 곱하기 마이너스는 플러스'를 만나게 된다. 스탕달은 도저히 이해할 수 없었다. 그는 자신이 그렇게 좋아하는 수학이 모두 사기일지 모른다는 생각까지 하게 되었고, 마침내 '이 길이 아닌가 보다' 하고 수학 공부를 접었다.

음수 자체를 수로 생각지 않은 사람들도 많았다. 지금까지 남아 있는 기록 중에서 음수 개념이 처음으로 나타난 것은 고대 중국의 기록이다. 2,300년 전으로 거슬러 올라간다. 그리고 1,500년 전 인도에서 개념이 다듬어지고 아랍을 거쳐 마침내 수로 체계를 잡게 된다.

이렇듯 동양에서는 음수를 쉽게 받아들인 데 비해 유럽 사람들은 고집스럽게 음수를 수로 생각지 않았다. 그래서 방정식을 풀어 음수가 나오면 답이 없다고 해 버렸다. 오죽했으면 음수를 'negative number(네거티브 넘버)'라고 불렀을까? 영어로 네거티브는 정상에서 벗어나 나쁜 쪽을 뜻한다. 음침한, 부정 탄, 뭔가 기분 나쁜…….

불과 200여 년 전까지만 해도 그랬다. '음수는 수가 아니다. 이런 걸 다루면 안 된다!'고 주장하는 수학자들이 많았다. 그러나 세월이 흐르면서 상황은 완전히 역전된다. 영국의 위대한 물리학자 디락은 양수와 음수가 지니는 대칭성을 수학 세계에서만 받아들이는 데 만족하지 않고 물리 세계를 예측하는 데도 적용했다. 음전자electron가 있다면 그에 대칭인 양전자positron가 있을 것이라는 예측이었다. '음의 에너지를 지니는 양전자란 있을 수 없다'고 믿던 시절에 대담한 상상력을 발휘한 것이다. 놀랍게도 상상 속에나 있던 입자가 정말 발견되었고, 이것을 발견한 사람들 중 한 명은 그 공로로 노벨상을 받게 된다.

05

변수는 수일까?

상수, 변수, 항, 다항, 다항의 차수, 다항의 곱셈, 다항의 인수분해

동네에 하나 있을까 말까 했던 TV가 집집마다 자리를 차지할 때의 이야기다. 비녀로 쪽을 진 할머니가 시골서 올라오셨다. 처음에는 상자 안에서 사람이 움직인다고 놀라셨던 할머니는 하루 이틀 지나니 TV 보는 재미에 흠뻑 빠지셨다.

그러던 어느 날 저녁 할머니는 이렇게 말씀하셨다.

"어? 저 사람 저번에 죽었는데. 어제는 살아서 경찰하더니, 오늘은 또 도둑이네?"

걸으면서 전화도 하고 지금 여기 일을 지구 반대편 사람이 바로 볼 수 있는 시대에 이 무슨 귀신 씻나락 까먹는 소리냐 할 수 있지만, 그때는 그랬다. 나도 어렸을 때는 '왜 저런 것도 모르시지?' 하고 이해를 못했지만, 이제 수십 년이 지나서야 안다. 할머니는 변수라는 개념이 낯설어 헷갈리신 것이다. 변수가 문제였다.

❶ 변수와 상수

누구나 마찬가지다. 산수를 잘 배우던 아이도 나눗셈을 배울 때는 꽤 어려워한다. 그 관문을 잘 통과하면 잘 나가다가, 몇 년 뒤 변수 개념을 만날 때 또 어려움을 느낀다(내 생각에는 그다음이 무리수, 그다음 관문이 함수다).

어려운 순간은 있기 마련이다. 문제는 그것을 어떻게 잘 헤쳐 나가느냐다. 변수 개념은 자칫 뜬구름처럼 느껴져서 잘 잡히지 않는다. 어려울 만도 하다. 하지만 이 개념을 피해서 수학을 한다는 건 불가능하다. 수학이 여타 학문과 다른 것은 바로 변수라고 말하는 수학자도 있다. 영어로는 variable(베리어블)이라고 하니, 그대로만 보면 '변할 수 있는 것'이라는 뜻이다.

사실 따지고 보면 우리는 생활에서 변수 개념을 흔히 쓰고 있다.

- 때로 빈 종이는 변수다. 거기에 신청서 양식을 인쇄하면 신청서가 되고 낙서를 하면 낙서장이 된다.
- 때로 빈 컵은 변수다. 우유를 넣으면 우유컵이 되고 흙을 담아 작은 꽃을 심으면 화분이 된다.

이렇게 얼마든지 상상할 수 있다. 모두 변할 수 있는 것, 비어 있는 것, 가능한 것이라는 개념과 연관되어 있다. TV를 보던 할머니는 배역을 변수로 볼 수 있다는 것을 낯설어 하셨던 것이다.

변수는 그렇게 변할 수 있는 것을 말한다. 무엇이든 된다. 때로는 수가 그 자리를 대신할 수 있고, 어떨 때는 함수 또는 도형이 그 자리를 대신할 수도 있다. 이런 변수와 비교되는 개념이 상수다. 상수는 영어로 constant(콘스턴트)라고 한다. '고정된 것'이라는 뜻이다. 그 말대로 상수는 이미 정해진 것이다.

앞에서 예로 든 것 중에서 신청서, 낙서장, 우유컵, 화분, 배우는 정해지는 순간 상수다. 대통령도 변수고 반장도 변수지만, 지금 그 일을 맡은 사람은 상수다. 그중에서 지금 우리가 관심을 가지는 것은 변수에 수가 들어오는 경우다. 예를 들어 정수 0, 1, -1 같은 것들이다.

세상에 이렇게 많은 변수 현상이 있으니, 수학에서도 변수를 다루지 않을 리 없다. 변수라는 용어를 따로 쓰지는 않지만 우리는 이미 은근슬쩍 쓰고 있었다.

- 분배법칙을 말하면서 $x(y+z)=xy+xz$로 썼다. 이때 x, y, z 는 변수다. 우리가 알고 있는 범위에서는 정수가 그 자리를 대신할 때마다 참이다.
- $1+2+3+\cdots+n=\dfrac{n(n+1)}{2}$이라고 쓸 때, n은 변수다. (n 자리에 어떤 자연수를 넣어 보라.) 자연수가 그 자리를 채울 때마다 참이다.

보다시피 변수란 패턴 또는 틀을 나타낼 때 쓸 만하다. 그래서 수학 공식에서 흔히 쓴다. 반지름이 r인 원의 넓이는 πr^2이라고 쓰는

데, 이때 π 는 어떤 상수지만 r 은 변수다. r 이 정해지는 순간, 그것을 제곱하고 그 값에 π 라는 상수를 곱하면 넓이가 정해진다.

변수를 다룰 때는 문자를 쓴다. 그중에서도 x, a, n 을 즐겨 쓴다. 왜 하필 이것들을 많이 쓰는지에 대해서는 이러저러한 말들이 있지만, 중요하지도 않고 꼭 맞다고 할 수도 없으니 그냥 넘어가기로 하자. 변수를 나타내는 기호로 네모나 동그라미를 써도 되고, 사랑하는 사람의 얼굴을 그려도 좋다. 마음대로 해도 좋다.

하지만 조심할 게 있다. $x + 2$ 는 '변수 x 에 2를 더하기'라는 틀이고 $y + 2$ 는 '변수 y 에 2를 더하는' 틀이다. 둘 다 '변수 $+2$' 꼴이지만 이 두 표현이 같다고 함부로 말해서는 안 된다. 또한 무조건 다르다고 해서도 안 된다. 우리는 변수가 같다는 것에 대해 아직 말하지 않았으니까.

❷ 다항

지금까지 우리는 자연수를 정수 개념으로 통합했다. 그리고 다음 장에서 유리수로 정수까지 통합할 것이고, 머잖아 실수로 유리수와 무리수까지 통합할 것이다. 여기서는 앞으로 나올 모든 상수와 방금 정의한 변수까지 다 통합한다. 그리하여 '항term'이라는 어마어마한 개념이 탄생한다. 정의할 게 좀 많다. 먼저 다음 그림을 보자.

그림 1에는 지금까지 우리가 아는 상수인 양의 정수, 0, 음의 정수

를 포함한 정수를 쓰고, 앞으로 배울 유리수와 무리수, 그리고 그것을 포괄하는 실수까지 적어 두었다. 이름이 무엇이든 이것들은 모두 상수다.

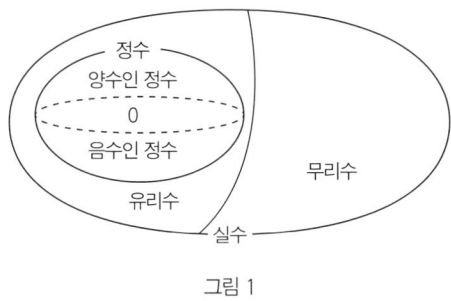

그림 1

그림 2에서는 상수와 변수를 가장 기본으로 삼고 예를 써 두었다. 상수 부분에는 앞으로 배우게 될 수도 있다. 변수에는 문자나 기호를 썼다. 이것을 기초로 정의를 해보자. 그림을 손가락으로 짚어 가며 꼼꼼히 따져 보기 바란다.

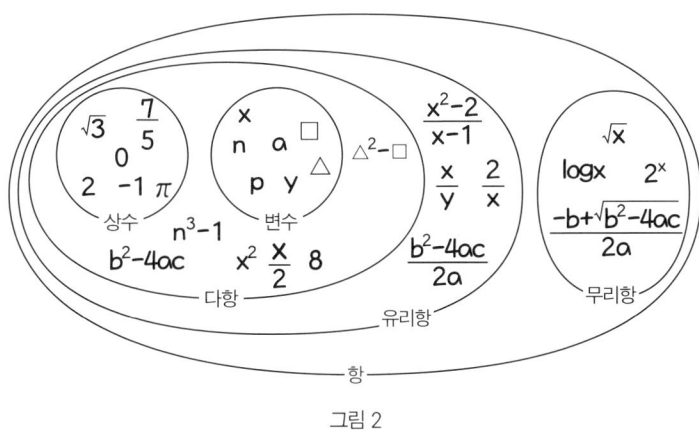

그림 2

▪ 다항

변수와 상수를 덧셈, 뺄셈, 곱셈 세 연산으로 '유한번' 결합해서 나타낼 수 있으면 그것을 다항polynomial이라고 한다. 자연수를 덧셈, 뺄셈, 곱셈으로 묶은 결과가 정수인 것과 비슷하다. 예를 들어 $-3x^2$, $x \div 2$, $x^{10} - y^5$, $(x+1)(x-1)$, $(n-1)^2$ 들은 모두 다항이다.

※ 주의! $\frac{x}{2}$는 다항이지만 $\frac{2}{x}$는 다항이 아니다. 둘 다 다항을 정의할 때 금지한 나눗셈이 들어가기는 했지만, $\frac{x}{2}$는 결국 $\left(\frac{1}{2}\right) \times x$로 다항 곱하기 다항으로 결합할 수 있는 데 비해 $\frac{2}{x}$는 그럴 수 없으니까.

▪ 단항

다항 중에서 덧셈과 뺄셈이 참여하지 않은 것을 단항monomial이라고 한다. 앞의 예에서 $2x$, $-3x^2$, $x \div 2$ 들은 단항이다. $-3x^2$에서 -3은 뺄셈이 아니라 음수 3이니 뺄셈이 참여한 게 아니며, 따라서 단항이다.

어떤 형태의 다항도 단항들의 합으로 바꿀 수 있다. 앞의 예에서 $(x+1)(x-1)$은 $x^2 + (-1)$로, $(n-1)^2$은 $n^2 + (-2)n + 1$로 바꿀 수 있다. 항을 곱셈해서 얻는다. 다항의 곱셈은 곧 나온다.

여기서 한 정의는 학교에서 배우는 정의와 약간 다르다. 변수와 상수의 곱으로만 된 것을 단항식이라 부르고, 단항식이 덧셈·뺄셈으로 연결되면 다항식이라 부른다. 교과서 방식은 식의 개념을 폭넓게 보고 있다. 마찬가지로 교과서 방식으로 하면 유리항을 유리식이라 부른다. 나는 항과 식이라는 용어를 구분해 써야 한다고 생각해서 위와 같은 용어로 통일했다.

■ 차수

상수인 항은 차수degree가 0이다. 변수 하나는 차수가 1이다. 변수를 한 번 곱할 때마다 차수가 하나씩 올라간다. 상수항을 곱하거나 항을 덧셈, 뺄셈하는 것은 차수에 변화를 주지 않는다.

- 차수가 0인 예 : $0,\ 100,\ -1,\ \frac{1}{2},\ \sqrt{2},\ \pi,\ 3^2$
- 차수가 1인 예 : $x,\ y,\ 2x,\ -\frac{x}{2},\ \sqrt{2}x,\ 3^2x,\ 10^3y,\ 3+x,\ x+y$
- 차수가 2인 예 : $xy,\ 2x^2,\ (3x)^2+xy,\ x^2-2x,\ x(y+1)$

■ 계수

변수에 영향을 주는 정도를 계수coefficient라고 하는데, 보통 변수 부분에 곱한 상수라고 보면 된다. 다항 $-3x^2$에서 계수는 -3이다. 다항 x^2-2x+1에서 x^2항의 계수는 1, x항의 계수는 -2, x^0항의 계수는 1이다. x^0항은 상수항이라 부르고 1은 그냥 상수라고도 한다.

■ 다항의 차수

다항을 곱셈한 결과, 참여한 단항 중에서 가장 높은 차수를 다항의 차수라고 한다. 최고차수인 항은 그 다항의 성격을 결정하는 중요한 요소다. 다항 $-3x^2$에서 최고차항은 하나밖에 없고, 따라서 이 다항의 차수는 2차다.

예제 1 다항 $x^{100} - y^{100} - 100$은 x에 대해 100차, y에 대해 100차이다. 최고차항은 100이므로 이 다항 전체의 차수는 100차다. 다항 $y \times (x+1)^2$은 x에 대해서는 2차, y에 대해서는 1차이고, 이 둘을 곱했으니 다항 전체 차수는 3차다.

예제 2 다항 $x^2 - 2xy - y^3$에서 가장 높은 차수인 항은 y^3항이다. 따라서 3차 다항이다.

유리항

변수에 나눗셈 연산까지 허용하면 유리항이라고 한다. 다항과 다항을 나눗셈으로 결합해서 나타낼 수 있으면 유리항이라고 한다. 다항 $x^2 - 2$와 다항 $x - 1$을 나눗셈으로 결합한 $\dfrac{x^2 - 2}{x - 1}$는 유리항이다. 정수 2와 정수 3을 나눗셈으로 결합한 $\dfrac{2}{3}$를 유리수라고 하는 것과 비슷하다. 실제로 수 세계에서의 정수와 항 세계에서의 다항은 비슷한 성질이 많고, 유리수와 유리항도 비슷한 성질이 많다.

모든 다항은 분모를 상수로 해서 유리항으로 나타낼 수 있다. 예를 들어 2차 다항 x^2은 $\dfrac{x^2}{1}$으로 바꿀 수 있다. 따라서 모든 다항은 유리항이다. x가 0이 아닐 때 $\dfrac{x^2}{x}$은 다항인 유리항이다. $\dfrac{x^2}{x} = x$이기 때문이다. 그에 비해 $\dfrac{x^2 - 2}{x - 1}$ 또는 $\dfrac{x}{y}$는 다항으로 표현될 수 없는 유리항이다. 유리수가 정수보다 복잡하다는 것을 다음 장에서 볼 텐데, 마찬가지로 유리항은 다항에 비해 다루기가 훨씬 복잡하다. 이 책에서는 유리항을 다루지 않는다.

여러분이 앞으로 학교에서 배울 연산인 근호셈, 로그셈, 지수셈까지 참여하면 무리항이 된다. 이 셈들은 훨씬 복잡한 성질을 지닌 연산들이다.

예 $\sqrt{x}$, $\log(x)$, 2^x

항 term

이 모든 것을 통합하는 개념이 넓은 의미에서 항이다. 따라서 상수는 항이다. 변수는 항이다. 그리고 어떤 연산이든 항과 항을 연산하면 그것은 항이다. 앞에서 본 그림 2에 나타난 것만 있는 게 아니다. 여러분은 고등학교 때 $\sin(x)$ 같은 항도 만나게 될 것이다.

예제 3 다항 $2x + xy + 1$에서 가장 높은 차수인 항은 xy항이다. 따라서 2차 다항이다.

- **동류항**

같은 문자로 이루어졌고 차수가 같은 단항들은 동류항이라고 한다. 종류가 같은 항이라는 뜻이다. 예를 들어 다항 $x^2 - 2x + 1$과 다항 $x^2 + (-3)x^2$에서 x^2과 $-3x^2$은 동류항이다. 또, $a^2 - ab + ba + b^2$인 다항에서 $-ab$와 $+ba$는 동류항이다.

휴! 이제 이 책에서 필요한 용어는 모두 정의한 것 같다. 수학의 생명은 한 치의 오차도 없는 정확성인데, 그것은 정의와 증명과 계산에서 나타난다. 수학 용어를 정의할 때는 되도록 오해를 줄이도록 해야 한다. 정확성을 놓치면 수학은 수학이 아니다. 그래도 그렇지, 이렇게 정의만 우르르 몰아서 해놓으니, 여러분이 읽다가 체할까 봐 걱정이다. '뭐가 이렇게 외울 게 많아!' 하고 가슴이 답답해졌다면 미안하다.

하지만 이 정의들을 굳이 외우려 덤비지 않아도 된다. 자주 만나다 보면 저절로 깨우치게 될 테니까. 이 책에서 관심을 가지는 것은 $x^2 - 2x + 1$ 같은 2차 다항 정도다. 그러니 2차 다항을 몇 개 더 보면서 꼭 필요한 정의를 복습해 보자.

- $x^2 - 1$: x에 대해 2차, 2차항 계수는 1, 상수항은 -1
- $-3x^2 + x - 2$: x에 대해 2차, 2차항 계수는 -3, 1차항 계수는 1,

상수항은 -2

- $x^2 - 2xy + y^2$: 다항 전체는 2차, x에 대한 2차항 계수는 1, 2차
항 xy에 대한 계수는 -2, y에 대한 2차항 계수는 1

'항을 전개하라', '항을 풀어라' 하는 말도 있다. 하지만 나는 굳이 이런 용어를 쓰지 않고 그냥 항을 곱하라는 말을 주로 쓰겠다. $(x+y) \times (a+b)$를 '전개하라'고 하니 이렇게 쓴 사람이 있었다.

$(x+y) \times (a+b)$

$(x \ + \ y) \times (a \ + \ b)$

$(x \ \ + \ \ y) \times (a \ \ + \ \ b)$

기가 막힐 노릇이다. 말 그대로 '전개'해 놓았다.

그는 $(x+y) \times (a+b)$를 푸시오 했더니 이렇게 했다.

$(, x, +, y,) , \times , (, a, +, b,)$

할 말이 없었다. 그렇다고 잘못이라고 할 수도 없었다. 정말로 풀어 놓긴 했으니까. '푸시오', '전개하라'는 용어를 분명히 정의하지 않아서 생긴 일이다. 이 책에서는 되도록 그런 용어들을 안 쓰고, 그 대신 '곱하시오'로 통일했다.

❸ 항이 같음

항 하나가 무엇인지 정의했으니 두 항을 비교하는 것도 정의해야 한다. 비교는 본능이다. 정수 2와 -3은 같은가 다른가? 보다 마나 뻔하다. 이처럼 두 정수가 같으냐 다르냐는 척 봐도 나온다. 그러나 항을 두 개 놓고 같으냐 다르냐를 말하기는 그리 쉽지 않다. 변수라는 개념 때문이다. 항이 같다는 게 무엇인지 정확히 짚고 넘어가자.

■ 정의 1

변수에 상수를 넣을 때마다 결과가 '항상' 같으면 '두 다항이 같다'고 한다. 근본을 생각한 정의다. 다항 $x+1$은 가능한 x에 어떤 값이 정해지는 순간 거기에 1을 더하는 틀이다. 다항 x^2+2x는 가능한 x에 어떤 값이 정해지면 그것을 제곱하고, 2배하고 그리고 그 둘을 더하는 틀이다. 따라서 이 정의는 아무리 생각해 봐도 근본을 생각하고 올바로 정의한 것이다.

- x^2과 $2x$: 두 항은 다른 항이다. x가 1일 때 x^2은 1이고 $2x$는 2니까.
- x^2과 xy : 두 항은 다른 항이다. x가 1이고 y가 2일 때만 봐도 다르다.
- $x+1$과 $y+1$: 두 항은 다른 항이다. x가 1이고 y가 2일 때 다른 값이다.

다른 예를 하나 들어 보겠다. $x(x-1)$과 x^2-x는 같을까 다를까? 변수 x에 정수 몇 개를 넣어 검사해 보겠다.

x	$x(x-1)$	x^2-x
-1	$(-1)\times(-1-1)=2$	$(-1)^2-(-1)=2$
0	$0\times(0-1)=0$	$0^2-0=0$
5	$5\times(5-1)=20$	$5^2-5=20$

변수 x에 -1, 0, 5를 넣은 결과로 보니 $x(x-1)$과 x^2-x는 같을 것 같다. 그러나 그 많은 정수 중에서 고작 세 개 넣어 봤을 뿐이다. 정말 항상 같을까? 1억 개를 넣을 때까지 같게 나왔는데 1억 1번째 수를 넣었을 때 '삐~' 소리가 나면서 두 항이 같지 않다고 나오면 어떡하나?

이와 같이 정의 1은 두 항이 다르다고 말하기에는 아주 좋은 정의지만, 두 항이 같다고 말하기에는 뭔가 찜찜한 정의다. 상수를 일일이 넣어서 같은지 보는 정의 1을 보완할 수 있는 다른 정의가 필요하다.

■ 정의 2

두 다항이 동류항들로만 이루어질 수 있고 그때 계수도 같으면 '두 다항은 같다'고 말한다. 어떤 다항도 단항들의 합으로 바뀔 수 있으므로 하나하나 비교하면 된다. 동류항을 비교하기 위해 표준형으로 바꾸면 좋다. 표준형은 최대한 깔끔하게 나타내는 것이라 이해하면 충분하다. 옷장에 속옷과 겉옷을 계절별로 잘 정리해 두면 편하듯, 책상을 깔끔하게 정리해 두면 필요할 때 바로 꺼내 쓰기 좋듯 다항을 표준형으로 정리해 두면 여러모로 편리하다.

$(x^2y)(xy^4)$ 같은 경우는 x^3y^5으로 한다. 또 곱할 것은 다 곱해서 차수가 높은 것부터 차례대로 써놓으면 비교하기도 좋다. 예를 들어 $x(x-1)$을 곱하고 나서 차수가 높은 것부터 써서 표준형으로 정리하면 x^2-x다. 이렇게 하고 보니 $x(x-1)$과 x^2-x는 동류항으로만 되어 있고 계수도 같다. 그래서 두 항은 같다. $(x+y)^2$을 표준형

으로 나타내면 $x^2 + xy + yx + y^2$으로 할 수 있다. 변수 x와 y에 분배법칙이 통하는 상수만 들어간다고 하면 $x^2 + 2xy + y^2$까지 간단하게 나타낼 수 있다.

- $(2x)(x^2)$은 $2 \times x \times x^2$이므로 $2x^3$으로 정리할 수 있다.
- $(2xy) \times (-3yx^2)$은 $2 \times (-3) \times x \times x^2 \times y \times y$이므로 $(-6)x^3y^2$으로 정리할 수 있다.
- $(2xy) \times (-3yx^2) \times 5y^3$은 $2 \times (-3) \times 5 \times x \times x^2 \times y \times y \times y^3$이므로 $(-30)x^3y^5$으로 정리할 수 있다.

가능한 상수를 모두 넣어 본다고 해서 정의 1을 수치대입법, 동류항과 그 계수를 비교한다고 해서 정의 2를 계수비교법이라고 부른다. 하지만 우리는 이런 불필요한 용어를 쓰지 않을 것이다. 또 차수가 높은 것부터 표준형으로 정리하는 것을 내림차순, 차수가 낮은 것부터 정리하는 것을 오름차순이라 부르기도 한다. 마찬가지다. 우리는 이런 용어도 쓰지 않는다.

정의 1과 정의 2는 절대로 충돌하지 않는다. 어떤 두 다항이 정의 1에 따라 같으면 정의 2에 따라서도 같다. 또 정의 2에 따라 같으면 반드시 정의 1에 따라서도 같다. 이것을 증명하지는 않겠다. 여기서 내가 여러분에게 바라는 것은 둘 중 하나다. 여러분이 무작정 나를 믿거나 여러분 스스로 증명해 보거나.

❹ 항의 덧셈과 곱셈

항이라는 어마어마한 개념으로 변수까지 통합하면서 우리의 수학은 훨씬 강력해질 기미를 보이고 있다. 그러나 보다시피 항이 쓸 만해지려면 항을 더하고 곱하는 게 확실히 자리를 잡아야 한다. 그리고 항이 같다는 것을 말할 때도 곱셈을 끝내서 표준형으로 하는 게 좋다. 자, 이제 다항을 더하고 곱하는 게 무엇인지 확실히 알아 버리자.

변수는 상수를 대신한다. 따라서 정수가 적용된다면 정수에서 통하는 법칙들도 고스란히 통할 것이다. 덧셈과 곱셈에 대한 교환·결합·분배법칙 같은 것들 말이다. 그래서 항의 곱셈은 이 성질들만 지켜주면 된다. 남은 건 충분히 익숙해지도록 연습하는 것이다.

예제 1 $(x+y)(x+y) = x^2 + 2xy + y^2$

풀이 분배법칙이 계속 적용되어 다음과 같이 된다.

$$(x+y)(x+y)$$
$$=(x+y)x + (x+y)y$$
$$=(x^2+yx) + (xy+y^2)$$

그리고 교환과 결합 성질을 적용해 깔끔히 정리할 수 있다.

$$(x^2+yx) + (xy+y^2)$$
$$=x^2 + (yx+xy) + y^2$$

여기서 xy와 yx는 동류항이고 계수는 둘 다 1이다. 따라서 다시 교환·분배법칙을 적용하면 이렇게 된다.

$$x^2 + (yx + xy) + y^2$$
$$= x^2 + (xy + xy) + y^2$$
$$= x^2 + (1 + 1)xy + y^2$$

따라서 결국 표준형으로 쓰면 $(x + y)(x + y) = x^2 + 2xy + y^2$이다. 여기서 변수는 문자일 뿐이므로 x나 y 대신 다른 문자를 바꿔 써도 다를 바 없다.

- 위에서 y 대신 z로 고친다면 $(x + z)(x + z) = x^2 + 2xz + z^2$이다.
- x를 a로, y를 b로 고쳐쓰면 $(a + b)(a + b) = a^2 + 2ab + b^2$이다.
- x 대신 $2p$를, b 대신 $3q$를 쓰면 어떻게 될까?

$$(2p + 3q)(2p + 3q) = (2p)^2 + 2(2p)(3q) + (3q)^2$$

결국 $4p^2 + 12pq + 9q^2$이다.

문제1 x 대신 $3y$를 쓰고 y 대신 $2x$를 쓰면 어떻게 될까?

예제 2 $(x-y)(x-y)=x^2-2xy+y^2$

> **풀이** 왼쪽 항을 다시 쓰면 $(x+(-y))(x+(-y))$이다. 예제 1에서 x나 y는 변수였으니 무엇이 그 자리를 차지해도 된다. 여기서는 y 자리를 $-y$로 바꾸었을 뿐이다. 그래서 이렇게 된다.
>
> $$(x+(-y))(x+(-y))=x^2+2x(-y)+(-y)^2$$
>
> 이제 음수 곱셈을 적용해서 정리하면 끝.
>
> 결국 $x^2-2xy+y^2$이다.

- 위에서 x 대신 a를 쓰고 y 대신 b를 쓰면 어떻게 될까?
  답은 $a^2-2ab+b^2$
- x 대신 $2p$를 쓰고 y 대신 $3q$를 쓰면?
  답은 $4p^2-12pq+9q^2$
- x 대신 $-2p$를 쓰고 y 대신 $-3q$를 쓰면?
  답은 $4p^2-12pq+9q^2$
- x 대신 $-2p$를 쓰고 y 대신 $3q$를 쓰면?
  답은 $4p^2+12pq+9q^2$

문제2 x 대신 y^2을 쓰고 y 대신 $3x^2$을 쓰면 어떻게 될까?

$(x+y)(x-y)=x^2-y^2$

조금 익숙해졌는지 모르겠다. 해설은 옆에 따로 썼다.

$(x+y)(x-y)$

$=(x+y)(x+(-y))$ ← 음수 성질

$=(x+y)x+(x+y)(-y)$ ← 분배법칙

$=x^2+yx+x(-y)+y(-y)$ ← 분배법칙

$=x^2+xy+(-1)xy+(-1)y^2$ ← 교환법칙, 음수 성질

$=x^2+(1+(-1))xy+(-1)y^2=x^2-y^2$ ← 분배법칙

문자만 써놓고 다루는 연습을 해보았다. 눈으로만 보고 이해했다고 되는 게 아니다. 위에서 해설 부분은 가리고 여러분 손으로 직접 써 보라. 자기도 모르게 스르륵 써지도록 해야 한다. 처음에는 어색할지 모르지만 몇 번 해보면 나중에는 저절로 써진다. 어렸을 때 덧셈, 곱셈 배울 때와 비슷하다. 눈으로만 봐서는 안 되고, 머리로만 외우는 것으로도 부족하다. 손이 기억하도록 하라. 충분히 익숙해졌으면 아래 문제를 한 줄 한 줄 그리고 또박또박 쓰면서 확인해 보라.

- $(x+y)^3$
- $(x+1)(x+2)(x+3)$
- $(x-1)(x+1)(x^2+1)(x^4+1)$
- $(x+y)(x^2-xy+y^2)$

다항을 정의하고 다항이 같다는 것, 그리고 덧셈과 곱셈을 어떻게 하는지 살펴보았다. 수만 있을 때는 그런대로 괜찮더니 문자로 되어 있어서 어렵게 느껴질 수 있다. 초등학교 때 나눗셈이 한 번의 고비였듯이 문자만 다루는 이 부분도 고비다. 여러분이 문자로 수를 대신해 곱셈하고 인수분해하는 데 익숙해지느냐 아니냐가 앞으로 수학 전체를 쉽게 받아들일 수 있느냐 없느냐를 가르는 분수령이다. 길은 하나밖에 없다. 참을성 있게 문제를 풀고 또 푸는 것. 이때 공책에 깔

다항 곱하기는 실수만 없도록 조심하면서 끈기 있게 하면 언젠가는 반드시 해낼 수 있다. 문제는 '거꾸로'다. 예를 들어 $x^2+2xy+y^2$을 보고 $(x+y)(x+y)$를 찾아내는 것, 또 x^2-y^2을 보고 $(x+y)(x-y)$를 찾아내고, x^3-y^3에서 $(x+y)(x^2-xy+y^2)$을 찾아내는 것 말이다.

더 골치 아픈 것은 y 대신 1, 이어서 제곱이나 세제곱이 '숨어' 버릴 때다. $1=1^2=1^3$이니까. 그래서 x^2-1에서 $(x+1)(x-1)$을 찾고, x^3-1에서 $(x+1)(x^2-x+1)$을 찾아내기란 쉬운 일이 아니다. 이렇게 곱셈한 결과에서 거꾸로 곱셈하는 인수들로 분해하는 것을 '다항의 인수분해'라고 한다. 어떤 자연수를 소인수분해하면 그 수를 더 잘 알 수 있듯이 다항도 인수분해하면 여러모로 좋다. 하지만 연습, 연습, 또 연습이 필요하고 머리에서 뭔가 번쩍하는 게 필요하다.

📏 **문제4** x^4-1을 인수분해하라.

끔하고 정성스럽게 적으면서 푸는 것.

문자 다루기에 익숙해지면 수를 다루는 데도 편리하다. 함께 예제 몇 개를 살펴보자. 다음에 암산하라는 문제가 나온다. 암산은 머리를 맑게 한다. 정말 연필을 놓고 머릿속으로만 계산해 보라.

예제 1　15×15를 암산하라. (여러분, 암산하고 있죠?)

자, 끝났는가? 여러분은 어떻게 했는지 모르겠다. 문자 다루기에 익숙해진 사람은 저절로 $(x+y) \times (x+y) = x^2 + 2xy + y^2$이 그려진다. 누구나 연습하면 이때가 온다. 따라서 이 경우는 $(10+5) \times (10+5)$이므로 $10^2 + 2 \times 10 \times 5 + 5^2$이다. 따라서 답은 225.

예제 2　29×29를 암산하라.

연필을 놓고 암산해 보라. $(30\text{-}1) \times (30\text{-}1)$로도 풀 수 있다.
$$30^2 - 2 \times 1 \times 30 + 1 = 900 - 60 + 1 = 841$$

25×25, 35×35, 45×45를 암산해 보라. 암산이 끝나면 결과만 써 놓고 보라. 답은 차례대로 625, 1225, 2025이다. 어떤 패턴이 나오지 않는가? 다음 설명을 읽기 전에 스스로 패턴을 찾아보기 바란다. 눈을 황소처럼 크게 하고 집중해서 보라.
자, 이제 어떤 부분만 진하게 표시해서 다시 쓰겠다. 6**25**, 12**25**, 20**25**. 자, 패턴이 보이는가? 그렇다면 55×55는 어떻게 될까? 패턴을 발견한 사람은 직접 곱셈하기 전에 미리 예측해 보라. 그리고 암산한 다음 확인해 보자. 75×75와 95×95도 해보라. 그리고 그런 형태가 1025×1025나 2025×2025처럼 큰 수에 대해서도 항상 지속될지 생각해 보라.

예제 3 31×29를 암산하라.

암산… 끝났는가? 이렇게도 풀 수 있다.

$(30+1) \times (30-1) = 30^2 - 1^2 = 899$

예제 4 $19^2 + 20^2 + 21^2$을 암산하라.

이제부터는 암산이 만만치 않을 것이다. 이렇게 암산하면 어떨까?

$19^2 + 20^2 + 21^2 = (20-1)^2 + 20^2 + (20+1)^2$이므로

$(20^2 - 2 \times 1 \times 20 + 1^2) + 20^2 + (20^2 + 2 \times 1 \times 20 + 1^2)$이 되고, 이것을 정리하면 $20^2 + 20^2 + 20^2 + 1^2 + 1^2$이다. 따라서 $1200 + 2 = 1202$

예제 5 $(8^2 + 9^2 + 10^2 + 11^2 + 12^2) \div 5$을 암산하라.

마지막 예제는 여러분에게 주는 선물이다.

항이 두개만 있을 때 제곱을 계속해 보았다. 여러분도 공책에 곱셈을 해서 정
리해 보기 바란다. 처음에는 복잡하겠지만, 연습이 피가 되고 살이 될 것이다.

$(x+y)^1$ $\mathbf{1}x + \mathbf{1}y$

$(x+y)^2$ $\mathbf{1}x^2 + \mathbf{2}xy + \mathbf{1}y^2$

$(x+y)^3$ $\mathbf{1}x^3 + \mathbf{3}x^2y + \mathbf{3}xy^2 + \mathbf{1}y^3$

$(x+y)^4$ $\mathbf{1}x^4 + \mathbf{4}x^3y + \mathbf{6}x^2y^2 + \mathbf{4}xy^3 + \mathbf{1}y^4$

$(x+y)^5$ $\mathbf{1}x^5 + \mathbf{5}x^4y + \mathbf{10}x^3y^2 + \mathbf{10}x^2y^3 + \mathbf{5}xy^4 + \mathbf{1}y^5$

혹시 어떤 패턴이 보이는가? 먼저 변수들만 보라.

- $(x+y)^2$을 곱셈해서 표준형으로 나타내면 모든 단항이 2차다.
  $(x+y)^3$은 모든 단항이 3차다. $(x+y)^n$은 모든 단항이 n차다.
- $(x+y)^2$에서 x^2을 x^2y^0으로 보면, 그다음 단항은 x차수는 하나 줄고 y차
  수는 하나 늘어 x^1y^1이다. 그다음 단항은 또 x차수는 하나 줄고 y차수는
  하나 늘어 x^0y^2이다.
- $(x+y)^3$에서도 마찬가지다. 첫 단항은 x^3y^0, 둘째 단항은 x차수는 하나 줄
  고 y차수는 하나 늘어 x^2y^1, 셋째 단항은 x^1y^2, 마지막 넷째 단항은 x^0y^3.
- $(x+y)^n$에서도 항상 그렇다.

이제 계수만 뽑아서 따로 보라. 계수만 아는 방법을 말하겠다. 다음 그림을 보자. 윗줄 두 수를 더하면 아랫줄 만나는 곳의 주이다. 둘째 줄 1＋1은 셋째 줄 2, 셋째 줄 1＋2는 넷째 줄 3.

이제 가로줄만 더해 보겠다.

$(1+1)$ $= 2 \ = 2^1$

$(1+2+1)$ $= 4 \ = 2^2$

$(1+3+3+1)$ $= 8 \ = 2^3$

$(1+4+6+4+1)$ $= 16 = 2^4$

$(1+5+10+10+5+1)$ $= 32 = 2^5$

어? 이게 왜 이렇게 되지? 또 있다. 교대로 음수로 바꾸어 더해보겠다.

$(1-1)$ $= 0$

$(1-2+1)$ $= 0$

$(1-3+3-1)$ $= 0$

$(1-4+6-4+1)$ $= 0$

$(1-5+10-10+5-1)$ $= 0$

어라? 무슨 일이지? 여러분 스스로 그 이유를 밝혀 보라. 이유를 밝혀 내는 그 기쁨을 나는 방해하고 싶지 않다. 그러니 눈물을 머금고 해설을 쓰지 않겠다. 왜 그런지 밝혀 보라!

06

Be Rational, Be Happy!

유리수, 분수꼴 표현, 소수점꼴 표현, 유리수의 덧셈과 곱셈

개수를 나타내는 자연수는 덧셈, 곱셈과 함께라면 행복하다. 눈을 감고 아무거나 자연수를 두 개 뽑아 덧셈, 곱셈을 하면 그 결과는 항상 자연수다. 하지만 뺄셈과 함께하면 불안하다. 처음 뽑은 수가 2이고 다음 뽑은 수가 5여서 2 − 5를 하라고 하면 대응하는 자연수는 없다.

개수뿐만 아니라 방향까지 나타내는 정수는 자연수보다 강력하다. 덧셈, 곱셈은 말할 것도 없고 뺄셈과 함께라도 편안하다. 하지만 정수 세계에도 불안은 아직 남아 있다. 나눗셈이 문제다. 눈을 감고 정수 중에서 두 수를 뽑았는데 그것이 4와 3이었다면 4 ÷ 3과 대응하는 정수는 없다. 슈퍼맨도 크립톤 행성의 돌 앞에서는 비실비실하듯 정수는 나눗셈 앞에서 힘을 잃는다. 그렇다고 4 ÷ 3이라는 수가 없다는 뜻은 아니다. 있다면 정수를 넘어서는 어떤 수일 것이다. 이처럼 나눗셈에서도 힘을 잃지 않는 강력한 수는 개수와 방향 말고 또 무엇을 나타내는 것일까?

❶ 0보다 크고 1보다 작은 수

정수는 0을 기준으로 대칭하면서 뻗어 나가지만 1씩 콩, 콩, 콩 징 검다리 건너듯 간다. 왼쪽이든 오른쪽이든 1씩 옮기면서 디디면 어떤 정수든 디딜 수 있다. 그런데 정수와 정수 사이에 새 돌을 놓는다면 그것은 정수 디디기로 디딜 수 없다. 둥근 빵 4개를 일꾼 2명에게 똑같이 나눠 주려면 2개씩 나누면 된다. 일꾼이 4명이라면 1개씩 줄 수 있다. 하지만 일꾼이 5명이면 빵을 1개씩 받을 수가 없다. 0보다 큰데 1보다 작은 양을 정수로 표현할 수는 없다. 이제 어떡한다지?

예제 1 빵 4개를 5명에게 나누기

"그거야 빵 1개를 5조각 내서 4개씩 나누면 되죠."

누군가가 소리친다. 맞다. 4개의 빵을 5등분해서 4조각씩 가져가면 된다(그림 1). 나는 누구도 섭섭하지 않게 정확히 5등분하고 싶었다. 그래서 자와 컴퍼스로 원에 정오각형을 작도했고, 중심과 꼭짓점들을 이어 나누었다. 그래서 누구나 4조각씩 받았고 누구도 불만이 없었다. 조각이나마 받았으니 빵을 하나도 안 받은 것보다는 많고 빵 하나보다는 적다.

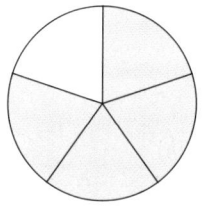

그림 1

이 조각을 x라는 수로 나타내면 다음과 같다.

$0 < x < 1$

더 정확히 말하자면 조각 '5개'가 모여서 원래 빵 '1개'가 된다(그 사이에 누가 먹어 치우지 않았다면). 정수만 아는 우리는 아직 이런 수를 모르기 때문에 다음과 같이 쓸 수 있다.

빵 1개＝조각 5개

이것을 수학 언어로 다시 쓰면 빵이니 조각이니 하는 건 없어진다.

$$1 = x \times 5$$

다시 말해 $1 = 5x$를 만족시키는 수가 x이다. 그래서 x는 1이라는 자연수와 5라는 자연수의 비례관계를 나타낸다. 이것을 수로 표현하려면 1과 5라는 두 정수를 써서 나타내는 게 자연스럽다. 잠깐 (1, 5)로 써 보자.

예제 2 길이 재기

내가 묻는다. "길이를 어떻게 잴까?" 그러면 곧 답이 돌아온다. "자로 재지요." 100명에게 물으면 99명이 이렇게 답한다(보통 남은 1명은 답을 안 하고 묘한 미소를 흘린다). 그러면 나는 이어서 묻는다. "좋아! 그럼 자는 어떻게 만들지?" 흠! 이쯤 되면 분위기가 심상치 않다는 것을 눈치채고 99명이 움찔한다. (답을 안 했던 사람은 '거봐' 하는 표정으로 낄낄댄다. 하지만 틀린 답이 무응답보다 낫다고 생각하는 나는 그 사람을 매섭게 노려본다. 웃음이 멎는다.)

그렇다. 길이를 재려면 재는 기준이 있어야 한다. 손뼘이든 나무토막이든, 미터meter든 인치inch든 단위 기준을 정하고 그것에 따라 자를 만든다. 기준이 되는 단위길이 없이는 길이를 재는 시도도 할 수 없다. 옛날에는 민족마다 단위길이가 달라 애를 먹었지만 지금은 미터법이 대세다. 어쨌든 지금 우리에게 그것은 중요하지 않다. 무엇이든 좋다. 기준이 되는 단위길이를 정한 다음 그것을 1이라고 하자.

자, 이제 우리에게는 단위길이 1이 있다. 그림 2를 보라. x의 2배가 단위길이 1과 겹쳤다. 따라서 단위길이 1이 1번 = 길이 x가 2번이다. 이것을 수학 언어로 다시 쓰면 다음과 같다.

$$1 \times 1 = x \times 2$$

$1 = 2x$인 꼴이다. 해놓고 보니 빵 나누기와 비슷한 상황이다. 그래서 $(1, 2)$로 쓸 수 있다.

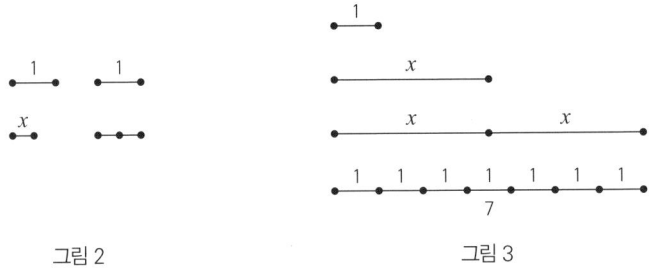

그림 2   그림 3

이제 그림 3을 보자. 앞에서 본 것보다는 복잡한 경우다. 1을 3번 재면 x보다 부족하고 4번 재면 x보다 길다. 그래서 길이 x는 3보다 크고 4보다 작다. 그런데 어떻게 하면 더 정확히 잴까? 아직 방법은 있다. 단위길이 1도 반복해서 연장하고 길이 x도 반복해서 연장하면서 언제 겹치는지 보면 된다. 좀 고생했지만 운이 좋았다. 길이 x를 2번, 단위길이 1을 7번 연장했더니 겹친 것이다. 즉, 다음과 같다.

$$단위길이\ 1이\ 7번 = 길이\ x가\ 2번$$

$$1 \times 7 = x \times 2$$

앞에서 이 x는 7과 2라는 두 길이의 비례관계를 나타내니 $(7, 2)$라고 쓸 수 있다. 이렇게 빵 나누기든 길이든 x의 양은 비례관계로 나타낸다. 앞의 상황을 요약해서 쓰면 다음 꼴로 나타낼 수 있다.

$$1 \times a = x \times b$$

이 글 시작부터 지금까지 x를 (a, b)라 쓰고 있다. 이렇게 해두니 잡다한 것들은 모두 사라졌다. 다이아몬드처럼 차갑고 깨끗하고 맑다. 결국 x는 a와 b의 비례ratio를 말하고 있다. 이와 같이 정수와 정수의 비례관계를 나타내는 수를 유리수rational number라 부른다.

그런데 $(2, 0)$은 유리수일 수 없다. 왜냐하면 $(2, 0)$은 $2 = x \times 0$인 x라는 말인데, 0과 어떤 수 x를 곱해서 2가 나올 수는 없다. 즉, 이런 x는 존재하지 않는다. 또 $(0, 0)$도 유리수가 될 수 없다. $(0, 0)$은 $0 = x \times 0$인 x라는 말인데, 이때 x는 '무엇이다'라고 정확히 정의할 수 없다. 그것은 1도 되고, 2도 되고, -1도 되고, 1억도 된다. 그래서 우리는 $(0, 0)$이 나타내는 비례관계가 무엇인지 꼭 짚어 말할 수 없다.

그렇다면 $(0, 2)$는 어떨까? 이것까지 유리수가 아니라고? 아니다. 이것은 유리수다. 왜냐하면 $0 = x \times 2$이고, 따라서 x는 0이다. 그

생각을 이치에 맞게 한다고 할 때 rational(레셔널)이라고 한다. 유리수라고 할 때의 rational은 '비례 ratio(레이쇼)로 나타내는'이라는 뜻이다. 두 낱말의 뿌리가 같다. 어쩌면 옛날 옛적 사람들은 비례관계를 잘 파악하는 사람을 이치에 맞게 생각하는 사람이라 여겼는지도 모른다.

러므로 (a, b)에서 b가 0이 아니기만 하면 그런 관계를 나타내는 수는 유리수다. 새로운 수가 등장했으니 다시 우리는 최소한 세 가지를 해야 한다. 기호, 크기, 덧셈과 곱셈이다. 먼저 기호부터.

❷ 유리수를 기호로 나타내기

지금까지 우리는 $1 = x \times 2$인 유리수 x를 $(1, 2)$로 썼다. 나는 이렇게 쓰고 싶지만 정말 그랬다가는 왕따 당하기 십상이다. 오늘날에는 이 방법보다 $\frac{1}{2}$로 쓰는 방법을 더 좋아한다. 그래서 여기서부터는 나도 그렇게 쓰겠다. 짧은 막대기 하나를 1과 2 사이에 넣어 구분했다. 앞에서 $1 \times 7 = x \times 2$인 x를 임시로 $(7, 2)$로 썼는데, 이제는 $\frac{7}{2}$이라고 쓸 수 있다. 이런 방법을 분수꼴로 나타내기라고 부른다.

분수꼴로 나타낸 유리수를 분수fraction라 부르기도 한다. 구분 막대기 위에 있는 1을 분자numerator, 아래 있는 2를 분모denominator라 부른다. 이제 유리수의 정의를 간편히 할 수 있다. 즉, 정수 a와 b가 있을 때 $\frac{a}{b}$로 나타낼 수 있으면 유리수라고 한다.

이때 분모 b는 0이면 안 된다. 앞에서도 말했지만, 다시 말하면(워낙 중요하니 잔소리를 해서 귀에 못이 박히도록 하는 것이다) 분모 b가 0이 되는 경우는 $\frac{2}{0}$처럼 분자는 0이 아닌 경우와 $\frac{0}{0}$처럼 분자도 0인 경우가 있다. 그런데 $\frac{2}{0}$는 $0 \times x = 2$인 x이니 그런 수 x는 없고, $\frac{0}{0}$은 $0 \times x = 0$이니 "x란 바로 이거야!" 하고 콕 짚어 정할 수 없다.

잊지 말아야 한다. 여러분이 공부를 많이 해서 $\dfrac{x}{x^2-1} = \dfrac{x}{x+1}$ 같은 유리식을 다루든 $y = \dfrac{x}{x^2-1}$ 같은 유리함수를 다루든 우리가 아는 범위에서는 분모가 0이면 절대 안 된다.

방금 '우리가 아는 범위에서는'이라는 단서를 붙였다. $\dfrac{1}{0}$인 수는 절대로 불가능할까? 우리가 아는 수의 범위에 $\dfrac{1}{0}$을 '새로운 수'로 추가했다면 어떻게 될까? 마치 자연수와 0만 있을 때 (−1)을 추가해 수 세계를 정수로 넓혔듯이 말이다. 실제로 독일 수학자 리만은 이런 수가 있는 세계를 상상했다. 지금껏 풀리지 않은 문제 중 가장 유명한 리만 가설을 150여 년 전에 말한 바로 그 수학자다. 그 세계는 과연 어떤 세계일까? 무척 궁금하다. 하지만 우리가 하는 수학에서는 아직 그런 수가 없다.

자, 유리수를 나타내는 방법까지 했으니 이제 유리수의 크기 비교를 어떻게 하나 살펴볼 차례다. 그러나 그전에 하나만 더. 분모가 1이라면 어떤 일이 벌어질까? 분자는 아무 정수나 좋다. 변수를 써서 a라는 정수라고 하자. 그렇다면 $a = x \times 1$인 x라는 뜻이다. 이것은 유리수 x가 정수 a와 같다는 말이다. $\dfrac{0}{1}$은 0이고, $\dfrac{1}{1}$은 1이고, $\dfrac{2}{1}$는 2이고, $\dfrac{-3}{1}$은 −3이다. 어떤 정수든 분모가 1인 유리수로 나타낼 수 있다는 말이므로 모든 정수는 유리수이다. 조금 더 고상하게 말할 수도 있다. 에헴!(목소리를 가다듬고)

"유리수 집합은 정수 집합을 포함한다."

❸ 유리수의 크기 비교

수를 정의했고 적당한 기호를 정했으니 이제 두 유리수의 크기 비교를 알아볼 차례다. 다른 것은 몰라도 $\frac{4}{5}$ 나 $\frac{1}{2}$ 은 1보다 작고, $\frac{7}{2}$ 은 1보다 크다는 것은 쉽게 알 수 있다. 여기서 '다른 것은 몰라도'라는 단서를 붙인 이유가 있다. 정수끼리는 크기 비교가 아주 쉬웠다. 숫자 -5, -2, 1, 0만 봐도 무엇이 크고 작은지 바로 크기를 알 수 있다.

하지만 분수꼴로 나타낸 유리수를 비교하는 것은 한눈에 안 들어온다. 자, $\frac{4}{5}$ 와 $\frac{1}{2}$ 은 같을까, 다를까? 어느 쪽이 더 클까? 단박에 답할 수 없는 질문이다. 정수 세계에서는 없던 일이다! 틀리는 것을 두려워 말고 답해 보라. 짐작해도 좋고 찍어도 좋다.

> **문제1** 13초 안에 답해 보라. $\frac{7}{8}$ 과 $\frac{17}{19}$ 은 어느 쪽이 클까?

> **문제2** 30초 안에 답해 보라. $\frac{377}{493}$ 과 $\frac{221}{289}$ 은 어느 쪽이 클까?

수가 복잡해질수록 점점 답하기가 어려워진다. 같은지 다른지, 어느 것이 더 큰지 금세 구별이 안 된다니! 이 일을 어쩌면 좋을까?

이유가 무엇이든 우리는 크기를 비교할 방법을 찾아야 한다. 주로 통분 방법을 쓴다.

■ 통분

유리수 $\dfrac{a}{b}$는 $a = x \times b$인 x라는 것만 기억하라. 이 등식에서 왼쪽과 오른쪽 항은 같으니 양쪽에 같은 만큼 곱해도 같다. 그래서 x를 이렇게 나타낼 수도 있다.

$$k \times a = k \times x \times b$$

이때 k는 어떤 정수라 하자. 유리수 x는 $\dfrac{ka}{kb}$로도 나타낼 수 있다. 따라서 $\dfrac{a}{b} = \dfrac{ka}{kb}$이다. 예를 들어 $\dfrac{4}{5} = \dfrac{2 \times 4}{2 \times 5} = \dfrac{3 \times 4}{3 \times 5} = \cdots$이다.

아, 깜박했다! k는 0이 아니어야 한다. k가 0이면 곱셈을 무력하게 만들고, 결국 a와 b가 무엇이든 상관없이 $\dfrac{a}{b} = \dfrac{0 \times a}{0 \times b}$이다. $\dfrac{1}{2} = \dfrac{0}{0}$일 수 있고 $\dfrac{4}{5} = \dfrac{0}{0}$일 수도 있으니 말이다. 말은 말이지만 말이 안 되는 말이다.

어쨌든 이제 비교할 수 있게 되었다. 두 수의 분모를 같게 하면 된다. 이렇게 두 수의 모양을 바꾸어 분모를 같게 하는 것을 일반적으로 통분이라고 한다. 분모를 통하게 하니까 통분.

예제 1 $\dfrac{1}{2} = \dfrac{5}{10}$이고 $\dfrac{4}{5} = \dfrac{8}{10}$이다.
같은 분모라면 분자가 큰 쪽이 크므로 $\dfrac{4}{5}$가 더 크다.

예제 2 $\dfrac{7}{8} = \dfrac{7 \times 19}{8 \times 19} = \dfrac{133}{152}$과 $\dfrac{17}{19} = \dfrac{17 \times 8}{19 \times 8} = \dfrac{136}{152}$, 따라서 $\dfrac{17}{19}$이 더 크다.

■ 인수분해

꼭 통분으로만 두 수를 비교하는 것은 아니다. 분자, 분모에 있는 정수를 소인수분해해서 같은 것을 나눈 다음 비교해도 될 때가 있다. 예를 들어 $\frac{42}{70}$와 $\frac{3}{5}$ 중 어느 것이 클까? 통분해서 바로 알아볼 수도 있지만, 분모와 분자를 인수분해해서 나타내면 $\frac{42}{70} = \frac{2 \times 3 \times 7}{2 \times 5 \times 7}$이고 $\frac{2 \times 3 \times 7}{2 \times 5 \times 7} = \frac{3}{5}$이므로 이 두 수는 같다.

그리고 앞에서 나온 $\frac{377}{493}$과 $\frac{221}{289}$도 인수분해 방법으로 해보았다. 소인수분해가 매우 어려운 것이라 낑낑대면서.

$\frac{377}{493} = \frac{13 \times 29}{17 \times 29} = \frac{13}{17}$이고, $\frac{221}{289} = \frac{13 \times 17}{17 \times 17} = \frac{13}{17}$이다. 결국 두 수는 같다. 나눗셈보다는 곱셈이 쉬우니 그냥 통분 방법으로 할 걸 그랬다.

✖ ✖ ✖

유리수를 나타내는 다른 방법

유리수를 분수꼴로 나타내는 것은 크기 비교조차 어렵다. 크기 순서대로 줄을 세우기가 매우 어렵다는 말이다. 게다가 분수꼴 방법에서는 정수까지 지켜졌던 십진법 체계도 깨졌다. 십진법은 기호 10개와 자릿수가 중요한 역할을 해야 하는데, 분수꼴은 가운데 그어진 정체불명의 막대기 때문에 자릿수가 의미를 잃는다. 그러다 보니 앞에 예로 든 $\frac{377}{493}$과 $\frac{221}{289}$처럼 같은지 다른지를 구분하기도 어렵다. 우리 선조들이 이런 불편을 그냥 보고 있었을 리 없다. 그래서 나온 방법이 0보다 크고 1보다 작은 수를 점 아래 쓰는 방법이다. 작은 수를 점으로 표시하는 방법이니 소수점 방법이라 부른다.

이 방법은 분모를 10, 10^2, 10^3… 같은 수로 통분해서 나타낸다. 예를 들어 $\frac{1}{2}$은 $\frac{5}{10}$와 같으므로 0.5, $\frac{2}{8}$는 $\frac{25}{10^2}$이니 0.25, 그리고 $\frac{1}{8}$은 $\frac{125}{10^3}$이니 0.125로 나타내는 방법이다.

이 방법은 크기 비교가 매우 쉽고 덧셈, 곱셈이 정수일 때와 차이가 없다. 엄청난 장점이다. 소수점 방법이라고 말했지만, 1보다 작은 수에 대해서도 십진법의 장점을 고스란히 지니고 있으므로 '십진법 꼴로 나타내기'라고 부르는 게 더 낫다. 하지만 이 방법도 완전할 수는 없다.

예를 들어 $\frac{1}{3}$은 0.3333…으로 끝없이 이어진다. 0.3333…인 경우 3이 반복된다. $\frac{1}{6}$은 0.1666…으로 소수점 아래 1 다음부터 6이 반복된다. 그런가 하면 $\frac{1}{7}$은 더 복잡하다. 분수꼴로는 간단해 보이는데 소수점 표현법으로 나타내면 0.142857142857…처럼 소수점 아래 142857이 반복해서 나타난다. 이렇게 반복해서 나타나는 것을 순환마디라고 한다. 사실 $\frac{1}{2}$도 0.5000…으로 5 다음에 0이 순환마디라고 볼 수 있다.

그렇게 해놓고 보니 떠오르는 심각한 질문 하나! 유리수를 소수점 방법으로 나타내면 항상 순환마디가 있을까? 거꾸로 순환마디가 있는 어떤 수는 항상 분수꼴로 나타낼 수 있을까? 다시 말해 유리수일까?

이것은 매우 심각한 질문이다. 꼼꼼히 따져봐야 할 질문이지만, 여기서는 다루지 않겠다. 결론만 말하면 다음과 같다. "분수꼴로 표현된 유리수를 소수점꼴로 표현하면 항상 순환마디가 있다. 그리고 순환마디가 있는 수는 항상 유리수이다. 다시 말해 분수꼴로 나타낼 수 있다. (이때 0.5 같은 경우는 0.5000…으로 0이 순환한다고 보기로 하자.)

> 분수꼴로 $\frac{1}{2}$로 표현되는 유리수를 소수점꼴로 나타내면 0.5이다. 다르게도 나타낼 수 있다. 0.5000…으로 0이 순환한다고 볼 수 있다. 또는 0.4999…로 9가 순환한다고도 볼 수 있다. (왜 그럴까?)

❹ 유리수를 수직선에 나타내기

지금까지 우리 수직선은 정수까지였다. 수직선에서 징검다리 디디듯 뛰어야 우리가 아는 수를 밟을 수 있었다. 하지만 유리수까지 표시하면 사정이 완전히 달라진다. 그림 4를 보라. (1)은 수직선에 정수만 표시한 것이다. (2)는 0과 1 부분만 확대한 다음, 0과 1을 2등분해서 딱 중간인 $\frac{1}{2}$을 점으로 표시하고, 다시 그것을 2등분해서 $\frac{1}{4}$, $\frac{3}{4}$을 찍었다. 2등분만 할 이유는 없어서, 10등분한 다음 첫 점을 $\frac{1}{10}$과 대응시켰다. (3)은 이런 방식으로 계속 찍어 가는 과정이다.

$\frac{1}{10}$은 0과 1 사이를 10등분해서 나온 결과이고, 그것을 다시 10등분하면 $\frac{1}{100}$ 단위로 쪼갤 수 있으며, 거기서 또 10등분하면 $\frac{1}{1000}$ 단위로 쪼개진다. 점점 촘촘해진다. 아무리 촘촘히 점을 찍어도 이 절차는 끝날 수 없다. 엄청 가까이 있는 유리수 둘 사이에도 유리수가 얼마든지 있다.

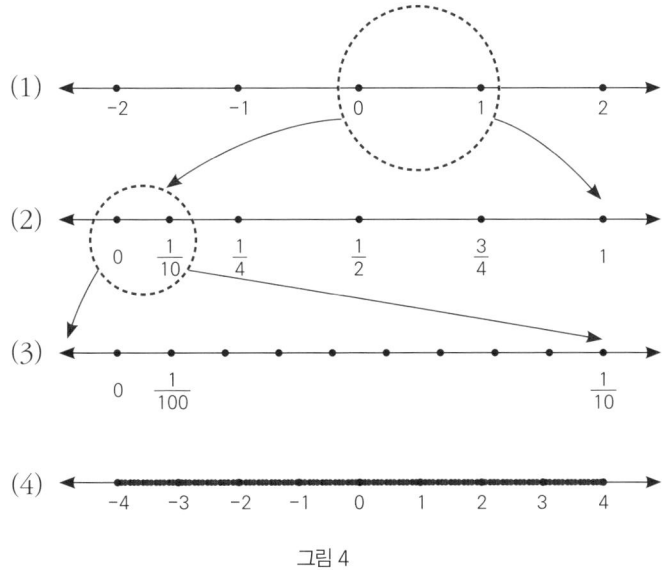

그림 4

　이런 현상을 수직선에 표시하면 (4)처럼 유리수 점이 수직선을 덮어 버릴 기세다. 어떤 유리수가 있든 바로 다음 유리수를 구할 수 없을 정도다. 생각해 보라. $\frac{1}{2}$ 바로 다음 유리수는 무엇인가? 이런 성질은 정수까지는 없던 새로운 성질이다. 이 성질을 유리수의 조밀성이라 부르기도 한다. 엄청 다닥다닥 붙어 있다는 말이다.

❺ 유리수의 덧셈과 곱셈

이제 같음과 다름을 비교할 줄 알게 되었으니 셈을 정의할 차례다. 덧셈과 곱셈만 정의하면 충분하다. 그래야 비로소 우리는 유리수가 어떻게 행동하는지 알게 된다. 여기에도 통분이 녹아 있다. 여러분이 초등학교 때부터 배운 대로 유리수의 덧셈과 곱셈은 다음과 같이 정의한다.

- 유리수의 덧셈 : $\dfrac{a}{b} + \dfrac{n}{m} = \dfrac{am}{bm} + \dfrac{bn}{bm} = \dfrac{am + bn}{bm}$
- 유리수의 곱셈 : $\dfrac{a}{b} \times \dfrac{n}{m} = \dfrac{an}{bm}$

앗, 깜빡했다. 위 표현에서 b, m은 0이 아니다. 우리가 보지는 않겠지만, 유리수에도 덧셈, 곱셈에 대하여 교환·결합·분배법칙이 통한다.

예를 들어 분배법칙은 $\dfrac{a}{b}\left(\dfrac{n}{m} + \dfrac{p}{q}\right) = \left(\dfrac{an}{bm} + \dfrac{ap}{bq}\right)$ 등식이 항상 참이다(이때 b, m, q는 어떤 것도 0이 아니라고 가정한다). 교환·결합·분배법칙이 통하므로, 다항에서 보았던 다음 등식들에서 변수 x와 y가 유리수까지라고 해도 그 법칙들은 변하지 않는다. 그대로 안심하고 쓰면 된다.

$$(x + y)^2 = x^2 + 2xy + y^2$$
$$(x - y)^2 = x^2 - 2xy + y^2$$
$$(x + y)(x - y) = x^2 - y^2$$

이제 유리수의 뺄셈과 나눗셈은 정해진 것이나 마찬가지다. 뺄셈은 거꾸로 덧셈, 나눗셈은 거꾸로 곱셈으로 보면, 뺄셈 $\dfrac{a}{b} - \dfrac{n}{m}$은

$\frac{n}{m}+x=\frac{a}{b}$ 인 x 찾기이고, 나눗셈 $\frac{a}{b}\div\frac{n}{m}$ 은 $\frac{n}{m}\times x=\frac{a}{b}$ 인 x 찾기이다. 따라서 덧셈과 곱셈의 정의에 따라 정리하면 다음과 같이 정의될 수밖에 없다.

- 유리수의 뺄셈 : $\dfrac{a}{b}-\dfrac{n}{m}=\dfrac{am-bn}{bm}$
- 유리수의 나눗셈 : $\dfrac{a}{b}\div\dfrac{n}{m}=\dfrac{am}{bn}$

유리수의 나눗셈을 보고 짐작할 수 있듯이 어떤 유리수든 눈 감고 2개를 뽑아 나눗셈을 해도 그 결과는 유리수 범위 안에 있다(물론 0으로 나누는 것은 안 된다). 정수만 아는 컴퓨터에 나눗셈을 시키면 자칫 다운될지 모르지만, 유리수까지 아는 컴퓨터라면 그런 걱정은 필요 없다. 다시 정리해 보자.

- 자연수 두 개를 덧셈, 곱셈하면 항상 자연수다. 하지만 뺄셈, 나눗셈에는 불안하다.
- 정수 두 개를 덧셈, 곱셈, 뺄셈하면 항상 정수다. 하지만 나눗셈에는 불안하다.
- 유리수 두 개를 눈 감고 뽑아 4대 연산을 하면 항상 유리수다.

이것은 정수까지는 없던 또 다른 성질이 유리수에는 있다는 말이다. 우리가 정의한 유리수의 덧셈, 곱셈이 아주 잘 정의되었다는 뜻이기도 하다. 이렇게 좋으니 그럴듯한 문장을 하나 지어서 바치는 게 좋겠다. 이런 현상을 일컬어 전문 용어로 이렇게 말한다.

"유리수 집합은 4대 기본 연산에 대해 닫혀 있다."

> **문제** 유리수의 덧셈을 확인하고 가는 뜻에서 문제 하나를 풀고 넘어가자. 유리수를 삼각형 모양으로 쌓았다. 분자가 1인 분수만 쓴다. 아래 둘을 더하면 위에 있는 분수가 나오는 꼴이다(그림 5). 예를 들어 셋째 줄 $\frac{1}{3}$과 $\frac{1}{6}$을 더하면 둘째 줄 $\frac{1}{2}$이다. 파스칼 삼각형처럼 이것도 신비한 암호문일 텐데 아직은 미지의 세계다.

$$1$$

$$\frac{1}{2} \qquad \frac{1}{2}$$

$$\frac{1}{3} \qquad \frac{1}{6} \qquad \frac{1}{3}$$

그림 5

어떤 패턴이 숨어 있을까요? 존경하는 독자 여러분, 유리수도 익히고 숨은 암호도 탐구할 절호의 기회입니다. 먼저 그림 6에 있는 빈칸을 채우세요.

$$1$$
$$\frac{1}{2} \qquad \frac{1}{2}$$
$$\frac{1}{3} \qquad \frac{1}{6} \qquad \frac{1}{3}$$
$$\frac{1}{4} \qquad \frac{1}{\square} \qquad \frac{1}{12} \qquad \frac{1}{4}$$
$$\frac{1}{5} \qquad \frac{1}{\square} \qquad \frac{1}{30} \qquad \frac{1}{\square} \qquad \frac{1}{\square}$$
$$\frac{1}{\square} \qquad \frac{1}{30} \qquad \frac{1}{\square} \qquad \frac{1}{\square} \qquad \frac{1}{30} \qquad \frac{1}{6}$$
$$\frac{1}{7} \qquad \frac{1}{42} \qquad \frac{1}{\square} \qquad \frac{1}{\square} \qquad \frac{1}{\square} \qquad \frac{1}{42} \qquad \frac{1}{7}$$
$$\frac{1}{8} \qquad \frac{1}{\square} \qquad \frac{1}{\square} \qquad \frac{1}{280} \qquad \frac{1}{280} \qquad \frac{1}{\square} \qquad \frac{1}{\square} \qquad \frac{1}{8}$$
$$\frac{1}{\square} \qquad \frac{1}{\square} \qquad \frac{1}{\square} \qquad \frac{1}{\square} \qquad \frac{1}{\square} \qquad \frac{1}{\square} \qquad \frac{1}{\square} \qquad \frac{1}{\square} \qquad \frac{1}{\square}$$

그림 6

이제 우리는 유리수 세계로 나왔다. 보다시피 유리수는 정수와 상당히 다르다. 유리수 하나가 변화무쌍하게 모양을 바꾼다. 크기 비교가 어렵다. 수직선을 '거의' 다 채운다. 이런 특징 말고도 매우 중요한 특징이 있다. 바로 편안하게 4대 연산을 할 수 있다는 점이다. 준비가 탄탄하다. 이제 방정식 문제로 달려들 때가 되었다.

Be Rational, Be Happy!

한 사람이 이런 생각을 했습니다. 이 사람의 생각을 먼저 따라가 보겠습니다.(헉! 왜 갑자기 존댓말? 뭔가 불안한데…)

"$\frac{1}{10} < \frac{1}{5}$야. 그리고 $\frac{1}{5} < \frac{1}{3}$야. 어디 이런 식으로 계속 써 볼까?

$$\frac{1}{10} < \frac{1}{5} < \frac{1}{3} < \frac{1}{2} < \frac{1}{1}$$

그렇구나. 그러니까 분자를 1로 고정하면 분모가 작아질 때마다 수는 커지는 거야. 분모가 1보다 작아도 이런 성질은 계속되겠지?

어디 볼까? $\frac{1}{1} < \frac{1}{0.5}$는 맞나?

잠깐 그전에 $\frac{1}{0.5}$은 뭐지? 우리는 분모, 분자에는 정수만 쓰기로 했는데.

흠… 아냐. 아직 우리가 허용하지 않지만 $\frac{1}{0.5}$이라는 표현은 아무 문제가 안 돼. 십진법꼴 0.5는 분수꼴로는 $\frac{1}{2}$이니까.

아, 알았다! $\frac{1}{0.5}$이라는 수는 $1 = \frac{1}{2} \times x$인 x라는 거야. 그래서 2구나. 정말 이네? $\frac{1}{1} < \frac{1}{0.5}$는 참이야. 아주 잘됐어! 그럼 계속해볼까?

$$\frac{1}{1} < \frac{1}{0.5} < \frac{1}{0.1} < \frac{1}{0.01} < \frac{1}{0.00001} < \cdots$$

어라? 그럼 $\frac{1}{0}$은 아무리 큰 수보다 더 큰 수가 아닐까?"

자, 여러분은 여기까지 이 사람이 한 생각에 대해서 어떻게 생각하나요? 맞나요, 아닌가요? 어느 쪽인가요? 여러분 나름대로 생각을 오래 해보세요. 자, 결정했나요? 그럼 제 생각을 여기에 보태 보겠습니다. 여러분이 어떻게 생각할지 궁금합니다.

"분모가 작을수록 더 커지니까 $\frac{1}{0}$은 아무리 큰 수보다 더 큰 수라고? 좋아, 0보다 작은 수는 −1이니까 $\frac{1}{(-1)}$은 $\frac{1}{0}$보다 더 크겠네. 그렇지? 그렇게 되면 $\frac{1}{1} < \frac{1}{0.5} < \frac{1}{0} < \frac{1}{(-1)}$ 이고 말이야. 그런데 $\frac{1}{(-1)}$은 그냥 (−1)이잖아. 결국 1<(−1)는 말이고……."

이게 어찌된 일이지? 어질어질… 해롱해롱…….

07

기계도 1차 방정식을 풀 수 있을까?

식, 등식, 부등식, 방정식, 근 , 1차 방정식 표준형 $ax + b = 0$

문제 하나에 해법이 꼭 하나라는 법은 없다. 오히려 반대다. 부산에서 서울로 가는 것이 문제라면 해결할 방법이 많듯 수학 문제도 마찬가지다. 다음 문제를 예로 들어 보겠다.

이모 나이는 35세이고 내 나이는 10세다. 몇 년 뒤 이모 나이가 내 나이의 두 배가 될까?

더 읽기 전에 여러분 스스로 풀어 보라. 기어이 답에 이를 때까지 해보기를!

❶ 문제 하나, 풀이 여럿

단숨에 풀었든 오래 걸렸든 여러분이 답까지 냈다면 다른 풀이는 생각하기 어려울지 모른다. 어쨌든 다른 풀이도 함께 생각해 보자.

나는 이런 풀이를 떠올렸다.

풀이 1 먼저 이렇게 생각했다. '1년 뒤는 이모 36, 나 11. 그럼 1년 뒤는 아니군. 그럼 2년 뒤에는…….' 이런 식으로 첫 줄에 1년 뒤, 2년 뒤, 3년 뒤를 계속 쓰고, 둘째 줄에 그때마다 이모 나이를 쓰고, 그 아래 줄에 내 나이를 써 가면서 비교했다. 꽤 오래 걸렸다.

통 큰 사람은 이렇게 할지도 모른다. '한 10년 뒤를 볼까? 이모 45, 나 20이네. 2배를 넘어 버렸군. 그럼 어디, 20년 뒤는? 음, 이모는 55, 나는 30. 아직도 2배가 안 되네. 그렇다면 중간쯤? 어디 보자, 15년 뒤에 이모는 50, 나는 25. 오호! 맞군, 15년 뒤야.'

두 경우 모두 시행착오를 하면서 답을 찾았다. 어쨌든 좋다. 닥친 문제를 해결했다.

풀이 2 문제에서 등장한 '2배'라는 낱말이 문제 해결의 열쇠일 것이다. '2배니까 어쨌든 이모 나이는 2의 배수일 거야. 35세 이후로 가능한 것 중에서 2의 배수는 36, 38…….' 그러면서 내 나이와 비교해 2배가 되는지 검사하는 방법이다. 짝수인 나이만 따지니 시행착오 횟수를 살짝 줄이는 방법이다.

풀이 3 더 과감한 해법을 쓰는 사람도 있을지 모른다. '어쨌든 그때가 되었다고 해보자. 그럼 내 나이＋내 나이＝이모 나이. 즉, 이모 나이-내 나이＝내 나이. 그러니까 이모 나이와 내 나이의 차이만큼이 내 나이일 때야. 그런데 올해도 내년에도 내후년에도 나와 이모의 나이 차이는 항상 같잖아. 지금 나이 차이가 25년이니까 내 나이가 25세가 될 때 이모는 2배가 되겠다. 그래, 15년 뒤야.'

풀이 4 모르지만 안다고 생각하고 잠시 x로 놓기 방법을 쓰는 사람도 있다. 수학물 좀 먹은 사람일 것이다. '음, 먼저 찾는 것을 x라 놓는다. x년 뒤 내 나이는 $10+x$, 이모 나이는 $35+x$. 그때 나이 차이가 2배라고 했으니까 $2\times(10+x)=35+x$. 왼쪽 오른쪽 다항을 정리해야겠어. 그럼 $2x+20=x+35$구나. 이제 양쪽 항에서 같은 만큼인 $x+20$씩 빼서 정리하면 $x=15$. 오호, 15년 뒤야.'

보라, 문제는 하나인데 풀이가 여럿이다. 여러분은 혹시 이것들과는 다른 풀이를 찾았는지 모르겠다. 어떤 방법이든 장단점은 있다. 여기서 우리가 관심을 기울일 방법은 풀이 4다.

풀이 4를 다시 보자. 먼저, 모르는 것을 x로 놓아 1차 다항으로 정리했다. 이미 알려진 정보를 상수로, 모르는 정보를 x로 바꾸었다. 그리고 상황이 실현되었다고 치고 이렇게 번역한다.

$$2(10+x)=35+x$$

그러고 나서 다른 건 다 잊고 수학 법칙만 따른다. 어찌 보면 너무 딱딱하고 이상하다. 수학 언어에 익숙해야 풀 수 있고, 수식으로 바꾸는 순간 문제 자체는 사라지고 수식 법칙만 따르니 말이다. 하지만 그래서 강력하다. 수학 언어로 바꾸기만 하면 척척 정해진 절차에 따라 어느새 답이 나오니까. 이런 성질 덕분에 우리는 기계한테 풀이를 맡겨 놓고 놀러 나갈 수도 있다.

❷ 1차 방정식의 정의

기계한테 풀이를 시키기 전에 오해가 없게 몇 가지 용어를 정리해야 겠다. 다항, 계수, 차수에 이어서 하니 이 용어가 익숙지 않은 사람은 6장으로 넘어가 다시 읽어 보기 바란다.

■ 식

항과 항을 비교해서 참, 거짓을 말할 수 있는 상태가 되었을 때 이를 식이라고 한다. $2+3$, $x+1$, x^2-2x+1, $x \div y$ 들은 모두 항이고, $2+3>1$, $x+1=2+3$, $x^2-2x+1=x+1$ 들은 모두 식이다. 다항이면 다항식, 유리항이면 유리식이라고 부르면 되겠다. $1=0$은 다항과 다항이 같다고 했으니 다항식이다. 식은 식이지만 거짓인 식이다. 그에 비해 3>-3은 참인 식이다.

■ 등식과 부등식

비교가 무엇이냐에 따라 이름이 조금씩 다르다. 가장 자주 등장하는 식이 등식과 부등식이다. 항=항처럼 '같음'이라는 비교로 이루어진 꼴을 등식equation이라 하고, '크다'나 '작다'로 이루어졌으면 부등식inequality이라고 한다. 따라서 같음이 무엇인지 정의하는 것은 중요한 문제다. 우리가 정수, 유리수, 다항으로 오면서 계속 같음을 짚고 넘어간 이유가 바로 이것이다.

■ 방정식

우리가 여기서 관심을 가지는 것은 식이고 그중에서도 등식, 또 그중에서도 식에 참여하는 항들이 모두 다항일 때다. 그리고 그중에서도 차수가 1차인 다항!

예를 들어 $2+x=5$와 같은 문장이 있다고 하자. $2+x$는 1차 다항이고 5도 다항이지만, 두 항이 항상 같지는 않다. 따라서 항의 같음에 대한 정의에 따르면 거짓이다.

그렇다고 해서 항상 거짓이라고 할 수는 없다. 변수 x에 어떤 값이 정해지느냐에 따라 다르다. x가 3일 때 $2+3=5$이므로 참이 된다. x가 3일 때만 참일지 다른 것도 있을지는 모르지만, 최소한 3일 때 참인 것만은 분명하다. 이처럼 어떤 등식이 참이 되는 변수값을 근 또는 풀이(한자로는 해)라 하고, 근을 찾는 것을 흔히 '방정식을 푼다'고 말한다.

방정식이라는 말에서 방(方)은 네모, 정(程)은 규칙 또는 절차라는 뜻이다. 옛날 동양 사람들이 x를 찾는 문제를 풀 때 네모 모양으로 펼쳐 놓고 문제를 풀었던 데서 지금도 방정식이라 부른다.

등식 $(x+y)(x-y)=x^2-y^2$ 문제는 같은지 다른지를 판단하는 문제다. 변수 x와 y에 어떤 상수를 넣든 항상 같다는 것을 증명하면 참이고, 같지 않다고 증명하면 거짓이다. 따라서 핵심은 증명이다. 그에 비해 $(x+1)(x-1)=3$인 방정식을 푼다는 것은 참인 경우인 x를 찾는 데 관심이 있다. 여기서 핵심은 풀이 절차와 해답이다.

방정식 중에서 항을 1차 다항으로 정리할 수 있으면 1차 방정식이라고 한다. 1차 방정식은 $x+y=5$, $x+y+z=10$처럼 변수가 여럿일 수 있지만, 우리는 변수가 하나인 문제들만 보겠다. 예를 들면 변수 하나를 기호 x로 써서 다음과 같은 꼴들이다.

$x+2=5$

$2x+1=-2$

$2(10+x)=35+x$

이런 꼴은 다른 형태로 바꿀 수 있다. $2x+1=-2$를 예로 들어 보겠다.

$2x+1=-2 \;\rightarrow\; 2x+1+2=(-2)+2 \;\rightarrow\; 2x+3=0$

이렇게 해놓고 보니 등호를 기준으로 오른쪽 항은 0만 있고 왼쪽 항은 1차 다항 표준형으로 깔끔히 정리되었다. 여기서 a가 2를 대신하고 b가 3을 대신한다면 이런 꼴로 쓸 수 있다.

$$ax + b = 0$$

변수가 1개인 어떤 1차 방정식도 이런 꼴로 바꿀 수 있다(단, a는 0이 아니어야 한다. 0이면 어떻게 되길래 이런 단서를 붙일지 생각해 보라).

❸ 1차 방정식 표준형

나는 $ax + b = 0$ 꼴을 1차 방정식 표준형이라고 부르겠다. 어떤 문제라도 그것을 1차 방정식 표준형으로 가져가기만 하면 목표였던 x 찾기는 식은 죽 먹기다. 표준형으로 가져가는 것도 그리 어려운 문제는 아니다. 등호를 기준으로 왼쪽 항과 오른쪽 항이 같다고 했으니 두 항에 같은 만큼 더하고, 빼고, 곱하고, 나누면서 모양을 바꾸면 된다 (0으로 나누는 것은 절대 안 된다). 이 과정을 그림으로 설명해 보자.

자, 여기에 양팔 저울이 있다고 하자. 한쪽 쟁반에 주머니 1개, 구슬 10개가 있고 다른 쟁반에 주머니 1개, 구슬 35개가 있다. 구슬은 모두 똑같고, 주머니 하나에는 같은 수의 구슬이 있으며, 주머니 무게는 무시한다. 두 쟁반을 양팔 저울에 올린다. 아니나 다를까, 주머니 x에 구슬이 몇 개 있든 오른쪽으로 확 기운다(그림 1).

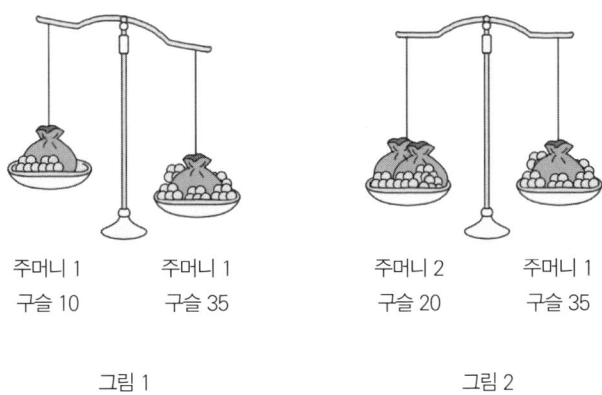

주머니 1   주머니 1   주머니 2   주머니 1
구슬 10   구슬 35   구슬 20   구슬 35

그림 1   그림 2

이 상황을 수학 언어로 나타낼 수 있다. 주머니 하나에 든 구슬이 몇 개인지 모르지만 안다고 치고 x라 쓴다. 그리고 기운 것을 '$<$'로 나타내면 다음과 같은 부등식 꼴이 된다.

$x+10<x+35$

이제 왼쪽 저울에 있던 것을 2배로 했더니 저울이 평평해졌다고 하자(그림 2). 이제 등식이 되어 다음과 같이 바뀐 것이다.

$2\times(x+10)=x+35$

이때 주머니의 구슬 개수가 15개라면 $2\times(15+10)=15+35$다. 15개보다 적을 때는 오른쪽으로 기울고, 15개보다 많으면 왼쪽으로 기울 수밖에 없다. 따라서 답은 15개 하나뿐이다.

그런데 어떻게 정답인 15개를 콕 짚어 낼까? 그렇다. 왼쪽 저울에는 주머니(변수 x)만 올리고 오른쪽 저울에 구슬(상수)만 있으면 된다. 이 과정을 요약해 보자.

- 양쪽에서 주머니를 하나씩 빼낸다.
- 양쪽에서 구슬 20개씩을 빼낸다.
- 왼쪽에는 주머니 x만 1개, 오른쪽에는 구슬만 15개 남았다.

이것을 항과 식으로 번역해서 써 보겠다.

$\Leftrightarrow \quad 2 \times (x + 10) = x + 35$

$\Leftrightarrow \quad 2x + 20 \qquad = x + 35$

$\Leftrightarrow \quad 2x - x + 20 = x - x + 35 \qquad$ 주머니 하나씩 빼기

$\Leftrightarrow \quad x + 20 \qquad = 35$

$\Leftrightarrow \quad x + 20 - 20 = 35 - 20 \qquad$ 구슬 20개씩 빼기

$\Leftrightarrow \quad x \qquad\qquad = 15$

여기서 $\Leftrightarrow$ 기호는 왼쪽식이 참이면 오른쪽도 참이고 그 역도 성립한다는 뜻이다. 그런데 보라. 수식으로 바꾸니 $2 \times (x + 10) = x + 35$이다. 이미 보았던 게 아닌가? 그렇다. 저울 문제는 이모와 내 나이 찾기 문제와 같다. 현실에서는 다르지만 수학의 눈으로 보면 같은 문제인 것이다.

계수들이 유리수인 예제를 하나 더 해보자.

예제 어떤 문제를 수식으로 번역했더니 $\dfrac{2}{3}x + \dfrac{3}{2} = 9$로 바뀌었다고 하자. 계수가 유리수인 경우는 항상 정수로 바꿀 수 있다. 다음

과 같이 모양을 바꿔 가면 된다.

$$\frac{2}{3}x + \frac{3}{2} = 9 \Leftrightarrow 6\left(\frac{2}{3}x + \frac{3}{2}\right) = 6 \times 9$$
$$\Leftrightarrow 4x + 9 \quad = 54$$
$$\Leftrightarrow 4x \quad = 45$$
$$\Leftrightarrow x \quad = \frac{45}{4}$$

이제 여러분이 나서야 할 차례.

문제1 그림 3과 같이 계단형 도형에서 둘레가 20일 때 길이 x를 구하라.

문제2 정사각형이 있다. 모양을 유지하면서 한 변이 1시간 지날 때마다 1.5씩 늘고 있다. 직각사각형도 있는데 한 변을 3으로 고정하고 다른 변을 1시간마다 2씩 늘리고 있다. 현재 정사각형 둘레는 40, 직각사각형 둘레는 200이다. 언제 직각사각형 둘레와 정사각형 둘레가 같아질까?

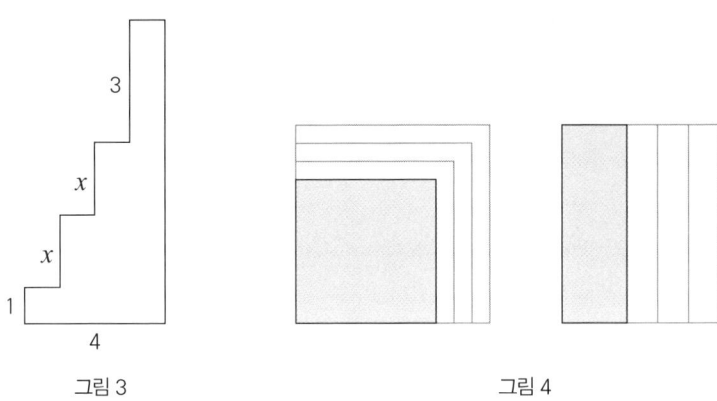

그림 3   그림 4

❹ 1차 방정식 풀이

위와 같이 변형하다 보면 a와 b가 어떤 유리수라고 할 때(단, a는 0이 아니다), 변수 x에 대한 1차 방정식 문제는 항상 이런 표준형 꼴로 바꿀 수 있다.

$$ax + b = 0$$

이렇게 표준형으로 바꾸기만 하면 답을 찾는 것은 누구나 할 수 있는 일이다. 기계도 할 수 있다. 결론만 먼저 쓰면 다음과 같다.

$$ax + b = 0 \iff x = -\frac{b}{a}$$

왜 이렇게 되는지 절차를 쓴다. 문자셈에 익숙해지고 총정리하는 기분으로 왼쪽에는 문자식만 쓰고 오른쪽에는 식을 변형할 근거를 썼다.

$$ax + b = 0$$

$\Leftrightarrow ax + b + (-b)$	$= 0 + (-b)$	등식 A=B 성질, 양쪽 항에 $-b$를 덧셈
$\Leftrightarrow ax + (b + (-b))$	$= 0 + (-b)$	덧셈에 대한 결합법칙
$\Leftrightarrow ax + 0$	$= 0 + (-b)$	정수 정의, $b+(-b)=0$
$\Leftrightarrow ax$	$= (-b)$	0은 덧셈에 대한 항등원
$\Leftrightarrow \dfrac{1}{a} \times a \times x$	$= \dfrac{1}{a} \times (-b)$	등식 A=B 성질, 양쪽 항에 같은 수 $\dfrac{1}{a}$을 곱셈
$\Leftrightarrow \left(\dfrac{1}{a} \times a\right) \times x$	$= \dfrac{1}{a} \times (-b)$	곱셈에 대한 결합법칙
$\Leftrightarrow 1 \times x$	$= \dfrac{1}{a} \times (-b)$	유리수 정의 $\left(\dfrac{1}{a} \times a\right) = 1$
$\Leftrightarrow x$	$= \dfrac{1}{a} \times (-b)$	1은 곱셈에 대한 항등원
$\Leftrightarrow x$	$= \dfrac{(-b)}{a}$	유리수 정의
$\Leftrightarrow x$	$= -\dfrac{b}{a}$	유리수 성질

결국 $ax + b = 0$이라는 1차 방정식을 만족하는 x는 $-\dfrac{b}{a}$이다. 아주 간단하다. 상수 b를 1차항 계수 a로 나누고 그 결과에 -1을 곱하면 끝! 계수 a, b로부터 4대 연산만 써서 근을 찾는 알고리즘이다. 굳이

말하자면 '1차 방정식의 근의 공식'이라고 불러도 되겠다.

보다시피 1차 방정식에서 계수가 유리수면 답도 항상 유리수다. 유리수는 나눗셈에 닫혀 있지 않았던가! 따라서 유리수까지 알고 4대 연산을 할 수 있는 기계는 눈 깜짝할 사이에 답을 찾아낼 것이다. 어떤 문제든 상관없이 우리가 수식 형태로 번역하면 그때부터는 기계가 알아서 할 수 있다. 기계는 그 1차 방정식을 표준형으로 바꾸며 답을 찾을 것이다.

그렇다면 세상의 모든 문제를 1차 방정식으로 풀 수 있지 않을까? 불행히도 그렇지 않다. 뭔가… 이상한 수가 있기 때문이다.

1을 분수꼴로 바꿔 보겠습니다.

(아니, 또 존대말을 하시네요?

불안… 불안… 초조…)

$1 = \dfrac{2}{3-1}$입니다.

그래서 분모 3-1에서 1자리에 다시

분수꼴로 넣으면

$1 = \dfrac{2}{3 - \dfrac{2}{3-1}}$

이번에도 1 대신 분수꼴을 넣으면

$1 = \dfrac{2}{3 - \dfrac{2}{3 - \dfrac{2}{3-1}}}$

이렇게 계속하면 다음과 같이 됩니다.

$1 = \dfrac{2}{3 - \dfrac{2}{3 - \dfrac{2}{3 - \cdots}}}$

자, 이번에는 2를 분수꼴로 바꿔 볼게요.

$2 = \dfrac{2}{3-2}$

3-2에 있는 2 대신 분수꼴을 넣어요. 앞에서 했듯이 말이죠.

그러면 이렇게 됩니다.

$2 = \dfrac{2}{3 - \dfrac{2}{3-2}}$

$2 = \dfrac{2}{3 - \dfrac{2}{3 - \dfrac{2}{3-2}}}$

$2 = \dfrac{2}{3 - \dfrac{2}{3 - \dfrac{2}{3 - \cdots}}}$

자, 그럼 아래 문장은 참이겠지요?

$$1 = \dfrac{2}{3 - \dfrac{2}{3 - \dfrac{2}{3 - \cdots}}} = \dfrac{2}{3 - \dfrac{2}{3 - \dfrac{2}{3 - \cdots}}} = 2$$

그래서 1 = 2입니다. 맞습니까?

08

뭔가… 있다, 새로운 수가!

무리수 $\sqrt{2}$, 무리수의 크기, 덧셈과 곱셈

외계인이 과연 있을까? 아직 모른다. 하지만 최소한 아는 게 있다. 외계인은 지구인이 아니라는 것. 이렇게 말할 수도 있겠다. 지구인이 아닌 생명체를 외계인이라고 한다. 그렇다면 외계인은 어떻게 생겼을까? 상상만 할 뿐이다. 상상도 제각각이다. 영화에 나오는 외계인의 모습을 보면 천차만별이다. 그들은 어떻게 행동할까? 아직은 오리무중이다.

수 세계에도 그런 일이 있다. 지금 우리는 유리수 세계까지 안다. 유리수는 개수, 방향뿐만 아니라 비례관계까지 나타내는 강력한 수이며, 분간이 안 갈 정도로 다닥다닥 붙어 있다. 그런데, 그런데 과연 유리수 아닌 수가 있을까? 있다면 어떻게 생겼을까? 왜 있어야 할까? 아니, 있는지 없는지 알아낼 방법이나 있을까? 생각을 시작하니 질문이 우박처럼 쏟아진다.

❶ 유리수가 아닌 수는 있다

뿌리 깊은 나무는 바람에 날아가지 않는다. 이런 질문 폭풍 속에서 길을 잃지 않으려면 우리가 아는 것에 뿌리를 깊이 내린 다음 거기서 출발해야 한다. 즉, 유리수가 무엇이었는지 되돌아보는 것이다. 어디 한번 되돌아보자.

첫째, 유리수는 십진법으로 나타낼 때 순환마디가 있는 경우다 (0.5인 경우 0.5000…으로 보고, 이 경우는 0이 순환마디라고 했던 것을 기억하자). 따라서 '유리수 아닌 수가 있을까?'라는 질문은 '순환마디가 없는 수가 있을까?'라는 질문으로 바뀐다. 있을까? 그렇다, 있다. 하나만 만들어 보자.

$$0.101001000100001000001\cdots$$

소수점 아래 1을 쓰고 이어서 한 번 0을 쓰고, 그다음 1을 쓰고 이어서 두 번 0을 쓰고, 그다음 1을 쓰고 이어서 세 번 0을 쓰고……. 이런 규칙으로 계속 쓴다. 물론 여기에는 순환마디가 있을 수 없다. 따라서 유리수가 아니다. 하지만 이 수는 수직선 어딘가에 표시할 수 있다. 분명히 0.1과 0.2 사이에 있을 것이고, 더 정확히는 0.101과 0.102 사이에 있을 것이다. 분명히 수는 수인데 유리수는 아니다.

이 수만 있는 게 아니다. 0.202002000…도 있고, 0.201001000… 도 있고 0.100100001000000001…도 있다. 얼마든지 많다. 이 수들은 순환마디가 없으므로 모두 유리수가 아니다. 그렇다, 유리수가 아닌 수는 분명히 있다. 그것도 드글드글 많은 것 같다. 그런데 있다면 어디에 어떻게 있을까?

둘째, 유리수는 분수꼴로 나타낼 수 있는 수다. 단위길이 1을 n번 연장하고 어떤 길이 x를 m번 연장한 결과 두 길이가 겹치면, 그때 길이 x를 $\dfrac{n}{m}$이라는 분수꼴로 나타냈다. 따라서 '유리수가 아닌 수가 있을까?'라는 질문은 '단위길이로 잴 수 없는 길이가 있을까?'라는 질문으로도 바뀐다. 단위길이 1과 그 길이 x를 아무리 반복해도 유한 번 해서는 둘이 절대 겹치지 않는다니, 이런 괴물 같은 길이가 과연 있을까? 이 문제부터 짚고 넘어가자.

❷ 유리수로 나타낼 수 없는 길이

길이 1인 정사각형의 넓이는 1이다. 넓이 1인 정사각형을 마음에 그려 놓고 떠오르는 것을 상상해 보라. 액자, 타일, 4인용 식탁, 광장……. 아, 지금 화가 말레비치가 그린 그림이 떠오른다. 검은 정사각형 하나만 달랑 그려진 그림이다. 제목도 〈검은 정사각형〉이었던가, 세상에서 가장 비싼 그림 중 하나라던가……. 아무튼 이 그림은 정사각형 액자에 들어 있다. 좋다, 나는 정사각형을 액자라고 상상하겠다.

이 액자의 한 변이 얼마든 상관없다. 그 길이를 1이라고 하자. 정사각형이면서 넓이가 2배인 큰 액자를 만들 수 있을까? 물론 가능하다. 그것도 자와 컴퍼스만 써서 만들 수 있다. 한 변의 길이가 1인 정사각형 액자가 있다(그림 1). 대각선을 자로 잇는다(그림 2). 대각선들에 평행하고 꼭짓점을 지나는 직선을 그어 만나는 점들을 표시한다. 이렇게 생긴 정사각형 한 변의 길이를 x라고 한다(그림 3). 그림 4에서 보듯이 점선으로 표시된 삼각형 ABC와 색칠한 삼각형 DBC는 같다. 네 부분에서 모두 그렇기 때문에 큰 액자는 작은 액자보다 넓이가 2배인 정사각형이다.

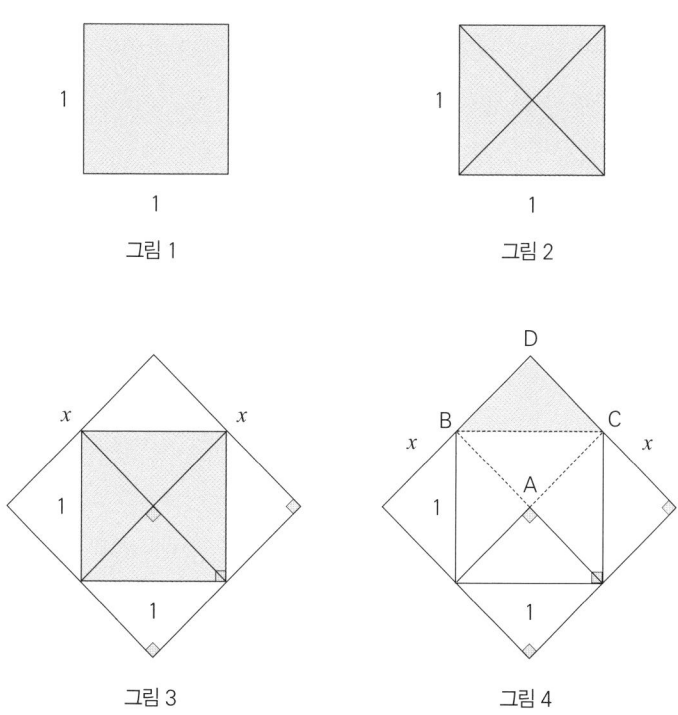

그림 1

그림 2

그림 3

그림 4

넓이 2인 정사각형 액자가 탄생했다. 이때 변 x의 길이는 얼마일까? 원래 액자 길이 1로 새 액자의 길이를 잴 수 있을까? 만약 그럴 수 있다면(이것이 중요하다) 밑줄까지 쳐서 다시 쓴다. 만약 그럴 수 있다면 원래 길이 1을 n번 반복하고 새 길이 x를 m번 반복하다가 언젠가 둘이 '딱' 맞는 지점이 나올 것이다. (이 부분이 걸리는 독자는 6장 ❶을 다시 보라.) 항과 식으로 표시하면 $1 \times n = x \times m$인 자연수 m, n이 있을 것이다. 만약 그럴 수 있다면 $x = \dfrac{n}{m}$인 자연수 m, n이 있어야 한다. 그런데 이 길이 x는 독특한 성격을 가지고 있다. 즉, 넓이가 2인 정사각형의 한 변이다. 따라서 다음 식이 성립한다.

$$\left(\frac{n}{m} \right) \times \left(\frac{n}{m} \right) = 2$$

이 말은 곧 $n \times n = 2 \times m \times m$이라는 뜻이다. 자, 여기서 가능한 경우는 둘 중 하나다. n은 홀수이거나 짝수여야 한다. 홀수일 수 있을까? 불가능하다. 만약 홀수라면 $n \times n$은 홀수다. 그런데 오른쪽 항 $2 \times m \times m$은 2의 배수이므로 짝수다. 홀수와 같은 짝수는 없다. 따라서 남은 가능성은 하나. n은 짝수여야 한다. 그럴 수 있을까?

이제 n이 짝수라면 $n \times n$은 같은 수를 두 번 곱했으니 소인수분해할 때 2가 짝수 번 나와야 한다. 예를 들어 n이 6이었다면 $6 \times 6 = (2 \times 3) \times (2 \times 3)$이듯이 2가 두 번 나온다. 그런데 오른쪽 항 $2 \times m \times m$은 어떤가? m이 짝수든 홀수든 $2 \times m \times m$은 $m \times m$에 2를 '한 번 더' 곱했으니 2가 홀수 번 나온다. 말도 안 되는 결론이 나왔다. 왼쪽 항 $n \times n$을 소인수분해하면 2가 짝수 번 나오고 오른쪽 항 $2 \times m \times m$에서는 2가 홀수 번 나오는데 $n \times n = 2 \times m \times m$이라니!

이것은 자연수를 소인수분해하는 방법이 하나뿐이라는 진실에 위배된다.

우리는 $1 \times n = x \times m$인 자연수 m, n이 있다고 해보자 했는데, 그로부터 말도 안 되는 결과가 나왔다. 따라서 그 가정은 잘못되었다. 그런 자연수 m, n은 있을 수 없다. 큰 액자 한 변의 길이 x는 절대로 $\frac{n}{m}$ 꼴일 수 없다. 결국 x는 유리수가 아니다. 하지만 이 길이 x는 분명히 존재한다. 최소한 1보다 길고 2보다는 짧다.

❸ 근을 나타내는 기호와 근호셈

이처럼 유리수가 아닌 수는 분명히 존재한다. 그것도 끝없이 많다. 하지만 어떤 길이라는 것은 틀림없다. 다만 단위길이 1로 잴 수 없었을 뿐이다. 그런 수도 당당히 이름을 가진다. 그런 수를 무리수irrational number라 부른다. '유리수가 아닌 수' 또는 자연수로 '비례관계를 알 수 없는 수'라는 뜻이다. 외계인은 지구인이 아니라고 정의한 것과 비슷하다. 반듯한 사람의 눈으로 보면 엉뚱한 사람이 이해가 안 되듯이 유리수라는 안경을 끼면 무리수는 이해가 안 되는 수다.

이해가 가고 안 가고는 다음 문제다. 중요한 것은 어쨌든 무리수가 있다는 사실이다! 그러니 수를 나타낼 수 있는 기호도 있어야 한다. 하지만 우리가 지금까지 알고 있는 정수와 4대 연산으로는 나타낼 수 없다. 정수와 4대 연산으로 나타낼 수 있는 수는 유리수였으니까.

그래서 새로운 기호가 필요하다. '2번 곱해서 2가 될 수 있는 수 x'이 므로 '$x^2 = 2$가 참인 x'라고 쓸 수 있다.

이 말을 근엄하게 표현하면 다음과 같다.

2제곱해서 2가 되는 수는 방정식 $x^2 = 2$의 근root이다.

근根 또는 뿌리라는 뜻인 root(루트)의 r과 닮은 $\sqrt{}$ 기호를 쓰고 루트라 부른다. $x^2 = 2$의 근 중에서 양수는 $\sqrt[2]{2}$로 쓰는 게 원칙이지 만 2제곱은 하도 많이 나오니 $\sqrt{2}$라고 줄여 쓰고, '2의 양수 제곱근 2' 또는 '플러스 루트 2'라 부르면 된다. 마찬가지로 $\sqrt{3}$이라고 쓴 수 는 $x^2 = 3$인 x 중 양수다.

정수로부터 4대 기본 연산을 아무리 많이 해도 2차 방정식 $x^2 = 2$가 참인 x를 절대 찾을 수 없다. 정수로부터 4대 기본 연산으 로 나오는 수는 유리수 범위를 벗어날 수 없는데 $\sqrt{2}$는 유리수가 아 니었으니까. 새로운 수와 함께 새로운 셈이 등장한 것이다. 이 책에 서는 이런 x를 찾는 절차를 '근호셈'이라 부르겠다.

$x^2 = 2$의 근으로 $-\sqrt{2}$도 있다. $-\sqrt{2}$도 제곱하면 2니까. '2의 음수 제곱근 2' 또는 '마이 너스 루트 2'라고 하면 되겠다. 이처럼 $x^2 = 2$의 두 근인 $\sqrt{2}$와 $-\sqrt{2}$를 2의 제곱근square root of 2이라 부른다.

2제곱해서 2가 되는 양수 $\sqrt{2}$는 하나뿐이다. 2제곱해서 2가 되는 음수 $-\sqrt{2}$도 마찬가지 다. 따라서 2의 제곱근은 딱 둘뿐이다. 더 나아가 우리가 아는 어떤 양수 a에 대해서도 a 의 제곱근은 $\sqrt{a}$와 $-\sqrt{a}$ 딱 둘뿐이다.

❹ 무리수의 크기 비교

다음 대화를 보자.

"$\sqrt{2}$ 가 뭐니?"

"제곱해서 2가 되는 수!"

"그럼 제곱해서 2가 되는 수는?"

"$\sqrt{2}$ 지."

질문이 답이고 머리가 꼬리를 물고 있다. 하나 마나 한 대화다. 이제 여러분에게 묻겠다. $\sqrt{2}$ 가 뭐죠?

이제 막 새로운 수를 만났는데 질문 공세라니 너무 짓궂었나? 사실 우리는 아직 $\sqrt{2}$ 에 대해 아는 게 별로 없다. 까막눈이 수준이다. 아는 거라고는 이런 사실들이 전부다.

- 소수점 아래 순환마디가 없다.
- 단위길이 1로 유한 번 반복해서는 정확히 잴 수 없다.
- 정수 계수인 1차 방정식에서 답으로 나올 수 없다.

그렇다. 우리가 아는 것은 결국 ' ~가 아니다, ~가 안 된다' 는 말뿐이고, 결국 '유리수는 아닌데요, 유리수는 아니에요'라고 도돌이표처럼 말하고 있을 뿐이다. 무리수 $\sqrt{2}$ 에 대해 더 알 수는 없을까? 새로운 수가 나오면 가장 먼저 하는 일이 비교다. 같은지 또는 다른지, 다르다면 뭐가 크고 뭐가 작은지 비교하는 원칙부터 세운다.

어디 보자, $\sqrt{2}$와 $\sqrt{3}$은 같을까? $\sqrt{2}$와 $\sqrt[3]{2}$는 같을까? 다르다면 무엇이 더 클까? 이 질문에 답하려면 그 수 하나 하나가 어느 정도인지부터 알아야 한다. $\sqrt{2}$에 집중해 보자.

■ 유리수 범위로 무리수 크기 알기

무리수는 유리수와 유리수 사이에 있다. 모르긴 해도 이것 정도는 안다.

$$1 < \sqrt{2} < 2$$

$\sqrt{2}$는 1과 2 사이에 있는 어떤 수다. 혹시 1.5일까? 아니다, 그럴 수 없다. 1.5는 유리수인데 $\sqrt{2}$는 유리수가 아니니까. 계산해 보면 1.5보다 작은 수다. $1.5^2 = 2.25$니까. 1.4보다는 클까? 그렇다. $1.4^2 = 1.96$이니까. 다시 말해 이것까지 알아냈다.

$$1.4 < \sqrt{2} < 1.5$$

이제 봉사 문고리 잡듯이 계속해 보자.

$$1.41 < \sqrt{2} < 1.42$$

$1.41^2 = 1.9881$이고 $1.42^2 = 2.0164$니까.

그다음은 무엇과 무엇 사이일까? 이런 식으로 계속하면 그만큼 $\sqrt{2}$ 값과 비슷한 유리수를 찾을 수 있다. 하지만 그 과정은 끝날 수 없다. 언젠가 끝난다면 유리수와 같다는 말이기 때문이다. 무턱대고 찍기 과정은 무한히 계속된다.

그런데 지금까지 말한 것을 돌아보면 뭔가 똑 떨어지지 않는다. 범위, 무한이라는 용어처럼 알쏭달쏭한 말이 자꾸 나온다. 아무래도 지

방금 컴퓨터에 물어봤다. $\sqrt{2}$가 얼마나 되니? 그러자 0.5초도 안 기다리고 답을 해주었다. 1.41421356237309504880168872420969807856967187537694807 31766……. 게다가 친절하게도 원하면 더 자릿수를 길게 해서 답해 주겠다고까지 한다. 그것도 천만 자리까지. 고맙지만 됐다고 했더니, 굳이 $\sqrt{3}$은 1.73205080756887729 35274463415058723669428052538103806280558 0…이라고 알려준다. $\sqrt{2}$나 $\sqrt{3}$은 앞 몇 자리 정도는 외워 두는 게 여러모로 편하다. 얼마나 외울지는 여러분의 취향과 기분에 맡기겠다. 최소한 1.414, 1.732까지는 외우기!

그나저나 컴퓨터는 어떻게 했길래 그렇게 빨리 $\sqrt{2}$ 값을 알아냈을까? 어떤 알고리즘이 작동했을까? 수학귀신이 곡할 노릇이다.

금까지 알던 유리수 세계보다 희뿌옇고 끈적대는 세계로 들어온 것 같다.

■ **크기 비교**

이제 무리수의 크기 비교를 할 수 있을 것 같다. $\sqrt{2}<\sqrt{3}$을 예로 들면 $\sqrt{2}$는 1.414 정도고 $\sqrt{3}$은 1.732 정도니까. 더 나아가 어떤 양수 a, b에 대해서라도 다음 식이 성립한다.

$0<a<b$면 $\sqrt{a}<\sqrt{b}$

넓이가 큰 쪽 정사각형이 변 길이도 더 길 테니까. $\sqrt{2}$와 $\sqrt[3]{2}$는 무엇이 클까? 제곱해서 2인 수와 세제곱해서 2인 수를 비교하고 있다. 가만 생각해 보면 $\sqrt{2}$가 클 것 같다. 제곱만 해도 2가 나오는 수가 크지 세제곱까지 해야 2가 나오는 수가 클 리 없다.

그런데 이 정도의 짐작으로 만족한다면 무리수를 너무 만만히 본 것이다. 자, 이건 어떨까?

$\sqrt{2}$와 $\sqrt[3]{3}$은?

$\sqrt[5]{7}$과 $\sqrt[3]{3}$은?

그렇다. 갈수록 상황이 복잡해지는 것 같다. 이제부터는 무리수 기호만 보고 이게 크다, 아니다, 저게 크다고 말하기가 어렵다. 맞다. 지금까지 알던 세계보다 훨씬 복잡한 세계로 들어온 것이다.

> 유리수와 무리수를 합쳐 실수real number라 부른다. 구간을 아무리 좁게 잡아도 그 사이에는 유리수가 끝없이 많았다. 그래서 직선에 유리수 하나씩을 점으로 대응시키면 수직선을 가득 채우는 것 같았다.
>
> 하지만 사실은 전혀 그렇지 않다는 것이 이제 밝혀졌다. 무리수만큼 비어 있는데 무리수는 끝없이 많으니까. 이제 무리수까지 찍으면 수직선은 빈 점 없이 가득 찬다. 실수까지 수를 넓히고 보니 마침내 수와 직선은 끊임없이 대응한다. 수직선이 비로소 수직선다워진 것이다.

❺ 무리수의 덧셈·곱셈

지금까지 우리는 새로운 수가 나타나면 곧장 셈을 정의했다. 또 새로 나온 수에 대해 덧셈과 곱셈을 정의할 때 비로소 그 수가 제대로 정의된다는 것도 알았다. 자연수는 자연스럽게 알았고, 정수는 부호만 조심하면 되었다. 유리수는 정수와 4대 연산을 동원했다. 셈은 힘들어지지만 마음만 먹으면 못할 것도 없었다. 하지만 무리수는 복잡해서 덧셈, 곱셈도 쉽게 정의할 수 없다.

■ 덧셈

예를 들어 $\sqrt{2}+\sqrt{3}$이 무엇인지 우리는 당장 알 수 없다. 조급하면 마음만 상한다. 그도 그럴 것이 $\sqrt{2}$의 크기를 아는 데도 '무한' 과정이 필요했으니 그런 두 수를 더하는 건 말해 무엇하랴. $\sqrt{2}+\sqrt{3}$은 그냥 $\sqrt{2}+\sqrt{3}$일 뿐이다. 크기를 짐작해 볼 수는 있다. 그러려면 또 '범위 좁히기'를 해야 한다.

$1<\sqrt{2}<2$이고 $1<\sqrt{3}<2$이니 $1+1<\sqrt{2}+\sqrt{3}<2+2$는 분명하다. 또 $1.4<\sqrt{2}<1.5$이고 $1.7<\sqrt{3}<1.8$이니 $1.4+1.7<\sqrt{2}+\sqrt{3}<1.5+1.8$이다. 보다시피 $\sqrt{2}+\sqrt{3}$은 3.1하고 얼마일 것이다.

이 범위 좁히기 과정은 끝없이 계속될지 안 될지, 순환마디가 있을지 없을지에 대해서는 아직 모른다. 순환마디 없는 두 수를 더했으니 순환마디가 없다고? 그렇지는 않다. 순환마디가 없다고 장담할 근거는 어디에도 없다. 두 수가 뜻밖에도 궁합이 잘 맞아 갑자기 순환마디가 생길지 누가 안단 말인가!

여러분 나이쯤이었을 때 나는 $\sqrt{2+3}$을 $\sqrt{2}+\sqrt{3}$으로 착각하곤 했다. 곱셈과 덧셈에 대해 분배법칙이 성립하니 근호셈과 덧셈도 분배법칙이 적용될 줄 알았다. 왜 $2\times(2+3)=2\times2+2\times3$은 참인데, $\sqrt[2]{2+3}=\sqrt[2]{2}+\sqrt[2]{3}$은 안 된단 말인가!

나는 가슴을 쿵쿵 쳤지만, 여러분은 그러면 안 된다.

$\sqrt{2+3}=\sqrt{2}+\sqrt{3}$은 거짓이다. 왜냐하면 $\sqrt{2+3}=\sqrt{5}$이고 $\sqrt{4}<\sqrt{5}<\sqrt{9}$이므로 $\sqrt{2+3}$은 2보다 크나 3보다는 작기 때문이다. 그에 비해 $\sqrt{2}+\sqrt{3}$은 3.1보다 조금 크다.

잊지 말라. 무리항으로 이루어진 다음 등식은 거짓이다.

$$\sqrt{a} + \sqrt{b} = \sqrt{a+b}$$

항이 같지 않은 증거를 드러냈기 때문이다. 덧셈과 근호셈은 분배법칙이 성립하지 않는다. 근호셈은 복잡한 셈이다. 그런데 위 등식이 참인 a, b가 있을까? (음… a 또는 b가 0인 경우는 빼고. 그건 너무 뻔하지 않은가?)

■ 곱셈

덧셈이 그랬으니 곱셈도 그렇겠지. 그렇게 섣불리 판단하는 사람에게는 미안하지만, 곱셈에서는 사정이 조금 다르다.

$$\sqrt{2} \times \sqrt{3} = \sqrt{2 \times 3}$$

놀랍게도 위와 같다. $\sqrt{2}$, $\sqrt{3}$인 근호셈을 따로 하고 그 결과 둘을 곱한 $\sqrt{2} \times \sqrt{3}$은 곱셈 2×3을 먼저 하고 근호셈을 한 $\sqrt{2 \times 3}$과 같다!

다시 말해 곱셈과 근호셈은 분배법칙이 성립한다.

왜냐하면 $(\sqrt{2} \times \sqrt{3})^2 = (\sqrt{2})^2 \times (\sqrt{3})^2 = 2 \times 3$이고, 따라서 $\sqrt{2} \times \sqrt{3}$이라는 수는 제곱해서 2×3인 수라는 뜻이다. 어떤 수를 제곱해서 x면 그 수를 $\sqrt{x}$라고 한 정의에 따라 $\sqrt{2} \times \sqrt{3} = \sqrt{2 \times 3}$이다. 같은 논리로 a, b가 모두 양수이기만 하면 $\sqrt{a} \times \sqrt{b} = \sqrt{a \times b}$이다.

a, b가 모두 양수일 때 $\sqrt{a} \times \sqrt{b} = \sqrt{a \times b}$라고 했다. 여기서 왜 하필 '양수'라는 조건을 붙였을까? a와 b가 음수인 경우에는, 예를 들어 a가 -2, b가 -3 이라면 $\sqrt{(-2) \times (-3)} = \sqrt{-2} \times \sqrt{-3}$은 말이 안 된다. $\sqrt{-2}$는 제곱해서 -2가 되는 수라는 뜻인데, 우리가 '지금껏 아는

지금껏 우리가 아는 수에 그런 수가 없다는 것일 뿐 아예 '이런 수는 없어야 한다'는 것은 아니다. 있어야 할 때 있게 될 것이다. 살짝 귀띔만 하자면, 정말 있다. 그 수는 '허수 imaginary number'라고 불리는데, 지금까지 우리가 아는 수나 셈으로 표시할 수 없으므로 독특한 기호로 나타낸다. 즉, 기호로 i 라고 쓴다. 쇳덩어리인 비행기를 하늘에 날리는 데도 없어서는 안 되는 수이고, 현대 물리학은 허수로 씌어졌다고 할 정도니 허수 i 는 괴상하지만 매우 중요한 수다.

수 중에서' 이런 수는 없다.

이와 같이 근호셈과 문자가 씌었을 때는 언제 어디서나 정신을 바짝 차려야 한다. 항상 '음수'인 경우를 따져보는 습관을 들이는 것이 좋다.

예를 들어 $\sqrt{a^2}=a$는 항상 참일까? a가 음수인 경우를 고려하지 않으면 '예'라고 답할지 모른다. 양쪽 항을 제곱해서 같다고 하면서 말이다. 하지만 그렇지 않다. 예를 들어 a가 −2인 경우 $\sqrt{(-2)^2}=-2$는 참이 아니다. $\sqrt{(-2)^2}=\sqrt{2^2}=2$이므로.

보통 사람들이 생활할 때는 자연수면 되고 기껏해야 유리수면 충분하다. 그런데 우리의 수학은 자연수 낙원에서 갈수록 멀리 벗어나고 있다. 그럴수록 크기 비교도 어려워지고 덧셈과 곱셈도 쉽지 않으며 조심할 것도 많다. 그래도 보람은 있다. 이제 우리 수학은 개수, 방향, 관계뿐만 아니라 더 많은 것을 수로 나타낼 수 있고 셈도 하나 더 생겼다. 실제real 세계를 더 많이 수학 세계에서 다룰 수 있게 되었다. 그만큼 풍요로워졌다. 유리수가 보기에는 무리수는 말이 안 되는 수지만.

유리수가 무리수를 향해 이렇게 말할지도 모른다.

"너는 나랑 정말 다르구나. 나는 이치에 맞는 수인데 너는 안 그래. 혹시 너 외계에서 온 수 아니니?"

아니다. 무리수는 외계에서 온 수가 아니다. 합리rational가 있으면 불합리irrational도 있듯이, 유리수rational number가 있고 무리수irrational number도 있을 때 세상은 가득 찬다. 그 덕분에 우리는 이제 2차 방정식도 풀 수 있다. 그것은 유리수만으로는 할 수 없는 일이다. 유리수가 무리수에게 "Be Rational!" 하고 소리치면 무리수는 유리수에게 이렇게 답할 것이다.

"Be Real!"

이렇게 복잡한 수 $\sqrt{2}$를 사람들이 언제부터 알아봤을까? 음수 −2를 사람들이 그렇게 고집을 피우면서 안 받아들였던 걸 생각하면 이 수는 최근에나 수로 인정받았을 것 같다. 그런데 전혀 그렇지 않다. 놀랍게도 최소한 4,000년 전쯤에 인류는 이미 $\sqrt{2}$를 썼다. 유프라테스 강이나 나일 강 주변에 꽃피운 고대 문명에서 $\sqrt{2}$를 쓴 흔적들이 많이 남아 있다.

지금도 불가사의인 피라미드가 5,000년 전쯤 세워진 걸로 보아 사람들이 $\sqrt{2}$를 알아본 건 훨씬 더 오래전이었을 가능성이 크다. 대각선 길이를 못 구하고 피라미드를 지었을 리는 없으니까. 그렇게 오래되고 중요한 수이건만 $\sqrt{2}$라는 수는 한 사람의 기구한 운명과도 관련이 있다. $\sqrt{2}$를 수로 받아들이지 않으려는 고집불통이 낳은 저주…….

2,500여 년 전 고대 그리스. 그곳에는 피타고라스의 말을 따르는 무리가 있었다. 이들은 세상이 자연수로 이루어져 있으며, 모든 일은 자연수들의 관계로 파악할 수 있다고 여겼다. 그러던 어느 날, 그들에게 하늘이 무너지는 사건이 일어난다. 그 무리 중 누군가가 나타나 $\sqrt{2}$라는 수는 절대로, 절대로, 절대로 자연수의 비례관계로 나타낼 수 없다고 말했다. 존재하는데 설명할 수 없는 게 생겨난 것이다.

자신들의 믿음과 정반대되는 그 사람의 말을 들어 보니 어찌나 논리 정연한지 누구도 반박할 수 없었다. 그렇다고 마냥 허탈해하고 있을 수만은 없었다. 자신들의 믿음을 떠받치고 있던 주춧돌이 흔들리는 일이었으니까.

그래서 그들은 어떻게 했을까? 내려오는 전설이 최소한 두 개다.

버전 1. 그들은 비밀이 새어 나가지 않게 했다. 모두 그 이야기를 안 들은 걸
　　　　로 하고 발견자를 몰래 처형하기로 했다. 그들은 아무 일 없는 것처
　　　　럼 발견자를 데리고 나가 방심한 틈을 타 물에 빠뜨려 죽였다.

버전 2. 그들은 믿음을 저버린 그 사람을 무리에서 쫓아냈다. 추방된 사람은
　　　　여기저기 떠돌다가 사고로 물에 빠져 죽었다. 그 소식을 들은 피타고
　　　　라스교 사람들은 이렇게 수군거렸다. "거봐, 잘못된 믿음을 가진 자
　　　　에게는 하늘이 벌을 내리기 마련이라고!"

어떤 것이 진실일까? 이 가운데 진실이 있기는 할까? 아니, 피타고라스학파
안에서 정말 그것을 증명하긴 했을까?

어쨌든 우리가 아는 진실은 하나다. $\sqrt{2}$는 유리수가 아니라는 것.

09

2차 방정식 풀이 — 예고편

2차 방정식 표준형 $ax^2 + bx + c = 0$, 짐작으로 풀이,
인수분해로 풀이, 그림으로 풀이

세상에 1차 방정식만 있으면 얼마나 좋을까? 그렇다면 유리수로 충
분하고, 4대 연산만 알면 되는데…… 이 소박한 바람은 너무 쉽게
꺾여 버렸다. 넓이가 2인 정사각형의 한 변을 찾으라는 간단한 문제
도 $x^2 = 2$로 번역된다. 그 답인 $\sqrt{2}$라는 수는 유리수가 아니고 그 과
정에 근호셈도 출현했다. 이렇게 2차 다항으로 된 등식이 참인 x 찾
기가 2차 방정식 풀이다.

　이것은 매우~ 매우~ 매우~ 중요하다. 초중고를 통틀어 가장 중요
한 주제 하나를 꼽으라면 나는 2차 방정식 풀이를 뽑겠다. 그렇게 매
우~ 매우~ 매우~ 중요한 내용을 4가지 질문에 답하는 것으로 풀어
가려 한다.

- 2차 방정식 표준형은 어떻게 생겼을까?
- 표준형 2차 방정식의 근 x를 어떻게 찾을까?

- 실수와 5대 연산(덧셈·뺄셈·곱셈·나눗셈·근호셈)만 있으면 충분할까?
- 기계도 2차 방정식을 풀 수 있을까?

사실 1차 방정식을 다룰 때 던진 질문과 비슷하다. 9장에서는 앞의 두 문제를, 10장에서는 뒤의 두 문제를 알아볼 것이다.

❶ 2차 방정식 표준형

예제로 이야기를 풀어 가는 게 좋겠다.

예제 1 정사각형 연못이 있다. 힘이 남아도는 한 사람이 삽을 들고 연못가에 서 있다. 손에 침을 퉤퉤 뱉더니 삽질을 한다. 가로세로의 길이를 모두 1씩 늘렸다. 물꼬를 텄더니 물이 흘러든다. 어라? 너무 넓잖아. 원래대로 돌리는 게 낫겠군. 음… 그런데 원래 길이가 얼마였지? 이 사람은 고민하다 늘린 넓이를 쟀다. 10이다. 원래 길이는 얼마였을까?

풀이 방법은 저마다 다를 수 있다. 나는 1차 방정식에서 했던 방법을 쓰려고 한다. 원래 길이를 안다고 치고 x라고 놓는 방법.

한 변이 1씩 늘었으니 새 길이는 $x+1$이고, 넓이는 2차 다항을 써서 $(x+1)^2$이다. 이때 넓이가 10이니 등식 $(x+1)^2 = 10$으로 번역

된다. 항을 곱해서 정리하면 $x^2+2x+1=10$이다. $x^2+2x-9=0$도 괜찮다.

예제 2 그림 1은 하늘에서 내려다본 미국 국방성 건물이다. 그 끝점들만 연결하면 정5각형이다(그림 2). 정사각형에서 변과 대각은 서로 잴 수 없었는데 정5각형에서는 어떻게 될까?

점 A에 있던 사람이 D까지 가는 거리와 점 A에서 점 B까지 가는 거리를 막 비교해보고 싶다(왜 이런 충동이 드는지 나도 모른다). 그래서 점들을 이었다. 삼각형 ABD가 먼저 눈에 띈다. 아주 잘생겼다. (어디에나 특별한 게 있듯이 그 많은 삼각형 중에도 특별한 삼각형이 있다. 이 삼각형은 아주 특별해서 황금삼각형이라는 별명이 있다.) 여기서 삼각형 ABD와 ABH는 닮았고 BH 길이는 $1-x$다.(왜 그럴까?) 닮음 성질에 따라 $1 : x = x : (1-x)$이므로 $x^2=1-x$과 같은 말이다.

결국 $x^2+x-1=0$으로 바뀐다. 바꾸고 보니 예제 1 정사각형 넓이 문제와 별로 다를 게 없다.

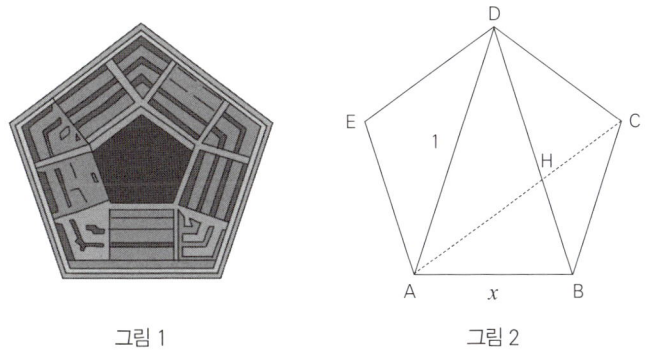

그림 1   그림 2

153

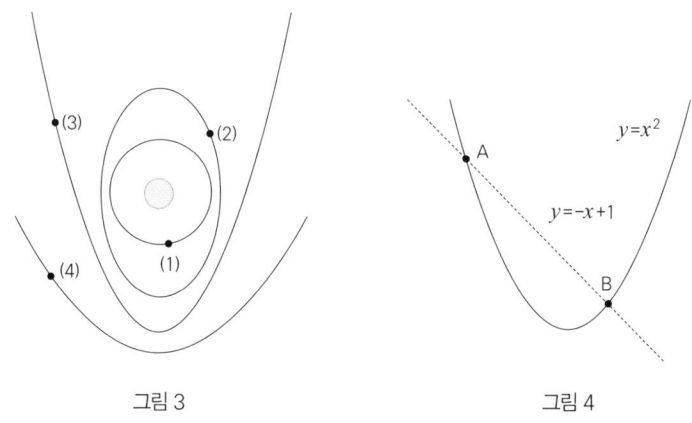

그림 3   그림 4

예제 3 이 글을 쓰고 있는데 삐리링 소리가 울렸다. 컴퓨터를 켰더니 HD38283 b라고 이름 붙인 행성 하나가 발견되었다는 소식이 날아와 있다. 지구에서 123광년 떨어진 이 별은 그림 3의 (2) 타원형 길을 따른다는 말도 덧붙여 있다. 신기하게도 별들은 원(1), 타원(2), 포물선(3), 쌍곡선(4) 꼴인 길을 좋아한다고 한다.

이중 3번이 포물선인데, 이 길을 따라 별 하나가 날고 있다고 하자 (그림 4). 그런데 우주선 하나가 점선으로 보이는 직선 길을 따라 바쁘게 가고 있다. 포물선 길과 직선 길은 어디서 만날까?

지금은 막막하겠지만, 이 책이 끝날 즈음에는 여러분이 포물선과 직선의 교차 문제가 결국 2차 방정식을 푸는 문제라는 것을 알게 될 것이다. 미리 결과를 말하자면, 이 문제는 $x^2 = -x + 1$인 x 찾기 문제다. $x^2 + x - 1 = 0$ 모양이다. 황금삼각형 문제와 똑같다.

앞의 예제들을 통일시켜 틀 하나로 나타내면 모두 $x^2 + bx + c = 0$ 꼴이 된다. 이것을 2차 방정식의 표준형이라고 부르겠다. 먼저 최고 차항 계수가 1일 때에 집중한다. 자, 보라!

- 넓이 1인 정사각형 대각선 찾기 문제

  $x^2 - 2 = 0$ b가 0이고 c가 -2

- 정사각형 연못의 원래 길이 찾기 문제

  $x^2 + 2x - 9 = 0$ b가 2이고 c가 -9

- 정5각형 한 변과 대각선의 관계 문제

  $x^2 + x - 1 = 0$ b가 1이고 c가 -1

- 행성길과 우주선길이 만나는 점 찾기 문제

  $x^2 + x - 1 = 0$ b가 1이고 c가 -1

모두 다른 문제 같았는데, 수학 언어로 바꿔 놓으니 그게 그거다. 이 말은 우리가 $x^2 + bx + c = 0$ 꼴인 표준형으로 2차 방정식을 풀 방법을 찾으면 달라 보이는 많은 문제들을 한꺼번에 풀 수 있게 된다는 뜻이다.

❷ 짐작으로 풀이

지금까지는 좋다. 아주 잘 왔다. 하지만 x를 콕 짚어 내지 못하면 다

소용없다. 어떻게 찾을까? 문제가 닥쳤을 때 가장 쉬운 방법은 포기다. 아주 간단하다. 하지만 너무 간단하다. 포기한 문제는 귀신처럼 다시 나타난다. 최소한 내 경우에는 그랬다. 나중에야 알았다, 문제를 피하는 건 문제를 꾹꾹 눌러 두는 것과 비슷하다는 걸. 언제 한꺼번에 터질지 모른다.

■ 찍기

포기는 안 한다. 풀기로 마음먹었다. 그런데 결심은 좋았으나 뾰족한 수가 생각나지 않는다면? 내 경험에 따르면, 이럴 때 가장 좋은 것은 '무엇이든 해보기'다.

예를 들어 $x^2 + 2x - 3 = 0$인 표준형 꼴을 얻었다고 하자. x가 어떤 값일 때 참일까? 먼저 찍기부터 해본다. 이건 어떨까, 저건 어떨까 하면서. 지금 머리에 떠오르는 수를 아무거나 넣어 본다. 어디 보자, 지금 퍼뜩 떠오른 수가 1이다. 넣어 본다. 음, $1^2 + 2 \times 1 - 3$을 했더니… 이런, 정말 0 = 0이다! 찾았다! 거봐라, 두드려라 열릴 것이요, 찾아라 찾을 것이다! 문제는 해결되었다. 이제 찾았으니 책을 덮고 놀러 가면 된다.

그런데, 다 찾은 건가?

가다 보니 뭔가 개운치 않다. '1을 넣어 봤더니 됐어. 그런데 이 식을 참으로 하는 수는 그것 하나뿐일까? 또 있을 수도 있잖아. 에이, 몰라. 참이 되는 것 찾으라고 해서 찾았으면 됐지 뭐. 인생 복잡하게 살 일 있어?' 그러고 떠났다.

하지만 역시 포기한 문제는 귀신이다. 꼭 다시 나타난다. 오늘 새로 문제를 받았는데, $x^2 - 3x + 2 = 0$이다. 어제의 행운이 오늘도 작동하겠지. 아무것도 안 하는 것보다 백 배 낫다고 했으니 두드려 보자. 이번에도 1부터 넣어 보았다. 아니, 이런? 또 된다. 세상에! 이런 문제는 항상 답이 1인가? 어쨌든 어제 찜찜한 것도 있고 해서 혹시나 하는 마음으로 2를 넣어 보았다.

어이쿠, 이런! $2^2 - 3 \times 2 + 2 = 0$이다. 2도 된다. 불안했다. 또 있는 게 아닐까? 이번에는 3을 넣어 보았다.

$3^2 - 3 \times 3 + 2 = 2$이니 x가 3일 때는 답이 아니군.

여기에 더 쓰지 않겠지만 다른 수들도 넣어 보았다. 검사한 것은 모두 근이 아니었다. 근 2보다 큰 수로 5, $\frac{7}{2}$, $\sqrt{8}$을, 근 1보다 작은 수로 -5, $-\frac{7}{2}$, $-\sqrt{8}$을, 그리고 두 근인 1과 2 사이에 있는 $\frac{3}{2}$, $\sqrt{2}$도 2차항 $x^2 - 3x + 2$에 x 대신 넣어서 검사해 보았다. 그리고 그 결과를 정리했다.

- 2보다 큰 수를 넣을수록 더 큰 양수였다. 그러니까 x가 2보다 클 때는 등식이 참이 아닐 것 같다.
- 1보다 작은 수를 넣을 때도 그랬다. 그러니까 x가 1보다 작을 때는 등식이 참이 아닐 것 같다.
- 1과 2 사이에 있는 수는 모두 음수였다.

뭔가 법칙이 있을 것 같은데 그게 뭔지 몰라 속이 터지는 줄 알았다. 수가 복잡했고 무리수는 근삿값 계산까지 하느라 낑낑댔다. 그래도 머리가 맑아진 느낌이다. 오늘은 왠지 공부가 좀 되는 것 같다.

❸ 인수분해로 풀이

길을 걷다 문득 깨달았다. 그래, 맞아! 근은 2개야. 스스로 얼마나 놀랐는지 모른다. 나도 모르게 길 한가운데 서 있었다. 뿌듯해서 가슴이 빵빵해진 기분이었다. $x^2 + 2x - 3 = 0$이든 $x^2 - 3x + 2 = 0$이든 예외는 없다. '찍기'로 운 좋게 하나를 찾으면 가능한 것은 이제 하나뿐이다. 집에 돌아와서야 겨우 생각을 정리해 적어 두었다.

"$x^2 + 2x - 3 = 0$에서 왼쪽 2차항은 '1차항 곱하기 1차항'으로 나타낼 수 있겠지. 내가 1을 넣어서 0이 나왔으니 1차항 $x - 1$이 인수 중 하나야. 아니라면 말이 안 되잖아? $(x - 1)$이 아닌 다른 인수 둘로 인수분해가 된다면, 예를 들어 $x^2 + 2x - 3 = (x - 2)(x - 3)$ 꼴이라면 말이 안 돼. 왼쪽 x에 1을 넣으면 0인데 오른쪽은 0이 아니잖아!"

그렇다. x에 1을 넣어서 0이 되는 2차 방정식은 $(x - 1)$을 인수로 가질 수밖에 없다. 따라서 이렇게 된다.

$$x^2 + 2x - 3 = (x - 1)(x + q)$$

이제 q만 찾으면 끝난다. 왼쪽과 오른쪽 항이 같다는 것은 아무 수나 넣어도 같다는 것이니 x에 0을 넣는다.

$$0^2 + 2 \times 0 - 3 = (0 - 1)(0 + q)$$

그러면 $-3 = -q$, 결국 q는 $+3$이다.

이때 나도 모르게 주목을 불끈 쥐며 벌떡 일어나 소리쳤다.

"필요한 두 개는 1과 -3이야. 모두 찾았어!"

이런 게 수학 공부의 매력이 아닐까.

아무튼 인수분해로도 2차 방정식을 풀었다. 정리해 보자. 2차 다항이 인수분해된다면 1차 다항 두 개가 인수일 것이다. 즉, 이런 식이 나온다.

$$x^2 + bx + c = (x+p)(x+q)$$

이제 오른쪽 항을 곱셈하여 표준형 $x^2 + (p+q)x + pq$로 바꾼다. 이때 왼쪽 항과 오른쪽 항은 같으므로 다음 식이 나온다.

$$x^2 + bx + c = x^2 + (p+q)x + pq$$

이때 왼쪽 항과 오른쪽 항이 같으니 계수를 비교해 $(p+q) = b$이고 $pq = c$여야 한다. 다시 말해 '더해서 b가 나오고 곱해서 c가 나오는 p와 q'를 찾기만 하면 끝난다.

여기서 핵심은 '곱해서 c가 나온다'는 것. 상수항 c를 인수분해할 수 있느냐 없느냐에 따라 성공과 실패가 갈린다. 그래서 기왕이면 '곱해서 c가 나오는 것들 중 더해서 b가 나오는 p와 q'라고 말하는 게 낫다.

예제 1 어떤 문제를 2차 방정식 표준형으로 바꾸었더니 $x^2 - 4x + 4 = 0$이라고 하자. 상수항 4의 인수 1, -1, 2, -2, 4, -4를 먼저 넣어 보는 게 순리다. 이중 $x = 2$일 때 왼쪽 2차 다항이 0이므로 $(x-2)$를 인수로 갖는다. 그러면 이런 식이 나온다.

$$x^2 - 4x + 4 = (x-2)(x+q)$$

첫째 근은 찾았다. 이제 x에 0을 넣어서 q를 찾았다. -2다. 어라? $x^2 - 4x + 4 = (x-2)^2 = 0$이니 둘째 근도 근이 2다(이처럼 두 근이 겹칠 때 '근이 겹침' 또는 한자로 '중근'이라 부른다).

예제 2 $x^2 - \dfrac{5}{6}x - 1 = 0$이라는 2차 방정식 문제를 보자.

이 등식을 정수 계수로 모두 바꾸면 $6x^2 - 5x - 6 = 0$ 꼴이다. 그래서 x를 찾으면 된다. 이 문제가 인수분해되었다고 치자. 그러면 $6x^2 - 5x - 6 = (px + q)(ux + v)$일 테니까 다음 식이 성립한다.

$$6x^2 - 5x - 6 = (px + q)(ux + v) = pux^2 + (pv + qu)x + qv$$

이제 왼쪽 항과 오른쪽 항을 같게 하는 p, q, u, v를 찾아야 한다. 쉬운 문제가 아니다. 이것을 빨리 찾기 위해 흔히 다음과 같이 한다. 문제를 많이 풀다 보면 자신도 모르게 찾는 능력이 길러진다.

$$6x^2 - 5x - 6 = 0$$

$$\begin{array}{ccc} 2x & -3 & \longrightarrow -9x \\ 3x & 2 & \cdots\cdots 4x \\ \hline & & -5x \end{array}$$

Yes!

$$6x^2 - 5x - 6 = (2x - 3)(3x + 2)$$

문제 다음 2차 방정식에서 근을 찾아라.

- $x^2 + 6x + 9 = 9$
- $x^2 - 2x - 3 = 0$
- $5x^2 - 7x + 2 = 0$

찍기 방법은 운이 따라야 한다. 만약 운이 안 따르면? 그때는 대책이 없다. 그에 비해 인수분해 방법은 훨씬 그럴듯하다. 하지만 인수분해 방법도 찍기 방법을 조금 개량한 것일 뿐 무모하기는 마찬가지다. 문제는 소인수분해가 엄청~ 엄청~ 엄청~ 어렵다는 데 있다. 오죽 어려우면 소인수분해 문제를 응용해 암호를 만들겠나? 그동안 여러분이 문제를 풀면서 인수분해가 쉬운 예제만 만났다면 운이 엄청 좋았던 것이다.

어떤 현실 문제를 2차 방정식으로 바꾸었더니 $30996x^2 - 922x - 9135390 = 0$이었다면? 찍기나 인수분해로 풀다가는 과로로 쓰러질지도 모른다. 뭔가 더 짜임새 있는 방법이 필요하다.

❹ 그림으로 풀이

좋은 방법이 없을까? 종이에 낙서를 하다가 뭔가 번쩍했다. x^2을 정사각형의 넓이, bx를 한 변이 b이고 다른 변이 x인 직각사각형 넓이로 보자는 데 생각이 미친 것이다. 그러면 $x^2 + bx + c = 0$ 형태의 문제를 짜임새 있게 해결할 열쇠를 찾을지도 모른다. b와 c에 수를 바꿔 가며 정사각형과 직각사각형을 그리고 또 그렸다. 그리고 마침내 행운이 찾아왔다. 유레카! 그래, 그거야!

예제 1 변 길이가 1씩 늘어났더니 넓이가 100인 경우부터 보았다. 등식으로 $(x+1)^2=10^2$이다. 그림으로 나타낸 것이 그림 1의 (1)이다. 넓이가 100인 도형을 늘이고 펴서 정사각형으로 변형한다. (2) 넓이가 같다고 했으니 두 정사각형은 겹친다. (3) 변 길이만 비교하면 된다. $x+1=10$. 보다시피 2차 방정식 문제가 1차 방정식 문제로 바뀌어 풀기가 쉬워졌다. 답은 9. 느낌이 아주 좋다.

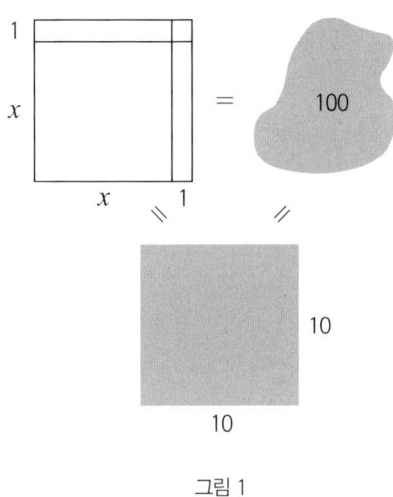

그림 1

예제 2 2차 방정식 $x^2+x=10$ 문제.

그림을 그려 정사각형 x^2 + 직각사각형 $1 \times x$ = 넓이가 10인 도형이라고 상상했다(그림 2). 예제 1처럼 등호 양쪽을 모두 정사각형 꼴로 바꾸면 풀릴 것 같다. 한 변이 1이고 다른 변이 x인 직각사각형을 왼쪽 도형과 오른쪽 도형에 덧붙였다(그림 3). 그래서 왼쪽은 한 변이

$(x+1)^2$인 정사각형이 되기는 했다. 하지만 하나 마나다. 오른쪽 항에 변수 x가 생겨 버렸다. 더 이상 어떻게 해볼 도리가 없다.

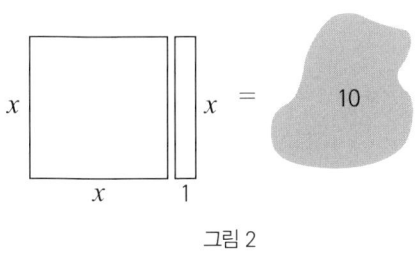

그림 2

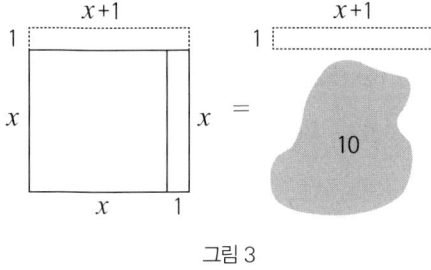

그림 3

다른 방법을 써야겠다. 변수가 아니라 상수만큼만 왼쪽과 오른쪽에 똑같이 더하면 상관없을 것 같다. 한참 낙서를 하다가 드디어 찾아냈다.

- $1 \times x$인 직각사각형을 반으로 쪼갠다. ─ 그림 4의 (1)
- 쪼갠 작은 직각사각형을 위에 얹고 옆에 붙인다. ─ 그림 4의 (2)

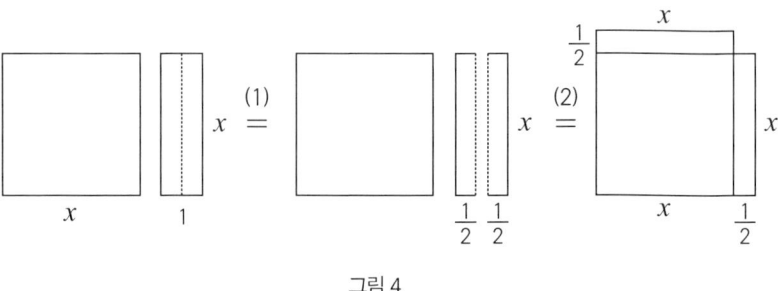

그림 4

결국 왼쪽 정사각형은 넓이는 $\left(x+\dfrac{1}{2}\right)^2$이다. 오른쪽 도형은 넓이가 $10+\dfrac{1}{4}$이니 간단히 $\dfrac{41}{4}$이고, 이것을 정사각형으로 바꾼다. (그림 5의 (2))

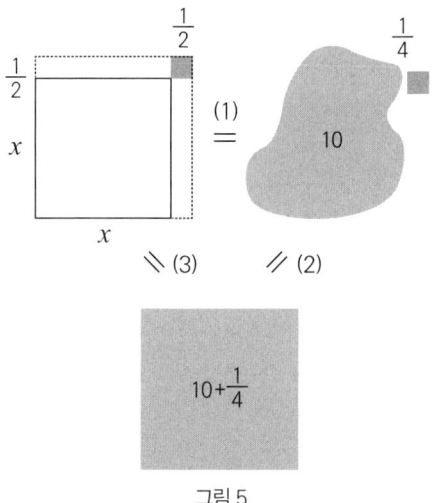

그림 5

이 두 정사각형은 같다. 다시 말해 $\left(x+\dfrac{1}{2}\right)^2=\dfrac{41}{4}$이다. (그림 5의 (3)) 따라서 한 변의 길이를 알 수 있다.

$$x + \frac{1}{2} = \sqrt{\frac{41}{4}} \quad \text{(도형의 변이므로 양수만 골랐다.)}$$

근호셈 성질에 따라 $\sqrt{\dfrac{41}{4}}$ 은 $\dfrac{\sqrt{41}}{\sqrt{4}}$ 과 같으므로 다시 쓰면 $\dfrac{\sqrt{41}}{2}$ 이다.

결국 $x + \dfrac{1}{2} = \dfrac{\sqrt{41}}{2}$ 이다.

$x = \dfrac{\sqrt{41}}{2} - \dfrac{1}{2}$ 로 풀긴 풀었는데, 이 모양만 봐서는 이 값이 얼마나 큰지 느낌이 안 온다.
그래서 따져 봤다. 6의 제곱이 36이고 7의 제곱이 49이므로 $6 < \sqrt{41} < 7$ 이다.

따라서 $5 < \sqrt{41} - 1 < 6$ 이고, $2.5 < \dfrac{\sqrt{41}-1}{2} < 3$ 이다.

결국 x 는 2.5보다 크고 3보다 작은 값이다. 물론 좀 더 고생을 하면 원하는 만큼 정확한
값을 찾을 수 있다.

요약

표준형 $x^2 + bx = c$ 를 보자. 예제에서 했던 방법 그대로를 다만 문
자로 쓴 것이다.

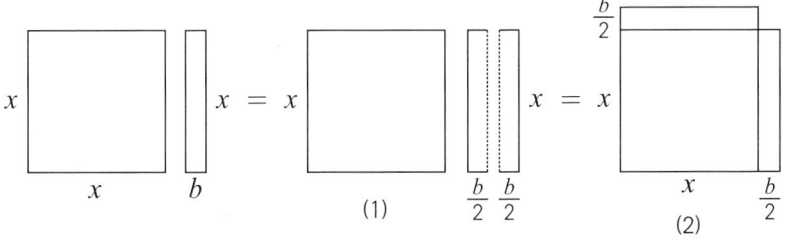

그림 6

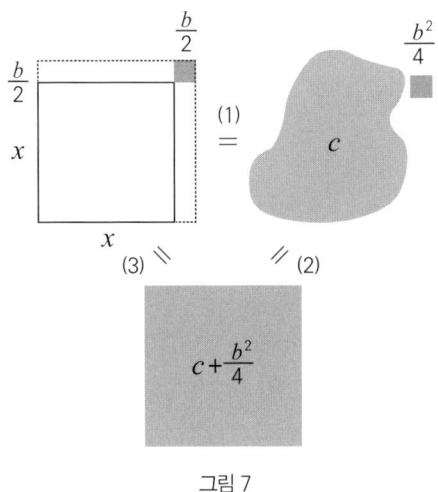

그림 7

- 그림 6을 보라. 반으로 쪼개고(1), 위 옆에 덧붙인다(2).
- 정사각형을 만들기 위해 '상수' $\left(\dfrac{b}{2}\right)^2$을 왼쪽과 오른쪽에 더한다. —그림 7의 (1)
- 오른쪽 도형은 넓이가 $c + \dfrac{b^2}{4}$이다. 정사각형으로 바꾼다. —그림 7의 (2)
- 변 길이만 비교한다. —그림 7의 (3)

넓이를 비교하던 2차 방정식 문제가 마지막 단계에서 길이를 비교하는 1차 방정식 문제로 바뀌었다.

결국 변만 비교하면 $x + \dfrac{b}{2} = \dfrac{\sqrt{b^2 + 4c}}{2}$이다. 통분해서 깔끔하게 쓰면 $x = \dfrac{-b + \sqrt{b^2 + 4c}}{2}$이다! 처음 볼 때는 상당히 복잡해서 틀린게 아닐까 떨렸다. 그래서 검토까지 해봤다. 검토하면서 다시 보니 틀린 데는 없고 나온 식이 꽤 예뻐 보이기까지 한다.

 문제 표준형이 $x^2-2x=10$일 때 그림 방법으로 근을 찾는 방법을 설명해 보라.

그림 방법은 운에 기대는 게 전혀 없다. 이 과정을 잘 정리만 하면 어떤 2차 방정식이라도 풀 수 있을 것 같다.

하지만 표준형이 $x^2-3x=-2$처럼 오른쪽에 음수가 있을 때는 넓이가 음수인 도형이 된다. 그것은 뭘까? 유령 도형? 이 한계만 극복하면 어떤 2차 방정식 문제라도 반드시 풀 방법이 나올 것 같다. 좋은 냄새가 솔솔 난다. 그림 방법을 사다리 삼아 그 황금 열쇠를 쥐러 가자.

오늘날 2차 방정식 문제는 중학생들도 간단히 푸는 문제가 되었다. 하지만 예전에는 극소수의 사람들만이 풀 수 있는 고난도 문제였다. 오랜 세월에 걸쳐 수많은 사람들이 갈고 닦은 덕분에 지금은 간단한 문제가 된 것이다. 그렇게 공헌을 한 사람 중에서 400년 전쯤 살았던 프랑수아 비에트는 빼놓을 수 없는 인물이다. 법학을 공부한 그는 법률 고문이나 의회 활동을 하면서도 유난히 천문학과 수학을 좋아해 틈만 나면 수학책을 파고들었다. 흥미 있는 내용을 만나면 사흘 내내 책상을 떠나지 않기도 했다.

지금은 2차 방정식을 $x^2 + bx + c = 0$ 꼴로 간단히 나타내지만, 옛날 사람들은 그런 것을 상상도 하지 못했다. 비에트는 길고 복잡한 수학 문장을 이렇게 간단한 기호로 바꾸는 데 크게 기여했다. 그 뒤를 이어 데카르트, 뉴턴, 라이프니츠 같은 천재들이 다듬어 갔다.

그런데 긴 문장을 기호로 바꿔 생각하는 습관은 암호를 푸는 데도 도움을 주었던 것 같다. 당시 유럽에서는 전쟁이 끊이지 않았고, 프랑스도 스페인과 전쟁 중이었다. 그런데 스페인은 프랑스와의 전쟁에서 호되게 당했다. 스페인의 군사 작전이 자꾸 노출되었기 때문인데, 그 중심에는 비에트가 있었다. 어떻게 암호를 풀었는지는 지금도 수수께끼지만, 그는 500자가 넘는 암호도 술술 해독할 정도였다고 한다. 그 실력이 얼마나 대단한지 스페인 왕은 프랑스 왕이 악마의 도움을 받아 마술을 부리는 것으로 믿었다고 한다.

비에트는 정393,216각형으로 원주율 π를 소수점 아래 10자리까지 정확히 찾았을 뿐만 아니라 다음의 놀라운 식도 발견했다(여기서 …은 같은 방식으로 계속 곱해 간다는 뜻이다).

$$\frac{2}{\pi} = \sqrt{\frac{1}{2}} \times \sqrt{\frac{1}{2} + \frac{1}{2}\sqrt{\frac{1}{2}}} \times \sqrt{\frac{1}{2} + \sqrt{\frac{1}{2} + \frac{1}{2}\sqrt{\frac{1}{2}}}}$$

이것 말고도 많은 발견을 했지만, 비에트는 특히 방정식의 근과 계수 사이에 단순한 관계가 있다는 사실을 밝혀낸 것을 아주 자랑스러워했다. 우리나라 중고등학교에서는 '근과 계수의 관계'라 부르지만, 비에트의 공헌을 기리기 위해 보통 '비에트 정리'라고 한다. 비에트 정리는 다음과 같다.

2차 방정식의 두 근이 p, q라면 $p + q = -b$이고, $pq = c$이다.

앞의 예제에서 보았듯이 이것은 인수분해 방법으로 풀이하는 열쇠였다.

10

2차 방정식 풀이 — 완결편

$ax^2 + bx + c = 0$에서 $x = \dfrac{-b \pm \sqrt{b^2 - 4ac}}{2a}$로

몇 년째 방학마다 시골에서 수학 캠프를 열고 있다. 하루 종일 수학을 공부하지만 시험은 없다. 공책 검사도 하지 않는다. 공부는 스스로 하는 것이라는 믿음에서다. 그런데 예외가 딱 한 번 있다. 지금 여기에 다룰 부분이 나올 때다. 흔히 '2차 방정식의 근의 공식'이라고 말하는 부분! 이 부분을 공부할 때는 목이 터져라 설명하고 난 뒤에 공책 검사를 한다. 시간을 넉넉히 주고 유도하는 과정을 꼼꼼히 적게 하는 것이다.

먼저 끝낸 사람부터 나오면 나는 공책을 살핀다. 범행 현장에서 실오라기 하나라도 놓치지 않고 증거를 찾는 탐정처럼 공책에 눈을 들이댄다. 유도 과정 어디 한 군데라도 은근슬쩍 넘어간 게 눈에 띄면 심판관처럼 근엄하게 "이건 왜 이렇게 되지?" 하고 손가락으로 가리킨다. 바로 답하지 못하면 다시 써 오게 한다.

나는 원래 소심한 편이지만, 이때는 정말 소심함이 하늘을 찌를 정

도다. 공책을 제출한 아이는 조마조마 마음을 졸이며 내 얼굴만 보고 있다. 줄을 서서 기다리라 해도 아이들은 말을 듣지 않는다. 주위에 빙 둘러서서 검사 받는 아이의 공책과 자기 것을 견주어 보거나 저 뒤에서 다른 친구들 것을 베끼고 있다.

내가 "됐어. 잘했구나!" 하면 검사 받은 아이는 주먹을 불끈 쥐며 "야호!", "꺄악!", "예스!" 하고 환호한다. 반대로 내가 "뭔가 이상해. 이건 왜 이렇지?" 하면 아이들은 울상이 되거나 머리를 긁거나 "아악!" 하고 비명을 지르며 몸을 배배 꼰다. 앞서 통과한 아이에게 도움을 받고도 몇 번씩이나 비명을 지르는 아이들도 있다. 괜찮다, 그게 바로 공부니까. 단박에 아는 것이 공부가 아니라 기어이 깨우치는 게 공부다.

내가 하필 이 부분을 지독하게 닦달하는 이유는 뭘까? 2차 방정식의 근의 공식을 제대로 이해하는 것이 수학 공부 과정 전체를 통틀어 뿌리 중의 뿌리라고 여기기 때문이다.

모든 2차 방정식 풀이 문제를 딱 한 문장으로 요약하면, $ax^2 + bx + c = 0$이 참인 x 찾기다. 그리고 근 x는 계수 a, b, c와 4대 기본셈과 근호셈 다섯 개로 표현된다. $ax^2 + bx + c = 0$에서 출발해 결국 $x = \dfrac{-b \pm \sqrt{b^2 - 4ac}}{2a}$로 끝날 때까지 넘겨짚거나 비약하지 않고 이치를 따지며 수식을 몰고 가는 것이 매우 중요하다고 나는 생각한다. 지금까지 배운 것을 모두 잘 알아야 저 기호들이 무엇을 말하는지 제대로 이해할 수 있다. 자연수에서 무리수까지, 덧셈에서 근호셈까지……

다시 말하지만, 이것은 학교 수학 공부에서 뿌리이자 열매다. 여러분이 수학 공부를 더 할수록 밑거름이 되고 등대 역할을 한다. 독자 여러분은 아쉽게도 공책 검사를 받을 수가 없다. 다양한 2차 방정식 중 간단한 형태에서 복잡한 형태로 가며 끝날 때 종합할 테니 정신을 바짝 차리기 바란다. 앞에서 그림 방법 풀이로 터득한 것을 바탕으로 하되, 여기서는 그림 없이 순수하게 기호로만 풀어 나간다.

❶ 제곱항만 있는 경우 $x^2 = q$

가장 단순한 2차 방정식 꼴은 역시 $x^2 = q$ 이다. 상수 q가 0보다 크거나 같으면 우리는 답을 알 수 있다. 무리수를 도입할 때 이미 따져 봤듯이 $x = \sqrt{q}$ 또는 $x = -\sqrt{q}$ 이다. 짧게 $x = \pm\sqrt{q}$ 라고 쓰겠다. 완벽하게 풀었을까? 아니다. q가 0보다 작은 경우에 대해서도 말해야 한다. 우리가 아는 수, 다시 말해 실수 중에는 근이 없다고 말이다.

- q가 0보다 크거나 같을 때 : $x = \pm\sqrt{q}$
- q가 0보다 작을 때 : 실수 근이 없다.

❷ 완전제곱꼴인 경우 $(x+p)^2=q$

2차 방정식을 그림으로 풀기에서 왼쪽과 오른쪽을 이미 정사각형으로 만들어 둔 형태다. 여기서 정사각형 형태인 $(x+p)^2$을 '완전제곱꼴'이라고 한다. 혹시 여러분이 내가 어느 정도 소심한 사람인지 궁금해할까 봐 공책을 검사 받듯이 적어 봤다.

	$(x+p)^2$	$=q$	Start !
(1) $\Leftrightarrow$	$x+p$	$=\pm\sqrt{q}$	근호셈 정의
(2) $\Leftrightarrow$	$(x+p)+(-p)$	$=(-p)\pm\sqrt{q}$	등식의 성질
(3) $\Leftrightarrow$	x	$=(-p)\pm\sqrt{q}$	덧셈결합법칙, 정수와 0의 정의

여기에 설명을 붙여 보겠다.

(1) 근호셈의 정의에 따라 $(x+p)^2=q$가 참인 x는 $x+p=\pm\sqrt{q}$에서도 참이고 거꾸로도 된다.

(2) $x+p=\pm\sqrt{q}$가 참인 x는 항상 $(x+p)+(-p)=(-p)\pm\sqrt{q}$도 참이고 거꾸로도 된다. 등식에서는 양변에서 똑같은 수를 빼도 등식은 변하지 않으므로.

(3) $x+p+(-p)=x+0=x$다. 정수 정의와 0의 성질에 따라.

이제 조금 이해되었을지 모르겠다. 내가 얼마나 지독한 사람인지. 사실 (2)와 (3) 사이에 '덧셈에 대한 결합법칙을 믿으므로 $x+p+(-p)=x+(p+(-p))$'라는 말은 하지 않았다. 욕먹을까 봐.

(하지만 위에 쓴 것만 해도 이미 욕은 먹었을지도⋯⋯.)

❸ 1차 항 bx를 더한 경우 $x^2+bx+c=0$

표준형 꼴로 바꾸었더니 1차항 bx가 있는 경우다(이때 b는 0이 아니라고 가정한다). 항 하나가 끼어들면서 문제를 까다롭게 만든다. 그림을 이용한 풀이에서도 이것 때문에 복잡해졌다. 하지만 그때도 기어이 해냈으니 지금도 할 수 있다. 이미 알고 있는 꼴로 변형시키기만 하면 된다. 다시 말해 완전제곱꼴 형태인 $(x+p)^2=q$ 꼴로 바꾸기!

그런데 어떻게? 항상 막히는 지점, 그래서 우리를 좌절 모드로 몰아가는 지점이 이곳이다. 원리는 알겠는데 '구체적으로 어떻게?'에서 숨이 막힌다. 이럴 때 수학이 즐겨 쓰는 방법이 있다. 바로 '이미 되었다고 생각하기' 방법이다.

자, 여기서도 이미 되었다고 해보자.

예를 들어 2차 방정식 $x^2+x-10=0$이 완전제곱꼴 $(x+p)^2=q$ 또는 $(x+p)^2-q=0$ 꼴로 이미 되었다고 하자. 다항 x^2+x-10과 $(x+p)^2-q$가 같도록 p와 q를 찾으면 끝난다. 다항 $(x+p)^2-q$를 표준형으로 바꾸면 $x^2+2px+p^2-q$다. 따라서 이 문제에서는 $x^2+x-10=x^2+2px+p^2-q$인 p, q를 찾으면 완전제곱꼴을 찾은

게 되고, 그러면 문제는 풀린 것이나 다름없다. 이제 차수와 계수를 비교하면 된다.

- 2차항 계수 비교 : 1이다. 통과.
- 1차항 계수 비교 : $2p=1$이다. 오호! p를 찾았다. p는 $\frac{1}{2}$이다.
- 상수항 비교 : $p^2-q=10$이어야 한다. p가 $\frac{1}{2}$이니 $\left(\frac{1}{2}\right)^2-q=10$이고, 따라서 $q=\frac{1}{4}+10$이다. 통분해서 깔끔하게 쓰면 q는 $\left(\dfrac{1^2+4\times10}{4}\right)$

결국 우리는 원하던 것을 모두 찾았다. 다시 고약하게 소심해져서 정리해 보면 다음과 같다.

$$x^2+x-10 \quad =0$$

$$\Leftrightarrow \left(x+\frac{1}{2}\right)^2 \quad =\left(\frac{1^2+4\times10}{4}\right) \qquad \text{완전제곱꼴로 변형}$$

$$\Leftrightarrow x+\frac{1}{2} \quad =\pm\sqrt{\frac{1^2+4\times10}{4}} \qquad \text{근호샘 정의}$$

$$\Leftrightarrow x+\frac{1}{2} \quad =\frac{\pm\sqrt{1^2+4\times10}}{\sqrt{4}} \qquad \text{근호샘 성질(분배)}$$

$$\Leftrightarrow x+\frac{1}{2} \quad =\frac{\pm\sqrt{1^2+4\times10}}{2} \qquad \text{무리수 정의}$$

$$\Leftrightarrow x \quad =-\frac{1}{2}\pm\frac{\sqrt{1^2+4\times10}}{2} \qquad \text{등식 성질}$$

$$\Leftrightarrow x \quad =\frac{-1\pm\sqrt{1^2+4\times10}}{2} \qquad \text{유리수 덧셈 정의(통분)}$$

처음이라 유도 과정이 아주 복잡해 보일지도 모른다. 하지만 몇 번 연습하다 보면 저절로 된다(또는 긴장하면서 공책 정리를 검사 받으면 된다).

그런데 공들여 얻은 $\dfrac{-1\pm\sqrt{1^2+4\times10}}{2}$ 은 얼마나 클까? 한눈에 안 들어온다. 하지만 그것은 다른 문제다. 4대 셈과 근호셈을 아는 로봇한테 어느 정도나 되냐고 물어보면 눈 깜짝할 사이에 소수점 몇십자리까지 계산해 낸다. 위의 항은 보다시피 덧셈, 뺄셈, 곱셈, 나눗셈, 근호셈으로 이루어져 있으니 말이다. 이 로봇은 $x^2+x-10=0$에서 계수와 상수인 1, 1, -10 정보들로 프로그램된 순서에 따라 척척 명령을 수행할 것이다.

처음부터 더 똑똑한 로봇을 만들 수는 없는 걸까? 다시 말해 $\dfrac{-1\pm\sqrt{1^2+4\times10}}{2}$ 을 우리가 만들지 않아도 $ax^2+bx+c=0$ 꼴만 주면 척척, 윙윙 작동하고 나서 "이게 답이에요!"할 만큼 똑똑한 로봇 말이다. 가능할까?

❹ 2차항의 계수가 a인 경우 $ax^2+bx+c=0$

이 책이 1로 시작했는데 벌써 여정이 여기까지 왔다. 이제 2차항 계수가 0만 아니면 아무거나 된다고 하자. 가장 일반적인 경우다. 어떤 문제를 수학 언어로 번역했더니 $3x^2-5x+8=0$이 되었다면 이 문제는 풀기가 훨씬 어려워질까? 그림 방법이었으면 훨씬 어려웠겠지만, 다항 기호만 쓰면 그렇지 않다.

$ax^2 + bx + c = 0$을 참으로 하는 x를 찾아라.

위 문제는 다음 문제와 완전히 같다.

$x^2 + \dfrac{b}{a}x + \dfrac{c}{a} = 0$을 참으로 하는 x를 찾아라.

두 문제가 같으므로 아무거나 풀면 된다. 계수가 있다고 해서 어려워질 것은 하나도 없다. 문제는 '차수'였던 것이다. 역시 완전제곱꼴로 바꿀 수만 있으면 끝난다.

앞에서 보았듯이 완전제곱꼴로 바꾼다는 말은 $x^2 + \dfrac{b}{a}x + \dfrac{c}{a} = 0$ 꼴이 $(x+p)^2 = q$ 꼴이 되도록 p와 q를 찾는다는 말이다. 만약 찾았다면 $x + p = \pm\sqrt{q}$이니

- $q = 0$이면 근 $x = -p$로, 근은 하나이다.
- $q > 0$이면 $x = (-p) \pm \sqrt{q}$로 근은 두 개다.
- $q < 0$이면 근은 없다.

이제 $x^2 + \dfrac{b}{a}x + \dfrac{c}{a} = 0$ 꼴이 이미 $(x+p)^2 = q$ 꼴로 되었다고 생각해 보자. 항 $(x+p)^2 - q$를 곱셈해서 표준형으로 정리하면 다음과 같다.

$$x^2 + \dfrac{b}{a}x + \dfrac{c}{a} = x^2 + 2px + p^2 - q$$

이제 등호의 왼쪽 항과 오른쪽 항이 같도록 차수와 계수를 비교할 차례다. 2차항 계수는 모두 1로 같다.

- 1차항 계수 비교 : $\dfrac{b}{a} = 2p$여야 한다.

- 상수항 비교 : $\dfrac{c}{a} = p^2 - q$라야 한다.

  이미 p는 $\dfrac{b}{2a}$이므로 $\dfrac{c}{a} = \left(\dfrac{b}{2a}\right)^2 - q$다.

  따라서 $q = \left(\dfrac{b}{2a}\right)^2 - \dfrac{c}{a}$이고,

  이것을 통분하면 $q = \dfrac{b^2 - 4ac}{4a^2}$이다.

찾았다. 우리가 원했던 p, q를 찾았으니 우리는 완전제곱꼴로 다시 적을 수 있다.

$$x^2 + \frac{b}{a}x + \frac{c}{a} = 0 \iff \left(x + \frac{b}{2a}\right)^2 = \frac{b^2 - 4ac}{4a^2}$$

이제 눈앞에 우리가 올라야 할 정상이 보인다. 여기서 왼쪽 항은 완전제곱꼴 $\left(x + \dfrac{b}{2a}\right)^2$이고, 오른쪽 항은 $\dfrac{b^2 - 4ac}{4a^2}$이다. 분모 $4a^2$은 항상 양수이므로 $b^2 - 4ac$의 값이 양수냐 음수냐에 따라 근이 있거나 없게 된다. 정리해 보면 다음과 같다.

- $b^2 - 4ac > 0$이면

  $ax^2 + bx + c = 0$을 참으로 하는 실수근 x는 2개.
- $b^2 - 4ac = 0$이면

  $ax^2 + bx + c = 0$을 참으로 하는 실수근 x는 1개.
- $b^2 - 4ac < 0$이면

  $ax^2 + bx + c = 0$을 참으로 하는 실수근 x는 0개.

이렇게 보니 2차 방정식 $ax^2+bx+c=0$의 근이 몇 개나 있는지 결정하는 것은 b^2-4ac라는 항이다. 따라서 b^2-4ac는 실수근이 있는지 없는지 판별하는 매우 중요한 항이므로 이름이 따로 있어야 한다. 이것을 '판별항'이라 부르겠다. 영어로는 determinant(디터미넌트)라 해서 D라고 짧게 줄여 쓴다. 따라서 문제를 받으면 판별항 D부터 검사한 다음 0보다 크거나 같으면 문제를 풀기 시작하고, 아니면 실수근이 없다고 선언하면 끝난다.

예제 1 $x^2+x-10=0$인 경우.

D를 검사했더니 $1^2-4\times1\times(-10)$이고 결과는 41이다. 0보다 크다. 따라서 실수근이 두 개 있다. 이제 근을 찾기 시작하면 된다.

예제 2 $x^2+x+10=0$인 경우.

D는 0보다 작으므로 실수근 찾기를 일찌감치 포기해야 한다.

자, 우리는 판별항 D를 검사했고, 실수근이 있다는 사실은 이미 알았다고 하자. 그렇다면 이제 남은 절차는 등식을 만족하는 x 찾기다. 완전제곱꼴로 변형해서 이미 다음까지 왔다.

$$ax^2+bx+c=0 \iff \left(x+\frac{b}{2a}\right)^2=\frac{b^2-4ac}{4a^2}$$

그러니 다음은 근호셈 차례다.

$$x + \frac{b}{2a} = \pm \sqrt{\frac{b^2 - 4ac}{4a^2}}$$

여기서 등식의 성질, 무리수 성질, 통분까지 모두 적용하면 마침내

우리가 찾던 바로 그 지점에 도달한다.

$$x = \frac{-b \pm \sqrt{b^2 - 4ac}}{2a}$$

우리는 원하던 것을 모두 찾았다.

❺ 정리

지금까지 했던 것을 요약해 보자.

$$ax^2 + bx + c \quad = 0$$

$$\Leftrightarrow \quad x^2 + \frac{b}{a}x + \frac{c}{a} \quad = 0 \qquad\qquad \text{등식 성질}$$

$$\Leftrightarrow \quad \left(x + \frac{b}{2a}\right)^2 \quad = \frac{b^2 - 4ac}{4a^2} \qquad\qquad \text{완전제곱꼴로 변형}$$

$$\Leftrightarrow \quad x + \frac{b}{2a} \quad = \pm \sqrt{\frac{b^2 - 4ac}{4a^2}} \qquad\qquad \text{근호셈 정의}$$

$$\Leftrightarrow \quad x + \frac{b}{2a} \quad = \frac{\pm\sqrt{b^2 - 4ac}}{\sqrt{4a^2}} \qquad\qquad \text{근호셈 성질 분배}$$

$$\Leftrightarrow \quad x \quad = \frac{-b}{2a} \pm \frac{\sqrt{b^2 - 4ac}}{\sqrt{4a^2}} \qquad\qquad \text{등식 성질}$$

$$\Leftrightarrow \quad x \quad = \frac{-b}{2a} \pm \frac{\sqrt{b^2 - 4ac}}{2a} \qquad\qquad \text{무리수 정의}$$

$$\Leftrightarrow \quad x \quad = \frac{-b \pm \sqrt{b^2 - 4ac}}{2a} \qquad\qquad \text{유리수 성질(통분)}$$

끝났다. 보다시피 우리는 어떤 2차 방정식이라도 항상 해결할 수 있다. 주어진 계수 a, b, c로부터 5대 연산을 적용하면 된다. 덧셈, 뺄셈, 곱셈, 나눗셈, 근호셈. 이 다섯 셈만 알면 어느 누구라도, 로봇이라도 $ax^2 + bx + c = 0$이 참인 x를 반드시 찾을 수 있다. 그 로봇은 다음 순서대로 명령을 수행할 것이다.

- 표준형꼴 $ax^2 + bx + c = 0$으로 정리한다.
- 판별항 D를 계산하여 실수근이 있는지 검사한다.
- 있으면 5대 연산을 차례대로 계산해서 실수근을 얻는다.

보다시피 어떤 2차 방정식이든 식만 주면 답을 찾아내는 똑똑한 로봇을 만드는 게 가능하다. 그리고 이미 그런 로봇은 흔하다. $x^2 + x - 10 = 0$을 입력하면 소리 없이, 머뭇거림도 없이 실수근이 2개 있고 그것은 바로 $\dfrac{-1+\sqrt{41}}{2}$ 이거나 $\dfrac{-1-\sqrt{41}}{2}$ 이라고 말한다. 그뿐만 아니라 이 수가 2.7016 정도와 -3.7016 정도라는 것을 표시해 준다. 그리고 이 정도로 만족하지 않고 친절하게도 직선에서 대응하는 점은 어디인지까지 보여준다. 다음 그림은 내가 그린 것이 아니라 로봇이 찾아 그림으로 보여준 것을 복사만 한 것이다.

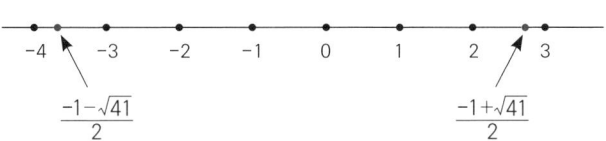

문제 다음 2차 방정식을 근의 공식으로 풀어 보라.

- $x^2 - 5x - 2 = 0$
- $2x^2 - 5x + 2 = 0$
- $2x^2 - 5x + 4 = 0$
- $3x^2 + 5x - 8 = 0$
- $3x^2 + x - 4 = 0$

앞에서 보았던 1차 방정식에 비해 2차 방정식은 상당히 까다로워졌다. 1차 방정식 $ax + b = 0$은 계수로부터 4대 기본셈만으로 근을 찾아냈다. $x = -\dfrac{b}{a}$니까 절차도 간단하다. 그에 비해 2차 방정식 $ax^2 + bx + c = 0$은 근호셈까지 해야 근찾기가 완성되고 $x = \dfrac{-b \pm \sqrt{D}}{2}$ (이때 D는 $b^2 - 4ac$)이니 식도 복잡하다. 게다가 D에 따라 근이 없을 수도 있다. 그래도 가장 중요한 것은 우리가 해냈다는 사실이다. 근이 있는지 없는지, 있다면 어떤 꼴이고 어떤 셈을 해야 하는지 우리는 이제 안다. 좋다. 이제 총정리!

- 1차 방정식은 계수로부터 4대 연산으로 근을 찾을 수 있다. 그리고 실수근이 반드시 하나 있다.
- 2차 방정식은 5대 연산이 있어야 근찾기가 보장된다. 그리고 실수근이 없거나 하나 또는 둘 있다.

그렇다면 $ax^3 + bx^2 + cx + d = 0$과 같은 3차 방정식은 어떨까?

5대 셈이면 충분할까? 근이 없을 수도 있을까? 로봇도 풀 수 있을까? 4차, 5차, 6차… 방정식은?

가능성은 둘이다. 할 수 있다 또는 할 수 없다. 할 수 있다면 어떤 모양일까? 할 수 없다면 가능성은 또 갈린다. 계수가 어떨 때 할 수 있고 어떨 때 할 수 없을까? 5대 셈으로 안 된다면 어떤 셈이 더 필요할까? 수학계의 빛나는 별들이 이 질문에 답하려고 뛰어들었다. 그들이 천재성을 발휘했던 지난 수백 년 동안 수학은 폭발하듯 성장했다. 이 발전으로 가는 이정표가 바로 2차 방정식에 대한 근의 공식이다. 대단하지 않은가, 우리의 2차 방정식은! 그리고 2차 방정식을 풀어낸 우리는!

지금이야 그런 경우가 드물지만 옛날에는 수학 문제로 결투를 벌이기도 했다. 르네상스의 물결이 휘몰아치던 500여 년 전 이탈리아, 정확히 말하면 차가운 바람이 살을 에던 1535년 2월 12일. 타르탈리아라는 사람과 피오리라는 사람이 수학 결투를 벌이기 위해 만났다. 타르탈리아는 어려서 전쟁통에 칼을 얼굴에 맞고 상처를 입은 뒤로 말을 잘 못했다. 타르탈리아라는 이름도 본명이 아니라 '말더듬이'라는 뜻의 별명이었다.

그날 결투는 방정식 문제로 이루어졌다. 두 사람은 각자 30문제와 해답을 만들어 심판관에서 제출했다. 심판관은 답안지를 보관하고 문제만 바꿔서 상대방에게 주었다. 그리고 결투가 시작되었다.

피오리는 대학에서 공부하고 방정식 풀이 비법을 전수 받은 사람이었고, 타르탈리아는 수학을 독학하고 동네에서 수학을 가르치며 먹고사는 사람이었다. 누가 봐도 승부가 뻔해 보였지만 결과는 정반대로 나왔다. 타르탈리아는 2시간 만에 30문제를 모두 풀었고, 피오리는 그동안 단 한 문제도 풀지 못했다. 심판관이 답을 맞혀 보니 타르탈리아가 제출한 답은 모두 정답이었다. 그래서 결과는 30 : 0.

이 결투 이후 두 사람이 실제로 어떻게 했는지는 모른다. 다만 당시 전통에 따라 수학 결투에서 이긴 사람은 친구들을 초대해 연회를 벌이고 실컷 먹고 마셨을 것이며, 진 사람은 그 비용을 모두 지불했을 것이다.

타르탈리아가 수학 결투에서 승리한 것은 결코 우연이 아니었다. 그는 수학

자들에게 수백 년 동안이나 꿈의 문제였던 3차 방정식의 근의 공식도 스스로

터득했고, 그 공식을 시로 만들어 남몰래 암송하고 다녔다. 무림의 세계에서

외롭게 강호를 떠도는 숨은 고수처럼…….

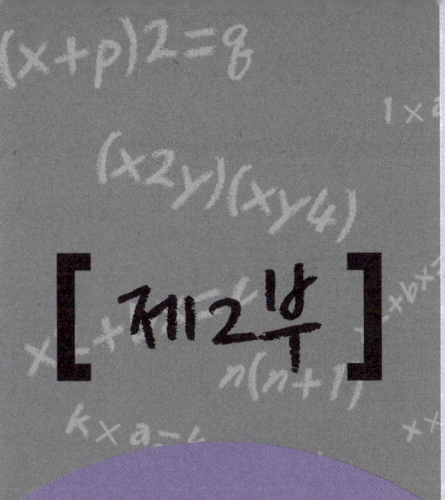

[제2부]

함수
점에서 포물선까지

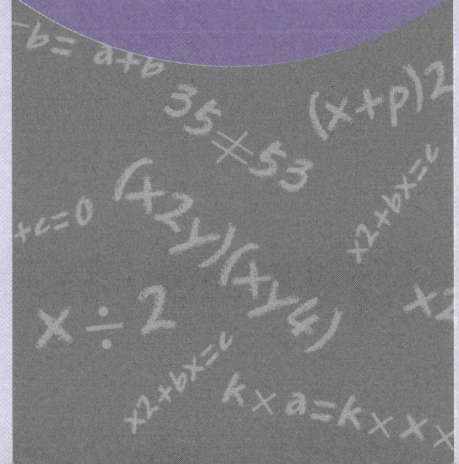

11

함수 아닌 게 있을까?

함수, 정의역, 치역, 좌표평면, 독립변수, 종속변수, 함수 나타내기

자연수 1에서 시작한 여행이 어느새 여기까지 왔다.

- 수 : 하나인 1에서 연속인 직선과 대응하는 실수real number까지
- 셈 : 덧셈에서 근호셈까지
- 식 : 변수variables에서 2차 방정식 근 찾기

그 덕분에 온갖 현실 문제를 수학 언어로 바꿔 해결할 가능성을 열었다. 이제 우리는 세상의 모든 문제를 수학 언어로 해결할 수 있을 만큼 많이 알게 되었을까?

현실 문제를 수식으로 해결하는 데 익숙해질 즈음 우리 선조들은 그게 전부가 아니라는 사실을 깨달았다. 망원경이라는 신통방통한 물건이 발명된 시기, 그러니까 400년 전쯤으로 시간을 되돌려 보자. 맨눈으로 봐서는 안 보이던 별을 망원경으로 보게 된 시절의 일이다.

한쪽 눈을 찡그리고 다른 눈을 망원경에 댄 많은 사람들은 가슴이 철렁, 숨이 꽉 막혀 놀라 자빠진다. 망원경으로 별을 유심히 관찰하던 누군가는 결과를 꼼꼼히 기록하고, 다른 누군가는 그 기록을 꼼꼼하게 따져 본다.

그러다 문득 호기심이 발동한다. 그는 궁금해서 잠을 이루지 못한다. 이튿날 동틀 무렵 문제를 해결할 수도 있고, 어쩌면 한평생을 바치게 될 수도 있다. 어쨌든 그는 이런 생각을 했을 것이다.

'태양이 지구를 도는 게 아니라 지구가 태양 주위를 도는 게 맞아. 시간에 따라 별이 어디 있는지 적어 둔 기록들을 꼼꼼히 검토해 보면 그럴 수밖에 없잖아. 아! 그런데 저 조그만 별은 정말 희한한걸. 기록을 보니 오래전에 사라졌는데 다시 그 자리에 나타났어. 어디 보자, 딱 10년 만이군. 저 별은 어떻게 운동하길래 저러지? 정해진 길만 따라다니는 여행자 같군. 내일은 어디쯤에 있을까? 1년 뒤에는? 혹시 10년 뒤에는 또 정확히 저 자리를 다시 지나는 게 아닐까?'

문제를 해결하려면 질문에서 핵심만 뽑는 게 중요하다. 여기서는 '별이 어떻게 운동하는 걸까?'가 핵심이고, 그중의 핵심은 '운동'이다. 이 사람은 별의 운동을 알기 위해 별이 '언제, 어디를 지날까?'라는 방식으로 문제를 던졌다. 1일 뒤, 1년 뒤 그리고 10년 뒤 별의 위치를 정확히 예측한다면 그 별이 운동하는 방식을 안다고 할 수 있다.

그렇다, 진짜 핵심은 시간과 위치의 대응 관계를 아는 것이다. 그런데 시간과 위치는 수집합으로 나타낼 수 있다. 따라서 정해진 시간마다 정해진 위치를 대응시키는 규칙을 찾으면 그는 별의 운동을 설명할 수 있다. 집합과 집합의 대응 관계까지 수학 언어로 담으려고 하는 것, 그것이 바로 함수다.

수학에서는 두 집합 사이의 대응 관계를 함수라는 개념으로 잡아낸다. 이때 두 집합이 무엇이냐, 어떻게 대응되느냐에 따라 함수의 형태는 변화무쌍하다. 함수란 이것이라고 여길 만하면 벌써 저것이고, 저것인가 하면 아차, 이것인가 싶을 때가 있다. 수나 변수도 그렇지만 함수는 유난하다. 그러다 보니 도대체 함수 아닌 게 있을까 싶을 정도다.

- 별의 운동은 함수다. 시간 집합과 위치 집합을 (시간, 위치)로 대응시킬 수 있다.
- 시간표는 함수다. 시간과 과목을 (월1, 수학), (월2, 국어), (월3, 음악)으로 대응시킬 수 있다.
- 청소 당번표는 함수다. 장소와 당번을 (화장실, S), (교실, T), (복도, U)처럼 짝지을 수 있다.
- 전등도 함수다. 단추와 불빛을 (오른쪽 단추, 켜짐), (왼쪽 단추, 꺼짐)으로 대응시킬 수 있다.
- 유한 개인 원소들만 대응할 수 있는 것은 아니다. 자연수와 제곱수를 $(1, 1^2)$, $(2, 2^2)$, $(3, 3^2)$ … 과 같이 대응시킬 수 있다.

영화관에서 표 하나가 좌석 하나와 대응하는 것도 함수고, 컴퓨터 화면에 색이 나타나는 것도 위치와 색의 대응인 함수다. 우리나라 돈을 외국 돈으로 환전하는 것도 바로 함수 관계다. 통역도 함수다. 어떤 도형과 그 넓이도 함수다. 피아노 건반과 소리 울림도 함수 관계니까 크게 보면 피아노도 함수다. 전화번호를 누르면 전화가 울리니 그것도 함수라고 볼 수 있다.

집합과 집합 사이의 관계를 함수라는 개념으로 파악할 수 있다. 이 장의 제목을 지을 때 '함수란 무엇인가?'라 하지 않고 '함수 아닌 게 있을까?'라 한 것도 겉멋이 아니었다. 그렇다면 대응이면 아무거나 함수가 된다는 말일까?

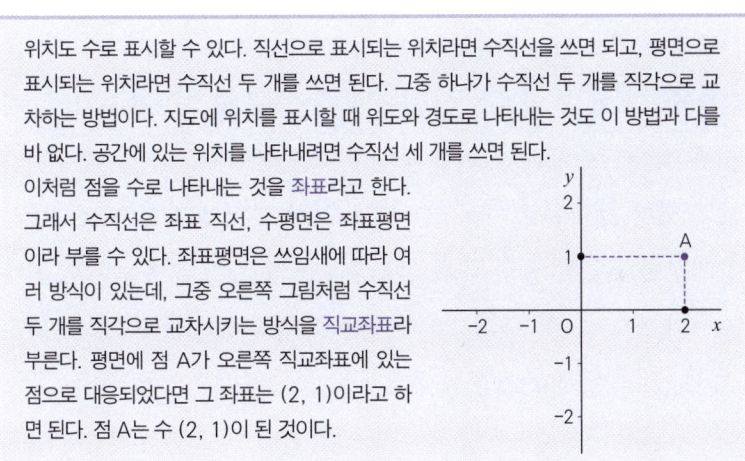

위치도 수로 표시할 수 있다. 직선으로 표시되는 위치라면 수직선을 쓰면 되고, 평면으로 표시되는 위치라면 수직선 두 개를 쓰면 된다. 그중 하나가 수직선 두 개를 직각으로 교차하는 방법이다. 지도에 위치를 표시할 때 위도와 경도로 나타내는 것도 이 방법과 다를 바 없다. 공간에 있는 위치를 나타내려면 수직선 세 개를 쓰면 된다.

이처럼 점을 수로 나타내는 것을 좌표라고 한다. 그래서 수직선은 좌표 직선, 수평면은 좌표평면이라 부를 수 있다. 좌표평면은 쓰임새에 따라 여러 방식이 있는데, 그중 오른쪽 그림처럼 수직선 두 개를 직각으로 교차시키는 방식을 직교좌표라 부른다. 평면에 점 A가 오른쪽 직교좌표에 있는 점으로 대응되었다면 그 좌표는 (2, 1)이라고 하면 된다. 점 A는 수 (2, 1)이 된 것이다.

❶ 함수 정의하기

아무렇게나 대응해도 모두 함수라면 범위가 너무 넓어서 오해가 끼어들 가능성이 높다. 그러니 함수 개념에 어느 정도 테두리를 치는 게 좋겠다. 함수function라는 용어가 탄생하고 300년 넘게 지나는 동안 점점 진화해 왔고, 지금은 다음과 같이 정의한다.

함수 : 두 집합 A, B가 있을 때 A에 있는 원소 하나가 B에 있는 원
소 하나에 대응

그럴듯하지만 걸리는 용어들이 있다. 집합, 원소, 대응. 이 용어를 들으면 딱 떠오르는 게 없으니 사례를 들어 이야기해 보자.

예를 들면 a, b, c라는 이름의 늑대 세 마리가 있다면 이 모음은 집합이라고 할 수 있다. 이 집합에 A라는 이름을 붙일 수도 있다. 이럴 때 집합 A에 대해 a, b, c 하나 하나는 원소다. 기호로 짧게 나타낼 수 있다. 우리는 A : $\{a, b, c\}$라는 기호로 쓰겠다. 또 1, 2, 3이라는 괴상한 이름의 여우 세 마리가 있다고 하자. 그 모음을 집합 하나로 여겨 B라고 이름 붙이고 1, 2, 3을 그 집합에 대한 원소로 본다면 B : $\{1, 2, 3\}$이라고 쓰면 된다.

이제 집합 A에 있는 원소 하나를 집합 B에 있는 원소 하나와 대응시킬 것이다. 어떻게? 아무렇게나 해도 좋다. 늑대와 여우들이 왈츠를 춘다고 상상해 보자. 늑대 우두머리와 여우 우두머리가 미리 짝짓기 규칙을 만들어 두었다.

"너희들이 서로 다툴까 봐 미리 정해 놓았어. a는 1이랑 짝하고, b는 2랑, c는 3이랑 춤출 거야. 더 마음에 드는 상대가 있어도 처음엔

그렇게 시작해."

위에서는 대응을 말로 풀어서 나타냈다. 그런가 하면 그림 1처럼 다이어그램에 나타내도 좋고, 대응하는 것끼리 괄호 안에 쌍으로 써서 $(a, 1)$, $(b, 2)$, $(c, 3)$이라고 나타내도 좋다. 이것들을 원소라고 생각하면 그 모음은 집합이다. 이 새로운 집합에도 이름을 주겠다. f라고 하자. 함수 f는 집합 A에서 집합 B로의 대응이니 $f : A \rightarrow B$로 쓰고 대응 규칙을 이렇게 쓸 수 있다.

$$f : \{(a, 1), (b, 2), (c, 3)\}$$

이때 집합 A는 정의할 영역이라고 해서 정의역domain이라고 한다. 집합 B는 대응될 후보인데 공역codomain이라 하고, 실제로 대응되는 값을 모아 치역range 또는 image이라고 한다. 그러니까 함수 f는 집합 A에서 집합 B로의 대응이고, 대응 규칙은 집합 f로 분명히 드러나 있다.

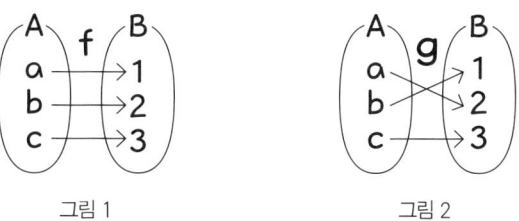

그림 1   그림 2

더 끌리는 상대가 생기면서 대응 관계는 바뀐다. 늑대와 여우가 왈츠를 춘다고 예외는 아니다. 늑대 a가 여우 2에게 반하고, 늑대 b가 여우 1에게 끌린 결과 다음과 같이 대응이 바뀌었다. 이 함수는 함수

f와 다르니 g라는 이름을 주겠다.

$g : \mathrm{A} \to \mathrm{B}$이고 $g : \{(a, 2), (b, 1), (c, 3)\}$

새로운 대응 g도 A에서 B로의 함수다(그림 2). 여전히 정의역을 앞에, 치역을 뒤에 쓴다. 이것은 약속이다.

그런데 분명히 짚고 넘어갈 부분이 있다. 정의에서 'A에 있는 원소 하나가 B에 있는 원소 하나' 부분을 눈여겨봐야 한다. 함수는 대단히 넓은 개념이지만 이것을 지키지 않는 것은 함수로 보지 않겠다는 뜻이다. 'A에 있는 원소 하나가 B에 있는 원소 하나'라는 조건을 지키지 않는 대응에는 어떤 경우가 있을까?

■ 정의역 원소 하나가 여럿으로 대응될 때

전화번호를 눌렀는데 동시에 여기저기로 마구 전화가 걸린다면 그런 전화기는 있으나 마나다. 표에 적힌 번호대로 좌석을 찾아갔더니 몇 사람이 같은 번호를 든 채 다투고 있다면 그 표는 제대로 기능 function을 못하는 표다. 대응이 대응답지 못하다. 이런 대응은 함수 function라고 하지 않는다. 다이어그램에 나타내면 정의역에 있는 원소 하나가 치역에 있는 원소 둘에 대응하는 모양이다(그림 3). 화살 하나가 과녁 두 개에 박힐 수는 없지 않은가!

※ 주의! 정의역의 여러 원소들이 치역 하나에 대응하는 것은 어떨까? 이건 상관없다. 늑대들이 모두 여우 2와 왈츠를 추고 싶어 할 수도 있으니까(그림 4).

새 학기에 시간표가 나왔는데, 월요일 1교시부터 금요일 6교시까지 계속 수학이라 해도 시간표가 아니라고는 말할 수 없다(기절초풍할 일이지만). 화살 여럿이 모두 과녁 하나에 모일 수도 있으니까.

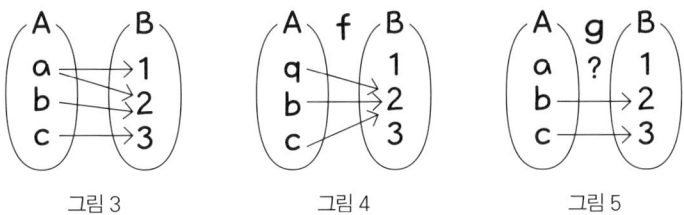

그림 3   그림 4   그림 5

■ 정의역에 대응 안 된 원소가 있을 때

마음을 못 정한 늑대가 있다고 하자. b는 2에 대응하고 c는 3에 대응했는데 a가 머뭇거린다(그림 5). 이럴 때는 대응 가능성이 세 가지다. 먼저 $(a, 1)$, $(b, 2)$, $(c, 3)$으로 일대일로 짝지은 경우도 있고 $(a, 2)$, $(b, 2)$, $(c, 3)$과 $(a, 3)$, $(b, 2)$, $(c, 3)$처럼 여럿이 하나에 대응하는 경우도 있다. 늑대 a가 어떻게 대응하느냐에 따라 f, g, h처럼 서로 다른 함수가 된다. 세 함수 모두 A → B 대응이지만 이렇게 쓸 수 있다.

$$f : \{(a, 1), (b, 2), (c, 3)\}$$
$$g : \{(a, 2), (b, 2), (c, 3)\}$$
$$h : \{(a, 3), (b, 2), (c, 3)\}$$

따라서 a를 대응시키지 못한 그림 5의 상황에서는 아직 어떤 대응인지 알 수 없다. 주간 시간표를 짜고 있는데 한 시간이라도 아직 정하지 않았다면 아직 확정된 시간표가 아니다. 이런 현상은 수에서 $\dfrac{0}{0}$과 비슷하다. 그것은 $x \times 0 = 0$인 수이므로 어떤 수인지 정할 수 없었고, 우리는 그것을 수로 인정하지 않았다. 마찬가지 이유로 함수에서 딱 부러지게 정의할 수 없는 대응은 함수라고 정의하지 않는다.

❷ 함수 나타내기

어떤 개념을 말로 하면 자꾸 길어지고 오해가 생기곤 한다. 이것을 예방하기 위해 수학은 기호를 즐겨 쓴다. 수, 항, 식에 이르기까지 우리는 정의를 하고 나면 그것을 기호로 짧게 나타냈다. 이제 함수 차례다. 함수는 매우 넓은 개념이다. 그래서인지 나타내는 방법도 여러 가지다. 어떤 것이든 집합에서 집합으로의 대응을 분명히 밝혀 주어야 한다.

집합 X에서 집합 Y로 대응하는 게 함수 f 라면 $f : \text{X} \to \text{Y}$로 쓸 수 있다. 이때 정의역인 집합 X의 원소들에 해당하는 변수를 독립변수라 부른다. 그리고 그에 대응하는 치역인 집합 Y 원소에 해당하는 변수를 종속변수라고 한다. 무엇에서 무엇으로 대응하는지는 나타냈지만, 구체적으로 어떻게 대응하는지는 아직 드러나지 않았다. 이 '어떻게' 부분을 정확히 드러내는 방법은 여러 가지다.

■ 열거하기

예를 들어 다음과 같은 방법으로 쌍으로 열거해서 나타낼 수 있다.

$\cdots(-2, (-2)^2), (-1, (-1)^2), (0, 0^2), (1, 1^2), (2, 2^2), (3, 3^2)\cdots$

늑대 우두머리와 여우 우두머리가 처음에 출출 상대를 말로 정한 것도 대응을 일일이 열거한 방법이었다.

■ 다이어그램으로 나타내기

때로는 다이어그램에 원소들을 나열하고 화살표로 이어 대응 관계를 나타내기도 한다(그림 6). 이 방법은 우선 한눈에 쏙 들어와서 좋다. 하지만 원소 개수가 많을 때는 불편하다. 함수를 설명할 때 주로 보조 수단으로 쓰인다.

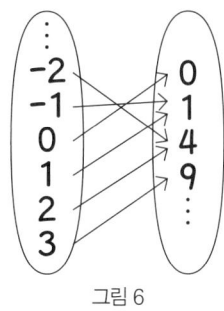

그림 6

■ 규칙 제시하기

괄호 안에 쌍으로 나타내든 다이어그램으로 나타내든 정의역 원소가 많으면 일일이 다 쓸 수 없다. 독립변수 x와 종속변수 y 사이에 대응 규칙이 분명할 때 수식으로 나타내면 이런 단점을 극복할 수 있다. 독립변수를 x, 종속변수를 y로 나타낼 때 다음과 같다.

$$y = f(x) = x^2$$

이 기호는 이렇게 이해하면 좋다(마음으로 소리내어 말하면서). "함수 f는 x에서 y로의 대응인데 규칙이 f이고 x^2이라는 규칙이야."라고 말이다.

❸ 함수의 그래프

집합에 쌍을 적거나 규칙을 제시해서 다음과 같이 나타낼 수 있다.

$f : \{(x, y) \mid y = x^2$이고 x는 정수$\}$

이것을 함수의 그래프라고 한다. 위에 쓴 기호를 말로 풀어 보겠다.

"정수 집합에서 실수 집합으로의 대응을 본다. 독립변수 x와 그것에 대응하는 종속변수 y의 대응을 (x, y)라는 쌍으로 나타낼 때, 그 대응 관계는 $y = x^2$이라는 규칙으로 되어 있다. 이 대응을 함수 f라고 한다."

쓰고 보니 상당히 길다. 이 문장을 쓰는 동안 내가 몇 번을 지우고 다시 썼는지 모르겠다. 오해를 피해 정확히 써야 했고, 문장이 너무 길어지는 것도 막아야 했다. 그래도 얼마나 잘되었는지 자신이 없다. 그런데 다음과 같이 짧게 쓰면 어떤가?

$f : \{(x, y) \mid y = x^2$이고 x는 정수$\}$

그러면 수많은 사람들이 추가 설명 없이도 뒷부분을 이렇게 이해한다.

$$f : \{ \cdots, (-2, (-2)^2), (-1, (-1)^2), (0, 0^2), (1, 1^2), (2, 2^2), \cdots \}$$

수식으로 쓰면 한국어를 모르는 외국인들도 이해할 수 있으니 더 좋다. 수학에서는 이런 대응 규칙이 주로 항으로 나타난다. 예를 들어 이런 것들이 있다.

$$f(x) = x, \ f(x) = 2x - 3, \ f(x) = \pi x^2,$$
$$f(x) = \frac{x}{1+x}, \ f(x) = \sqrt{x}$$

처음 세 개는 다항으로 이루어져 있으므로 다항함수라고 부르면 된다. 그중에서도 처음 두 개는 1차 다항함수이고, $f(x) = \pi x^2$은 2차 다항함수다. 짧게 줄여 1차 함수, 2차 함수라고 부른다.

$f(x) = \dfrac{x}{1+x}$는 유리항을 썼으니 유리함수라고 하고, $f(x) = \sqrt{x}$ 는 무리항을 썼으니 무리함수라 하면 되겠다. 이 책의 목표는 1, 2차 다항함수다.

함수의 그래프는 좌표에 나타낼 수 있다. 이렇게 하면 한눈에 보기 좋다. 예를 들어 함수 f가 $f : \{1, 2, 3\} \rightarrow \{2, 3, 4\}$이고 구체적인 대응은 $f : \{(1, 2), (2, 3), (3, 4)\}$라면, 이것은 직교좌표 평면에서 그림 7에 있는 점으로 나타난다.

독립변수를 x라고 쓰면 치역은 독립변수 x마다 1씩 더한 규칙이다. 따라서 이 대응 규칙을 1차 다항으로 나타내면 다음과 같다.

$$f(x) = x + 1$$

만약 함수 f의 정의역이 실수 전체였다면 그래프는 그림 8처럼 자로 쭉 이은 직선으로 나타난다. 왜 그런지는 곧 밝혀진다.

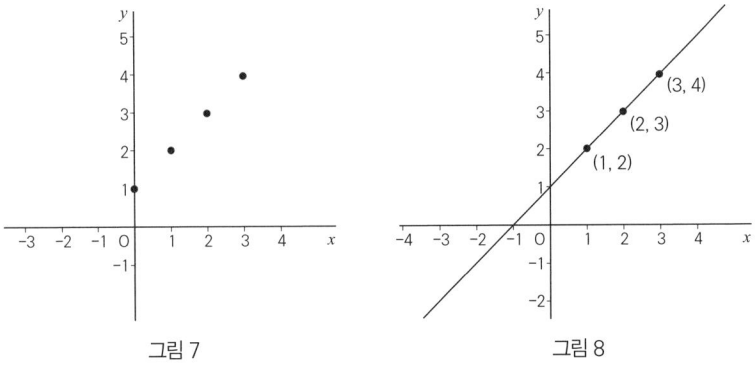

그림 7   그림 8

이처럼 함수를 표나 그림으로 나타내면 함수의 행동이 한눈에 쏙 들어오니 좋다. 병원에서 심장이 얼마나 정상으로 뛰는지를 나타내는 심전도계도 눈에 보이는 함수다. 이것은 시간과 심장박동 정도 사이의 대응 관계를 나타낸다(그림 9). 소리를 파동으로 나타내면 소리를 볼 수 있고(그림 10), 해마다 주가가 얼마나 들쑥날쑥한가도 눈으로 볼 수 있다(그림 11). 일정표, 기차 시간표, 항공 노선도 등은 모두 함수를 보기 좋게 나타내는 방법이다.

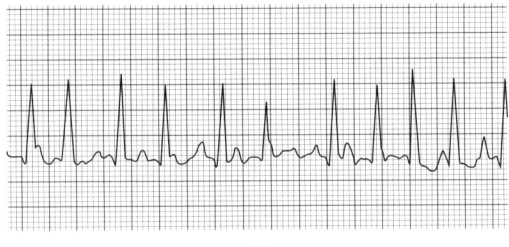

그림 9

그림 10

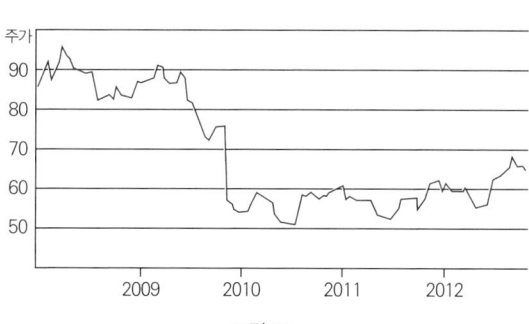

그림 11

우리는 수, 항과 식 세계에서 마침내 함수라고 불리는 신세계로 들어왔다. 함수를 정의하고 기호로 표시하는 방법과 함수를 나타내는 방법을 만났다. 처음이라 손에 꽉 잡히는 것은 없고 아직 희뿌연 것만 눈앞에서 왔다 갔다 할지 모른다. 낯선 것을 만날 때 종종 있는 일이다. 그럴 때는 익숙해질 때까지 보고 느끼는 시간을 가질 필요가 있다. 자주 나오는 함수에는 어떤 것들이 있고, 어떻게 분류할 수 있는지, 또 그것들은 어떻게 생겼는지 잠시 여유를 갖고 함께 살펴보자.

함수라는 말은 영어로 function(펑션)이다. 서양에서 다른 나라도 발음이 비슷하다. 지금은 영어가 세계 공용어처럼 통용되고 있는데, 당시에는 라틴어가 그랬다. 라틴어로 함수를 functio라고 쓰는데, 그 말이 유럽 다른 나라 말로 번역된 것이다. 이 말이 처음 나온 것은 400년하고도 수십 년 전으로 라이프니츠라는 사람이 처음 쓰기 시작했다. 그의 얼굴이 새겨진 우표와 주화가 꽤 여러 종류인 걸 보면 유명한 사람임이 분명하다.

라이프니츠가 누구길래? 그는 계산하는 기계를 만들었고, 2진법을 심각하게 연구했고, dx와 dy, $\int$을 비롯해 중요한 수학 기호를 창안했고, 기호논리학을 시작했고, 이혼 문제를 맡아 변호했고, 이집트를 치라고 프랑스에 조언했고, 기독교로 통일된 세상을 만들기 위해 온 유럽을 동분서주했고……

숨이 차서 나열하기도 힘들 정도다. 수백 명이 수백 년 동안 한 일보다 그가 70 평생 해낸 일이 더 많을 것 같다.

이런 라이프니츠가 위대한 수학자로서 가장 유명한 대목은 미분적분법을 창시했다는 것이다. 미분적분법은 셀 수 없이 많은 문제를 간편하게 해결하는 위대하고도 위대한 방법이다. 함수 개념과 동시에 태어났고 떼려야 뗄 수 없다. 어쨌든 이 일로 그는 영국 사람들과 죽을 때까지 피 말리는 싸움을 하게 된다. 물론 칼을 들고 싸웠던 것은 아니다.

"미분법은 우리 영국의 자존심인 뉴턴 경께서 먼저 창시하셨소. 라이프니츠라는 독일 사람은 그걸 몰래 훔쳤단 말이오!"

한 영국 사람이 이렇게 시비를 걸었고, 그것이 말싸움의 발단이 되었다.

싸움이 일어나기 몇 해 전 뉴턴은 라이프니츠에게 두 번 편지를 보냈다. 15장쯤 되는 길고 긴 편지에서 뉴턴은 미분법에 대해 말하다가, 정작 가장 중요한 대목에서 갑자기 이렇게 썼다.

"그런데 그걸 지금 설명할 수는 없고 이렇게 감춰 두지요."

그러고는 바로 이어서 쓴 게 이것이었다.

6accdae13eff7i319n4o4qrr4s8t12vx

이걸 두고 쩨쩨하다고 해야 할까. 아무튼 이 말이 무슨 말인 줄 알려면 암호를 해독해야 하고, 그러려면 라틴어를 잘 알아야 하며, 그런 다음 거기에 담긴 수학 내용을 이해해야 했다.

편지를 받은 라이프니츠는 어떻게 했을까? 놀랍게도 라이프니츠는 아무 일 아니라는 듯 답장을 썼다. 저 암호를 모두 해독해서……. 무서운 사람들이다, 뉴턴이나 라이프니츠나.

아, 그나저나 싸움은 어떻게 되었을까? 뉴턴은 싸움 전면에 나선 적이 없었고, 라이프니츠도 이를 대수롭지 않게 여겼다. 하지만 싸움은 영국 학자들과 다른 유럽 학자들 사이로 번져 끝도 없이 치고받았다.

결론은?

지금은 각자 따로 했다고 판명났다. 둘 다 천재였다고.

12

함수 동물원 구경하기

다변수 함수, 직선 함수, 곡선 함수, 꺾인 함수, 연속 함수

함수와 첫 만남을 했으니 이제 친해지는 노력을 해보자. 여기서는 여러 함수들을 볼 작정이다. 생각나는 대로 써볼까 하다가 나름대로 분류해 봤다. 그냥 마음 가는 대로 분류해 본 것이니 이 분류를 외울 필요는 없다. 동물원 구경하며 어슬렁어슬렁 걷는 마음으로 읽어 주었으면 좋겠다. 비록 꽥꽥, 어흥~ 소리 내는 동물은 없지만 함수라는 동물들은 와글와글하다. 자, 함수 동물원 입장!

❶ 독립변수 개수로 분류

앞 장에서 본 함수들은 모두 독립변수가 1개일 때였다. "행복을 결정하는 핵심 변수는 건강"이라고 하면, "건강이라는 종속변수는 행복이라는 독립변수 하나에 따라 결정되는 함수다"라고 말하는 것과 같

다. 그래서 이렇게 쓸 수 있다.

$f(건강) = 행복$

또 단풍이 드는 정도가 기온에만 영향을 받는다면 이렇게 나타낼 수 있다.

$f(기온) = 단풍$

두 사례 모두 독립변수가 하나이므로 $f(x) = y$ 꼴이다. 물론 이런 경우만 있는 것은 아니다. 변수가 여럿일 때도 있다. 건강만이 행복을 좌우한다는 데 반대하는 사람도 있을 테니까. 건강과 우정이 행복을 결정하는 핵심 변수라고 보는 사람이라면 이렇게 쓸 수 있다.

$f(건강, 우정) = 행복$

또 철새 이동 지점을 예측할 때 풍속과 기온이라는 두 변수에 따라 위치가 결정된다면 이렇게 나타낼 수 있다.

$f(풍속, 기온) = 철새 위치$

과학자들이 하는 일은 함수 f를 찾는 것이다. 예를 들어 철새 위치를 결정하는 핵심 변수가 무엇인지, 몇 개인지 추정하고, 그 변수들의 대응 규칙을 알아내려고 관찰하고 실험하고 계산한다. 뉴턴은 가속도와 힘 사이의 대응 관계를 $F = ma$로 밝혀 고전 역학의 기초를 마련했고, 아인슈타인은 에너지와 질량 사이의 대응 관계 $E = mc^2$을 찾아 세상을 깜짝 놀라게 했다.

독립변수가 2개 있는 경우는 모두 기호로 이런 꼴이다.

$f(u, v) = y$

'독립변수가 두 개 있는 함수는 드물지 않나?' 하고 생각할 수도 있다. 아니다. 우리가 매일 쓰는 덧셈, 곱셈도 변수가 2개인 함수다. $f(2, 3)=5$, $f(3, 4)=7$이라는 함수는 덧셈이라고 부르는 함수다. $g(2, 3)=6$, $g(3, 4)=12$라는 함수는 곱셈이라고 부르는 함수다. 또 복잡하게 작동하는 $h(2, 2)=\sqrt{2}$, $h(2, 3)=\sqrt{3}$은 근호셈이라고 부르는 함수다. 물론 독립변수의 개수가 3개이면 $f(u, v, w)=z$라고 쓰면 된다. 독립변수는 100개일 수도 있다. 변수가 이렇게 많아질 때 함수 대응 규칙을 찾으려면 머리를 쥐어뜯어야 할 게 틀림없다.

사실 독립변수가 하나인 경우가 오히려 드물다. 그렇다고 처음부터 변수가 많은 걸로 공부하면 함수를 이해 못하고 다 나가떨어질 테니 학교에서는 변수 하나인 착한 경우로 공부하는 것이다. 우리도 마찬가지다. 이 책에서는 변수가 하나인 경우만 보자.

❷ 그래프의 모양으로 분류

함수를 눈으로 보는 방법도 있었다. 좌표평면에 옮기면 모양이 셀 수 없이 많다. 함수 규칙에 따라 저마다 다르다. 하지만 멀찌감치 떨어져서 보면 직선, 곡선, 꺾인 선으로 분류할 수 있다.

■ 직선형 함수
앞에서는 변수의 개수만 고려했을 뿐 함수 f가 어떤 형태인지는 나타나지 않는다. 여기서는 독립변수가 하나라고 가정하고 이야기하겠다. 가장 단순한 형태는 직선이다.

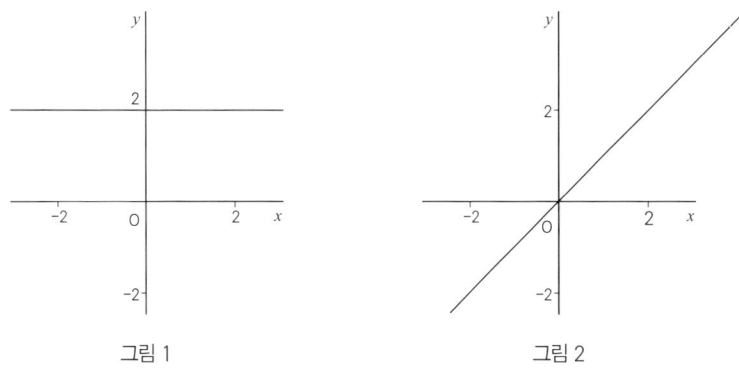

그림 1   그림 2

그림 1이 나타내는 함수는 대응 규칙이 $f(x)=2$다. 이 함수를 이루는 원소들을 몇 개만 쌍으로 나타내면 (-1, 2), (0, 2), (1, 2) 같은 것들이다. 독립변수 x에 어떤 값이 들어가든 이 함수는 눈 하나 깜짝 않고 항상 2와 대응한다. 이렇게 종속변수가 상수 하나로 대응하는 함수를 상수함수라고 부른다.

그림 2가 나타내는 함수는 $f(x)=x$다. 이 함수를 이루는 원소들을 몇 개만 쌍으로 나타내면 다음과 같다.

(-2, -2), (-1, -1), (0, 0), (1, 1), (2, 2)

이 점들을 포함해 가능한 모든 점을 직교좌표에 표시하면 그림 2와 같은 직선이 된다. 이 함수를 어떤 프로그램이라고 생각하면 입력값을 그대로 출력하는 함수다. 독립변수 값과 종속변수 값이 항상 같다고 해서 항등함수라고 한다.

상수함수, 항등함수 외에 직선형 함수는 끝없이 많다. 그런데 이 함수들을 수식으로 나타내면 $f(x)=1$, $f(x)=2x$, $f(x)=\dfrac{1}{2}x+\dfrac{\sqrt{2}}{3}$ 처럼 모두 상수함수거나 1차 다항함수다. 이렇게 보니 다항과 도형 사이에 끈끈한 관계가 있는 것 같다. 1차 다항에 대해서는 관심을 갖고 볼 것이다. 어서 만나고 싶어 조바심이 나겠지만 조금만 기다려 주기 바란다.

■ 곡선형 함수

직선형 함수가 있으니 곡선형 함수도 있다. 직선형 함수를 수식으로 나타내면 기껏해야 1차 꼴이고 수식이 1차면 직선형이다. 따라서 좌표평면에서 휘어 나오는 곡선형 함수를 수식으로 나타내면 1차 꼴일 수 없다. 곡선형도 수만 가지가 있겠지만, 그중에서 대표선수라 할 만한 함수 그래프만 꼽아 보았다.

그림 3이 나타내는 함수는 2차 방정식 풀이에서 한 번 모습을 드러냈다. 수식으로 $f(x)=x^2$이다. 예를 들어 독립변수 x가 -2, -1,

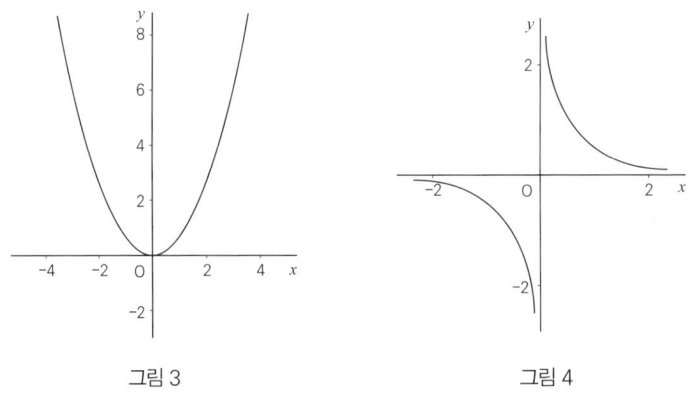

그림 3   그림 4

0, 1, 2일 때 대응을 쌍으로 나타내면 $(-2, (-2)^2)$, $(-1, (-1)^2)$, $(0, 0^2)$, $(1, 1^2)$, $(2, 2^2)$이다. 이 점들을 좌표평면에 찍어 보면 그림 3에 나타난 곡선에 있다. 정의역이 실수 전체라면 $f(x)=x^2$은 정말 그림 3으로 완성된다. 이런 곡선을 포물선이라 한다. 투수가 던진 공을 타자가 받아쳤다면 공은 포물선 꼴로 날아간다. 우주를 떠도는 별 중에는 포물선 길만 고집하는 별들도 있다. 그런가 하면 다른 길을 좋아하는 별들도 있다.

지금 여러분이 이 책을 읽는 동안에도 어떤 혜성들은 그림 4 꼴의 길을 다니고 있다. 이런 곡선을 쌍곡선이라고 한다. 이렇게 생긴 길을 좋아하는 별들은 지금까지 70여 개가 발견되었다고 한다. 수식으로 나타내면 $f(x)=\dfrac{1}{x}$이다. 함수 규칙이 유리항이다. 원자로나 발전소 냉각기를 이런 곡선을 따라 짓기도 한다(그림 5). 그림 4를 시계 방향으로 45° 정도 기울여서 보면 그림 5에 있는 원자로 곡선과 닮지 않았는가.

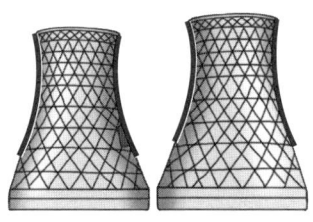

그림 5

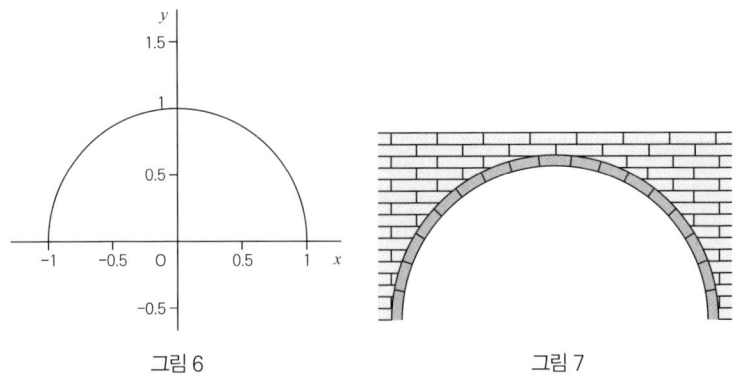

그림 6   그림 7

그림 6은 반원이다. 누운 반달 같다. 건물 통로나 다리를 이런 모양으로 만들면 튼튼하다(그림 7). 보기가 껄끄럽겠지만 이것도 수식으로 나타낼 수 있다는 것을 보여주기 위해 쓰자면, $f(x) = \sqrt{1-x^2}$ 이다. 근호셈이 참여한 무리항이다.

이제 보니 곡선형 함수들은 우리가 사는 세상 곳곳에 숨어서 중요한 역할을 한다. 그렇기 때문에 학교에서 수학 공부를 할 때도 이것들을 중요하게 다룬다. 우리는 그중의 포물선과도 곧 만나게 될 것이다. 기대하시라!

■ **꺾이는 모양 함수**

그래프가 어디서나 매끈한 것은 아니다. 끊어지지는 않되 꺾이는 함수도 있다. 예를 들면 다음 그래프들이다. 먼저 직선들이 꺾이는 경우다.

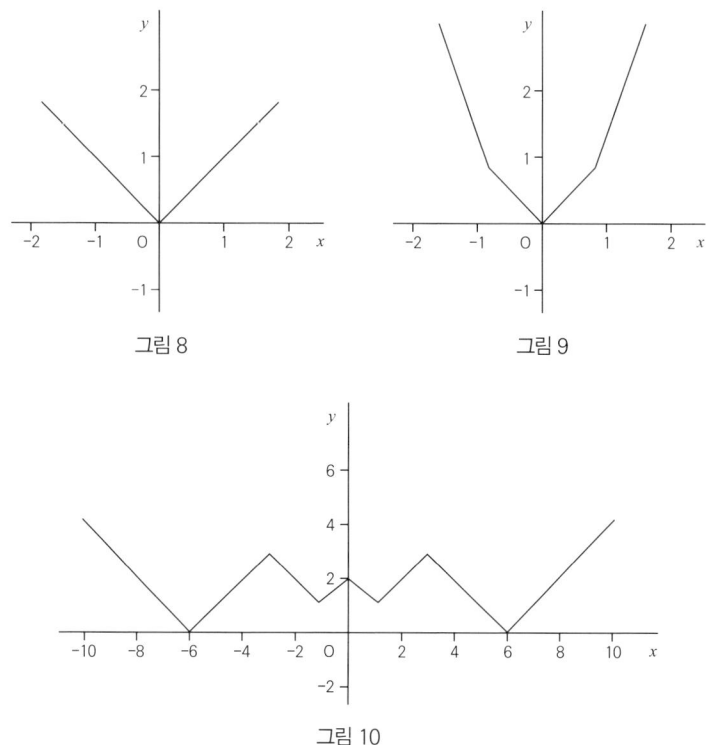

그림 8

그림 9

그림 10

빛이 거울에 반사하는 모양(그림 8), 긴 칼 끝 모양(그림 9), 괴물 이
빨 모양(그림 10)도 있다. 이것은 모두 수식으로 나타낼 수 있다. 가장
간단한 그림 8만 써 보면 $f(x) = |x|$이다. 여기서 항 $|x|$은 방향을
무시하고 0부터 x까지의 거리만 뜻한다. 앞에서 말했듯이 이것을 절
댓값이라고 한다. 이런 절댓값 셈이 다른 항과 결합하면 원래 있던
선이 꺾여 반사하듯 나타난다.

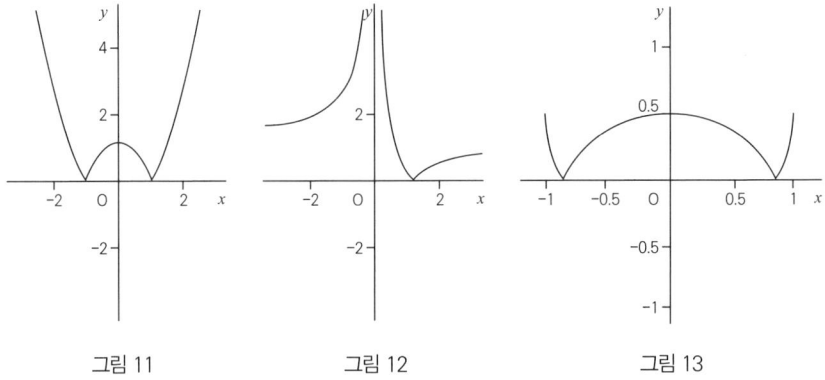

그림 11   그림 12   그림 13

곡선형 함수에도 꺾는 효과를 낼 수 있다. 그림 3, 4, 6을 나타내는 항들을 약간 조작한 다음 절댓값 셈과 섞었더니 좌표평면에서 꺾어 올리는 효과가 났다. 이것도 수식으로 나타낼 수 있다. 예를 들어 그림 11을 항으로 나타내면 $f(x) = |x^2 - 1|$이다. 앞 장 끝에서 보았던 심장박동 함수, 소리 함수, 주가 함수는 꺾이는 지점이 매우 많이 나오는 경우다.

❸ 연속성 관점으로 분류

지금까지 그래프들은 꺾이더라도 끊기는 점은 없었다($y = \dfrac{1}{x}$은 $x = 0$일 때 대응하는 y좌표가 없고, 따라서 끊겼다.). 이런 함수들을 연속함수라고 한다. 그러나 모든 함수들이 꼭 연속이라는 법은 없다. 끊김이 없는 함수는 끊김이 있는 함수보다 덜 위태롭다. 구멍이 난 구름다리가 불안하듯 끊긴 점은 늘 불안하다. 몇 가지 예를 보자.

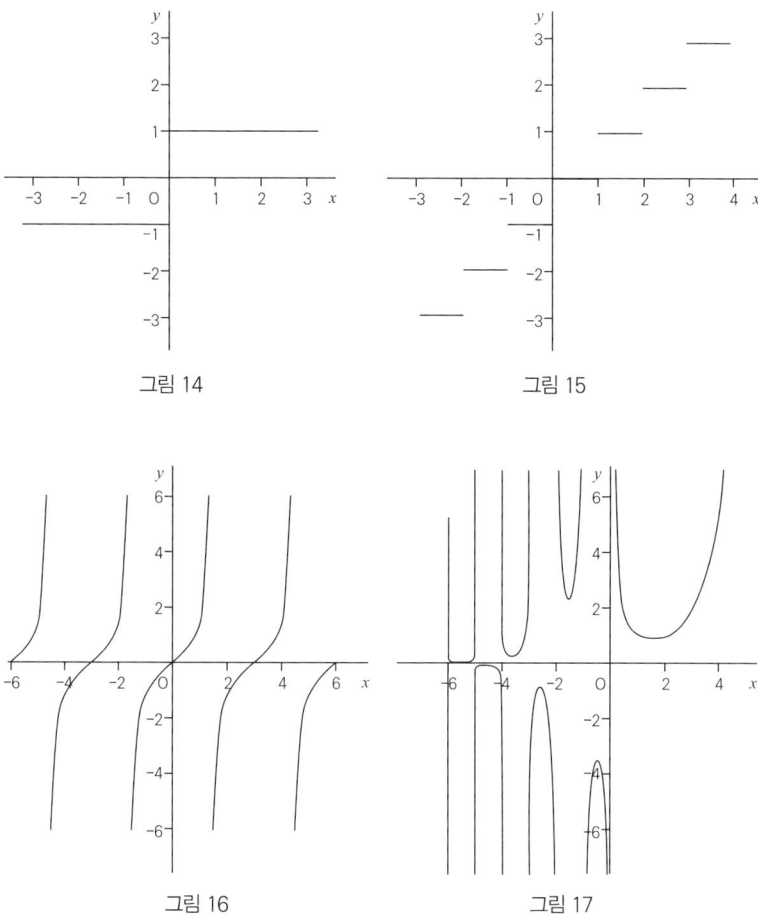

그림 14

그림 15

그림 16

그림 17

그림 14는 독립변수가 0일 때 끊겼다. 그림 15는 독립변수가 정수일 때마다 끊겼고, 그림 16과 17은 주로 곡선이지만 끊긴 점들이 매우 많다. 이것은 수학에서 매우 값진 함수들이다. 수학 공부를 갈고

닦을수록 연속 개념은 더 중요해진다. 그래서 연속함수냐 끊긴 함수냐를 구분하는 게 아주 중요하다. 아쉽게도 아직은 이 현상을 자세히 다룰 수 없다. 어쨌든 수학 공부를 하면 할수록 점점 흥미로운 세계가 펼쳐질 것 같지 않은가?

지금까지 여러 사례를 보면서 어렴풋이 느낌이 왔는지 모르지만, 수식이 복잡해질수록 그래프도 복잡해졌다.

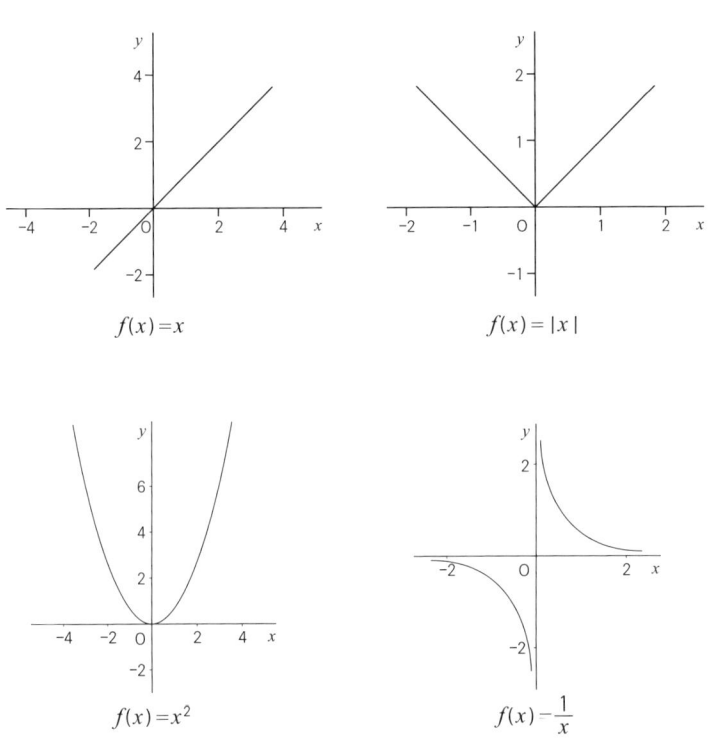

$f(x) = x$

$f(x) = |x|$

$f(x) = x^2$

$f(x) - \dfrac{1}{x}$

앞에서 보았던 예에서 몇 개만 뽑았다. 1차 다항으로 표현된 함

수 $f(x)=x$는 반듯하고 깔끔하다. 여기에 절댓값 셈이 결합해 수식이 $f(x)=|x|$이면 꺾인다. 항 x와 x를 곱셈한 2차항인 함수 $f(x)=x^2$은 곡선이다. 또 상수함수에서 항 x를 나눗셈한 유리함수 $f(x)=\dfrac{1}{x}$은 끊긴 점이 있다.

보다시피 단순한 규칙에 곱셈, 나눗셈, 절댓값 셈이 결합할수록 함수는 복잡해진다. 이 말을 거꾸로 이야기하면, 복잡한 함수를 알기 위해서는 먼저 단순한 함수를 잘 이해하고, 다른 셈이 결합할 때 어떤 효과가 있는지 이해해야 한다는 뜻이기도 하다. 따라서 먼저 단순한 함수를 잘 알아야 한다. 단순한 자연수에서 실수라는 거친 들판으로 나갔듯이 함수에서도 단순한 함수에서 점점 거친 함수로 한 발 한 발 내디딜 것이다. 함께 가자. Go!

알수록 재미있는 ~ 수학이야기

나는 신석기시대의 유물인 빗살무늬토기를 볼 때마다 놀라곤 한다(그림 1).
신기하게도 포물선 꼴이다. 수천 년 전의 선조들은 포물선 꼴인 함수를 알고
있었던 걸까? 박물관에서 빗살무늬토기를 보고 나오면 밖에도 놀랄 일은 얼
마든지 있다. 박물관 앞에 햄버거 가게가 보인다(그림 3).

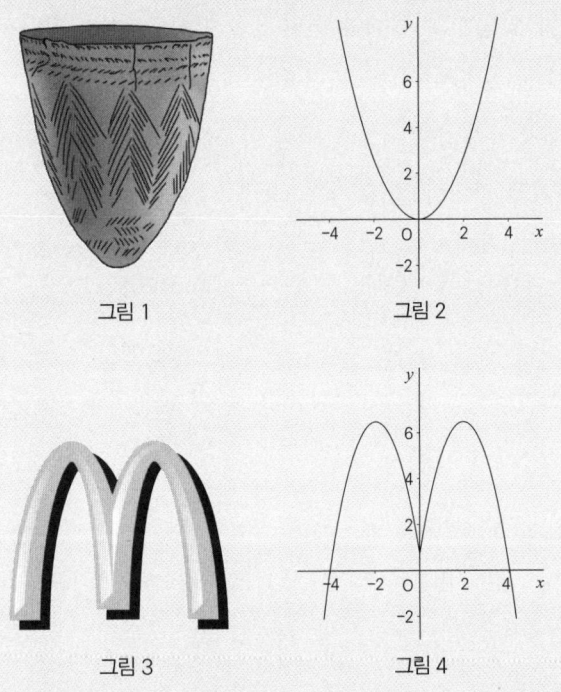

그림 1 　　　　　　 그림 2

그림 3 　　　　　　 그림 4

언뜻 머릿속으로 수식이 지나갔다. $f(x) = -(|x| - 2)^2 + 5$
집에 와서 컴퓨터에 수식을 넣어보니, 오호, 실제로 '비슷하게' 나왔다(그림 4).

13

함수를 셈할 수 있을까?

상수함수, 항등함수, 함수 합성 또는 합성함수

내가 처음 함수를 만났을 때가 생각난다. 때때로 알겠다 싶으면 모르 겠고, 모르겠다 싶으면 알 것 같은 묘한 느낌이 들었다. 1차 함수는 어찌어찌 이해했는데 2차, 3차 함수로 높아지면 복잡해 보였다. 또 상수함수, 항등함수, 합성함수, 역함수, 유리함수, 무리함수 등 종류 는 뭐가 그리 많던지! 머릿속이 때로는 어질어질하고 때로는 간질간 질했다. 가려워도 머릿속을 긁을 수는 없으니 때로는 가려움이 통증 보다 아팠다.

'함수를 짜임새 있게 이해할 수 있는 방법 어디 없나?' 이것이 내 머릿속에서 계속 맴도는 질문이었다. 다행히 치료할 방법을 찾았다. 금세 깨달은 건 아니다. 이리 부딪치고 저리 부딪치면서 서서히 터득 했다. 지금 되돌아 생각해보니 이렇게 정리할 수 있겠다.

단순한 함수들을 결합하면서 복잡한 함수를 만들어 간다고 생각할 것!

작은 수에서 큰 수가 나오고, 덧셈 같은 단순한 셈에서 나눗셈 같은 복잡한 셈을 이해했듯이 말이다. 그 이야기를 이제부터 해보려고 한다. 물론 이 이야기가 유일한 정답은 아니다. 여러분도 이 이야기를 참고하면서 자기 나름대로 이야기를 만들어 보라. 그리고 언젠가 기회가 되면 그 이야기를 내게도 들려주기를…….

❶ 단순한 함수

나는 가장 간단한 함수로 상수함수와 항등함수를 꼽았다. 함수를 프로그램이라고 상상하면 입력값이 무엇이든 정한 값만 출력하는 프로그램이 상수함수, 입력값이 무엇이든 그 값을 그대로 출력하는 프로그램이 항등함수다. 첫발을 내디뎠으니 꼼꼼히 써보겠다.

■ 상수함수

함수 규칙이 $f(x) = 1$ 같은 대응이다. 독립변수 x 값에 상관없이 꿋꿋하게 상수 1만 대응한다. 정의역이 $\{-2, -1, 0, 1, 2\}$이고 모두 1로만 대응한다고 하자. 다시 쓰면 이렇다.

$$f : \{-2, -1, 0, 1, 2\} \rightarrow \{1\}$$

이것을 다른 방식으로도 써 보았다.

- 쌍으로 열거 $f : \{(-2, 1), (-1, 1),(0, 1), (1, 1), (2, 1)\}$
- 수식 $f(x) = 1$
- 다이이그램   그림 1
- 좌표평면   그림 2

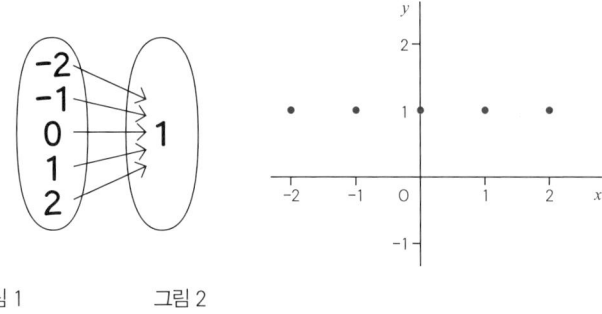

    그림 1   그림 2

만약 정의역이 실수였다면 이렇게 쓰면 된다.

- 쌍으로 열거 $f : \{(x, y) \mid y = 1, x는\ 실수\}$
- 수식 $f(x) = 1$

    좌표평면에 나타내기는 그림 3처럼 누운 직선으로 나타난다. 완전히 누웠으니 기울기가 0이고 x축과 거리가 1인 직선이다. 1일 때만 이러는 게 아니라 실수에서 어떤 상수 a로 대응하는 함수 $f(x) = a$가 모두 그

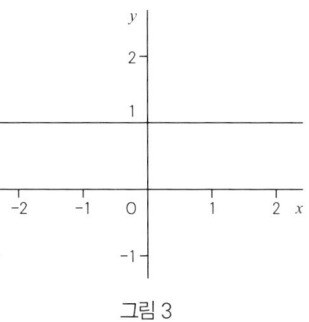

그림 3

렇다. a가 0이면 x축 자체이고, a가 0이 아니면 x축과 평행이다.

■ 항등함수

정의역과 치역이 같고 쌍(x, y)으로 표시할 때 $x = y$면 항등함수
다. 함수 f 정의역이 정수라면 이렇다.

- 쌍으로 열거 $f : \{\cdots(-2, -2), (-1, -1), (0, 0), (1, 1), (2, 2)\cdots\}$
- 수식 $f(x) = x$

다이어그램으로 나타내면 그림 4처럼 된다. 만약 정의역이 실수라
면 이렇게 쓰면 된다.

$\quad f : \{(x, y) \mid y = x$이고 x, y는 실수$\}$

이것을 좌표평면에 나타내면 그림 5와 같다.

보다시피 이 항등함수는 칼로 긋듯이 좌표평면을 똑같이 두 쪽으
로 쪼갠다. 각 AOB는 직각인 1사분면을 45도로 각 이등분한다. 이
직선에 있는 어떤 점에서 보든 x축으로 수직으로 내린 길이와 y축
으로 수직으로 내린 길이는 같다. 그림 6은 함수 f의 한 원소인 (2,
2)에서 보았을 때다. x축으로 길이도 2, y축으로 길이도 2다. 따라서
기울기는 $\dfrac{2}{2}$, 다시 말해 1이다.

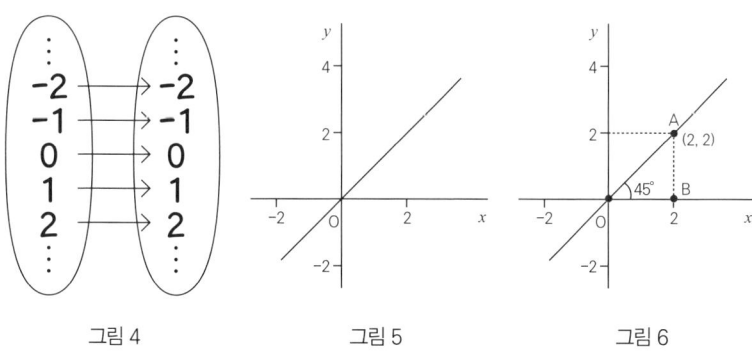

| 그림 4 | 그림 5 | 그림 6 |

직교좌표는 수평면을 4쪽으로 쪼갠다. 4쪽으로 쪼갠 평면이라는 뜻에서 4분면이라고 한다. 수직선 두 개가 교차하는 부분이 그 중심이다. 그 점을 원점이라고 부르고, 흔히 O라는 기호를 쓴다. x축에서 O를 기준으로 오른쪽이 양수 부분, 왼쪽이 음수 부분이다. y축에서 O를 기준으로 위쪽이 양수 부분, 아래쪽이 음수 부분이다. 이때 x도 양수이고 y도 양수인 부분을 1사분면이라고 한다.

❷ 함수의 덧셈 · 곱셈

두 수가 있으면 두 수를 엮어서 새로운 수와 대응시키는 것을 셈 또는 연산이라고 했다. 수만 그런 게 아니다. 변수로 이루어진 항도 셈할 수 있다. 함수도 마찬가지다. 함수 f와 함수 g를 결합해 새로운 함수를 정의할 수 있다면, 우리는 함수 f와 g를 셈한다고 볼 수 있다.

함수와 함수를 셈해서 새로운 함수를 얻는 방법 중에서 우리에게 익숙한 방법은 덧셈, 곱셈으로 결합하는 방법이다. 백문이 불여일견이니 예제를 보자. 함수 f 와 g 는 모두 실수에서 실수로 대응하는 함수라고 가정한다.

예제 1　$f(x)=x$ 이고 $g(x)=x$ 일 때 $h(x)=f(x)+g(x)$ 라 하자. 함수 h 는 어떤 규칙으로 되어 있을까? 대응 관계를 몇 개 보자.

- 독립변수가 1일 때 $f(1)=1$ 이고 $g(1)=1$ 이다.

  이때 $h(1)=f(1)+g(1)=1+1=2$ 이다.

- 독립변수가 2일 때 $f(2)=2$ 이고 $g(2)=2$ 이다.

  이때 $h(2)=f(2)+g(2)=2+2=4$ 이다.

- 독립변수가 x 일 때 $f(x)=x$ 이고 $g(x)=x$ 이다.

  이때 $h(x)=f(x)+g(x)=x+x=2x$ 이다.

결국 함수 f 와 g 를 덧셈해서 새로운 함수 h 를 얻는 것이다.

함수 규칙은 $h(x)=2x$ 이다!

예제 2　$f(x)=x$ 이고 $g(x)=1$ 일 때.

　　　$h(x)=f(x)+g(x)$ 라면 $h(x)=x+1$

예제 3　$f(x)=2$ 이고 $g(x)=x$ 일 때.

　　　$h(x)=f(x)\times g(x)$ 라면 $h(x)=2x$

예제 4 $f(x)=2x$ 이고 $g(x)=3x$ 일 때.

$h(x)=f(x)+g(x)$ 라면 $h(x)=5x$

예제 5 $f(x)=2x$ 이고 $g(x)=3x$ 일 때.

$h(x)=f(x)\times g(x)$ 라면 $h(x)=6x^2$

예제 6 $f(x)=x+1$ 이고 $g(x)=x-1$ 일 때.

$h(x)=f(x)\times g(x)$ 라면

- 독립변수가 2일 때, $f(1)=2+1$ 이고 $g(1)=2-1$ 이다.
  이때 $h(2)=f(2)\times g(2)=(2+1)\times(2-1)=2^2-1^2$
- 독립변수가 3일 때 $f(3)=3+1$ 이고 $g(3)=3-1$ 이다.
  이때 $h(3)=f(3)\times g(3)=(3+1)\times(3-1)=3^2-1^2$
- 독립변수가 x 일 때, $f(x)=x+1$ 이고 $g(x)=x-1$ 이다.
  이때 $h(x)=f(x)\times g(x)=(x+1)\times(x-1)=x^2-1^2$

결국 함수 f 와 g 를 곱셈해서 새로운 함수 h 를 얻었다. 함수 규칙은 x^2-1^2 이다!

함수 f 와 g 의 규칙이 항으로 정의되었다면 꼭 덧셈, 곱셈이 아니라 뺄셈, 나눗셈, 근호셈, 절댓값셈으로도 새로운 함수를 정의할 수 있다. 이렇게 하면 우리는 얼마든지 많은 함수를 정의할 수 있다. 이렇게 할 때마다 그래프로는 효과가 어떻게 나타나는지 보면 재미있다. 그런데 우리가 관심을 집중해야 할 것은 이런 방식이 아니다. 함수 세계에는 우리가 그동안 본 적이 없는 새로운 셈이 등장한다. 합성이다. 우리는 이 책이 끝날 때까지 온통 합성 개념에 집중할 것이다.

❸ 함수의 합성

이미 정의된 함수와 함수를 결합하는 셈에는 '합성composition'이라는 특별한 게 있다. 덧셈 없는 자연수 세계를 상상할 수 없듯이 합성 없는 함수 세계를 생각할 수 없다. 함수 세계에서 합성은 없어서는 안 되는 중요한 개념이니 당연히 기호가 있다. 어떤 기호라도 좋다, 약속만 정확히 하고 오해를 일으키지 않는다면. 보통은 $f \circ g$ 또는 $f(g(x))$를 즐겨 쓴다. $f \circ g(x)$라고도 쓰는데, 길게 쓰는 걸 끔찍이 싫어하는 수학자들은 그냥 fg라고 쓰기도 한다.

좋다. 용어나 기호는 그렇다 치고 함수 합성이란 무엇을 뜻할까? 길어서 걱정이지만 정확히 하기 위해 정의를 써보겠다.

"함수 g가 집합 X에서 Y로의 함수고 f가 Y에서 Z로의 함수 g일 때, X에서 Z로의 함수를 함수 f와 g의 합성이라 한다."

함수와 함수를 합성한다고 해서 함수 합성이라고 불러도 좋고, 보통 학교에서 하듯이 합성함수라고 불러도 좋다. 수에서도 2+3은 덧셈이라는 셈이기도 하고 셈한 결과이기도 했다. $\sqrt{2}$도 제곱해서 2인 수를 찾으라는 근호셈이기도 했고 그 결과값인 1.414…이기도 했다. 함수에서도 '대응'을 강조하기 위해 그냥 f라는 기호를 쓰기도 하고, 규칙이나 결과를 강조하기 위해 $f(x)$를 쓰기도 하듯 우리도 함수 합성이라고도 쓰고 합성함수라고도 할 것이다.

합성 기호를 써서 나타내면 다음과 같다.

$$g : \mathrm{X} \longrightarrow \mathrm{Y}$$이고 $$f : \mathrm{Y} \longrightarrow \mathrm{Z}$$일 때 $$f{\circ}g : \mathrm{X} \longrightarrow \mathrm{Z}$$

이미 정의된 함수 g의 치역을 이미 정의된 함수 f의 정의역으로 한다. 따라서 $g(x){=}y$이고 $f(y){=}z$라고 써도 되고, 한꺼번에 $f(g(x)){=}z$라고 써도 된다.

예제 1 함수 g와 f가 다음과 같이 정의되었다고 하자.

$g : \mathrm{X} = \{1, 2, 3, 4\} \longrightarrow \mathrm{Y} = \{2, 4, 8, 16\}$이고

$g : \{(1, 2), (2, 4), (3, 8), (4, 16)\}$

$f : \mathrm{Y} = \{2, 4, 8, 16\} \longrightarrow \mathrm{Z} = \{3, 9, 27, 81\}$이고

$f : \{(2, 3), (4, 9), (8, 27), (16, 81)\}$

이럴 때 두 함수 g와 f의 합성을 쌍으로 나타내면 다음과 같다.

$f{\circ}g : \mathrm{X} = \{1, 2, 3, 4\} \longrightarrow \mathrm{Z} = \{3, 9, 27, 81\}$이고

$f{\circ}g : \{(1, 3), (2, 9), (3, 27), (4, 81)\}$

합성함수 $f{\circ}g$가 작동하는 걸 따로따로 쓰면 이렇다.

$$f(g(1)){=}3, \, f(g(2)){=}9, \, f(g(3)){=}27, \, f(g(4)){=}81$$

이것을 다이어그램으로 보면 눈에 잘 들어온다(그림 7).

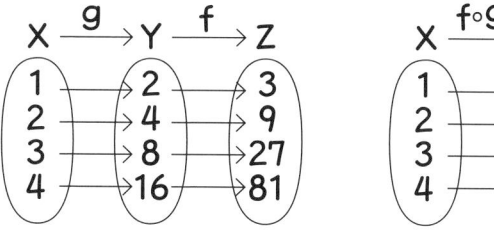

그림 7

예제 2 함수 f, g는 모두 실수에서 실수로 대응이고 $g(x)=3x$, $f(y)=2y$라 하자. 이 경우 $f \circ g$ 합성해서 새로 얻은 함수는 $f(g(x))=2(3x)=6x$이다.

함수에서 헷갈리는 게 변수 기호다. 기호에 현혹되지 않게 조심하기 바란다. 앞의 예제를 $g(x)=3x$, $f(x)=2x$라고 써도 여전히 $f(g(x))=6x$이다. 중요한 것은 정의역과 치역의 대응인 함수 f인 것이지, 이것을 $f(x)=2x$로 쓰든 $f(y)=y$로 쓰든 상관없다. 즉, 함수 f는 "독립변수에 2배인 값과 대응"이라는 데는 아무 변화가 없다. 그래서 앞의 예제를 이렇게 써도 변하는 것은 없다.

함수 f, g는 모두 실수에서 실수로 대응이고

$g(x)=3x$, $f(x)=2x$라 하자.

이 경우 $f \circ g$ 합성해서 새로 얻은 함수는 $f(g(x))=2(3x)=6x$였고, $g \circ f$ 합성해서 함수를 새로 얻어도 결과는 '우연히' 같다. 왜냐하면 $g(f(x))=3(2x)=6x$이기 때문이다. 하지만 이것은 우연이었을 뿐이다. 보통 함수 합성은 교환법칙조차 성립하지 않는다.

예제 3 함수 f, g는 모두 실수에서 실수로 대응이고 $g(x)=3x^2$, $f(x)=2x$라 하자.

$$f(g(x))=2(3x^2)=6x^2$$
$$g(f(x))=3(2x)^2=12x^2$$

그러므로 $f \circ g$ 합성과 $g \circ f$ 합성은 다르다.

보다시피 합성은 교환법칙도 안 통한다. 나눗셈, 거듭제곱셈 들이 교환법칙이 안 통하는 셈이었다. 이 말은 무슨 뜻인가? 그렇다. 합성을 다룰 때는 조심해야 한다는 뜻이다.

❹ 합성의 효과

단순한 함수에서 덧셈과 곱셈, 그리고 합성으로 새로운 함수를 정의해 보았으니, 이제 그것이 어떤 효과를 일으키는지 살펴볼 준비가 되었다. 기본인 합성을 할 텐데 크게 봐서 4가지다.

- y축을 따라 평행이동하는 합성
- y축을 따라 확대, 축소, 대칭인 합성
- x축을 따라 평행이동하는 합성
- x축을 따라 확대, 축소, 대칭인 합성

다음 장부터 하나씩 자세히 보겠지만, 좌표평면에 나타냈다. 예고편이랄까? 실선이 원래 함수 $f(x)$이고 점선이 합성된 함수 $h(x)$이다. 짧게 해설을 붙일 텐데, 이해되면 아주 좋고, 이해가 안 돼도 아무 문제 없으니 힘을 빼고 가볍게 읽어 보라.

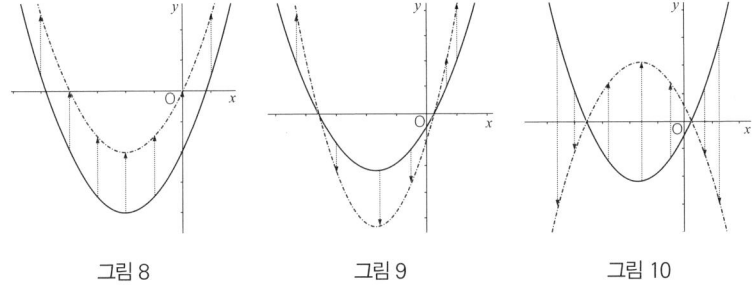

| 그림 8 | 그림 9 | 그림 10 |

- 그림 8 : $g(x) = x+1$일 때.

    $= g(f(x)) = f(x)+1$ ⋯ y좌표가 +1씩 평행이동

- 그림 9 : $g(x) = 2 \times x$일 때.

    $= g(f(x)) = 2 \times f(x)$ ⋯ y좌표가 2배씩 확대

- 그림 10 : $g(x) = (-1) \times x$일 때.

    $= g(f(x)) = (-1) \times f(x)$ ⋯ y좌표가 반대 부호인 대칭

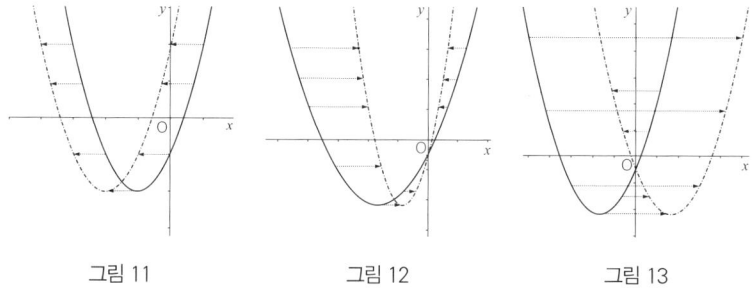

| 그림 11 | 그림 12 | 그림 13 |

- 그림 11 : $g(x) = x + 1$일 때.

  $= f(g(x)) = f(x+1)$ ⋯ x좌표가 –1씩 평행이동

- 그림 12 : $g(x) = 2x$일 때.

  $= f(g(x)) = f(2x)$ ⋯ x좌표가 2배씩 축소

- 그림 13 : $g(x) = -x$일 때.

  $= f(g(x)) = f(-x)$ ⋯ x좌표가 반대 부호인 대칭

$f(x)$의 함수 규칙은 중요하지 않으므로 굳이 쓰지 않았다. 물론 합성의 종류는 끝없이 많지만 이것만 깨우쳐도 기본은 된다. 그다음에는 웬만한 함수를 봐도 '응, 너구나' 하며 고개를 끄덕일 수 있다.

함수가 고차 다항이 되어도, 지수함수·로그함수·삼각함수가 돼도 마찬가지다. $f(x)$의 함수 규칙을 쓰지 않았던 것을 유심히 보라. 다음 장을 보기 전에 함수 정의만 가지고 스스로 앞의 원리를 터득해 보라. 며칠이 걸려도 좋다. 모두 이해했다면 다음 장들을 안 읽어도 된다. 혼자 깨우치는 것만큼 소중한 것은 없으니까.

우리가 눈치챘든 아니든 함수 합성은 어디나 숨어 있다. 내가 지금 글을 쓰고 있는 동안에도 쉴 새 없이 함수 합성이 일어나고 있다.

- g : 키보드 딸깍딸깍 → 컴퓨터
- f : 컴퓨터 → 모니터 글씨

그리고 g와 f의 합성은 다음과 같다.

- $f \circ g$: 키보드 딸깍딸깍 → 모니터 글씨

또 전화를 걸 때는 다단계 합성이 일어난다.

- g : 친구 전화번호 입력 → 내 전화기 신호
- f : 내 전화기 신호 → 기지국
- h : 기지국 → 친구 전화기 띠리링

위와 같을 때 g, f, h가 합성하면 다음과 같은 합성함수이기 때문이다.

$h \circ f \circ g$: 친구 전화번호 입력 → 친구 전화기 띠리링

여러분도 책읽기를 멈추고 주위에서 일어나는 함수 합성을 상상해 보라. 다단계 정도가 아니고 다다단계, 다다다단계 합성들도 생각해 보라. 그리고 가만히 들어 보라, 우리 주위를 가득 둘러싼 함수들이 웅성웅성하는 소리를.

위아래로 미끄러지기

y축을 따라 k만큼 평행이동, $h(x)=f(g(x))$, $h(x)=g(x)+k$

어렸을 때 라디오를 뜯어 봤다가 혼쭐이 난 기억이 있다. 그때만 해도 기계 덩어리가 어떻게 소리를 내는지 궁금했다. 뭐가 들었길래 사람 목소리가 나고 악기 소리가 날까? 참을 수 없어 나사를 풀었다. 뜯어보니 사람도 없고 악기도 없었다. 이상한 일이었다. 그저 작고 단순한 부품이 서로 연결되어 있을 뿐이었다. 싱거워서 다시 조립했다. 부품 하나 하나는 소리를 못 내도 저마다 자기 기능을 하면서 모이면 소리를 내나 보다 하면서.

함수가 $f(x)=\sqrt{x^2-2}+1$처럼 무섭게 생겼어도 뜯어 볼 수 있다. 이것을 라디오라고 생각하고 한 번 뜯었다가 조립해 보자.

- 항등함수 x와 x를 곱셈으로 연결해서 x^2이라는 부품을 만든다.
- x^2에서 '빼기 2'라는 함수를 연결해서 조금 더 복잡한 부품인 x^2-2를 만든다.

- 방금 만든 x^2-2를 근호셈 기능을 하는 부품과 합성해서 $\sqrt{x^2-2}$를 만든다.
- 거기에 '더하기 1'이라는 함수와 합성한다.

이렇게 조립해 두면 어떤 값이 입력될 때마다 부품들이 저마다 자기 기능을 하면서 함수 $f(x)=\sqrt{x^2-2}+1$이 정한 값을 출력할 것이다. 2라는 신호가 입력될 때 $\sqrt{2^2-2}+1$이라는 소리가 나온다. 그동안 곱셈, '빼기 2', 근호셈, '더하기 1'이라는 부품들이 저마다 자기 일을 충실히 했다는 뜻이다.

이 장에서 답할 질문은 바로 이것이다.

'빼기 2'와 '더하기 1' 같은 함수들을 합성할 때 어떤 일이 일어날까?

❶ 점을 위아래로 평행이동

설명하기에 앞서 함수 합성의 정의를 되돌아보자. 합성함수 $f \circ g$는 이렇게 정의한다.

함수 g의 치역을 함수 f의 정의역으로 하는 함수

자, 이제 어떤 것이든 좋으니 함수 g가 정의되어 있다고 하자.

예제 1 간단한 경우부터 보자. 함수 g는 $g : \{(1, 3)\}$이라는 초간단 함수다. 정의역은 1, 치역은 3뿐이다. 그리고 함수 f는 '독립변수에 더하기 1'이라는 기능을 수행한다고 하자. 그럴 때 $f(g(x))$인 합성함수는 어떤 함수일까? 함수 합성의 정의대로 하면 이 합성함수도 간단한 기능을 한다. 치역인 3을 정의역으로 해서 '더하기 1' 기능밖에 안 한다. 따라서 $3+1=4$가 함수 f의 치역이다.

$$f : \{(3, 4)\}$$

이 내용을 요약해서 쓰면 다음과 같다.

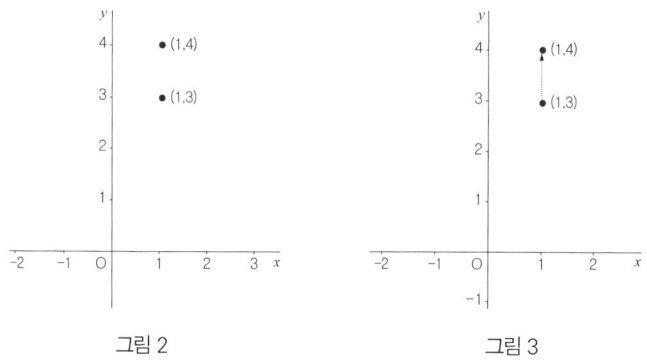

그림 1

x	$g(x)$	$f(g(x))$	=	$h(x)$
1	3	$3+1$	=	4

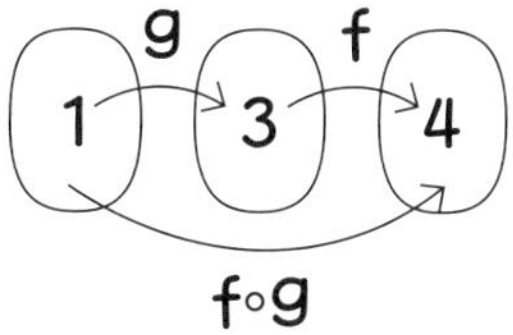

결국 $f \circ g : \{(1, 4)\}$이다. 합성함수 $f \circ g$는 함수 g도 아니고 f도 아니므로 h라고 썼다. 다이어그램으로 표시하면 그림 1이다. 그림 2는 좌표평면에 표시한 것이다. 함수 g와 합성함수 h를 비교하라. 무엇이 다른가? '함수 g를 함수 f에 넣어' 어떤 효과가 생겼나?

그림 2

그림 3

그렇다. 함수 g와 합성함수 h를 비교하면 점 $(1, 3)$이 점 $(1, 4)$로 옮겨갔다. y축을 따라 1만큼 이동했다. 그림 3에서 보듯 점 하나가 위로 1만큼 올라간 것으로 나타난다. 점 하나가 그러니 점이 여러 개라도 마찬가지일 것이다. 아래 예제는 점이 여러 개일 때다.

예제 2 함수 g를 바꿔보겠다. $g : \{0, 1, 2\} \rightarrow \{0, 1, 2\}$이고 규칙은 $g(x) = x$라 한다. 쌍으로 나타내면 $g : \{(0, 0), (1, 1), (2, 2)\}$이다. 함수 f는 그대로 '더하기 1'을 하고 합성 $f \circ g$일 때 어떤 효과가 나타나는지 보고 싶다.

x	$g(x)$	$f(g(x))$	$=$	$h(x)$
0	0	0 + 1	=	1
1	1	1 + 1	=	2
2	2	2 + 1	=	3

결국 $f \circ g : \{(0, 1), (1, 2), (2, 3)\}$이다. 다이어그램으로는 그림 4로 나타난다. 이것을 좌표평면에 나타내서 함수 g와 합성함수 $f \circ g$인 h를 비교하면 모든 점들이 y축을 따라 1만큼 이동한다(그림 5).

이 합성을 부품 연결로 생각해서 설계도를 그려 봤다(그림 6). 입력값 x가 들어오면 부품 g가 작동해서 그 결과 $g(x)$를 내보낸다. 함수 f는 바로 그 $g(x)$를 입력값으로 받아서, 착착착 소리를 내며 '더하기 1' 기능을 수행

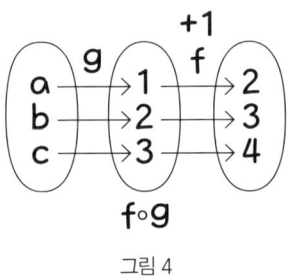

그림 4

하고 차르르 최종 결과 $f(g(x))=g(x)+1$을 내보낸다.

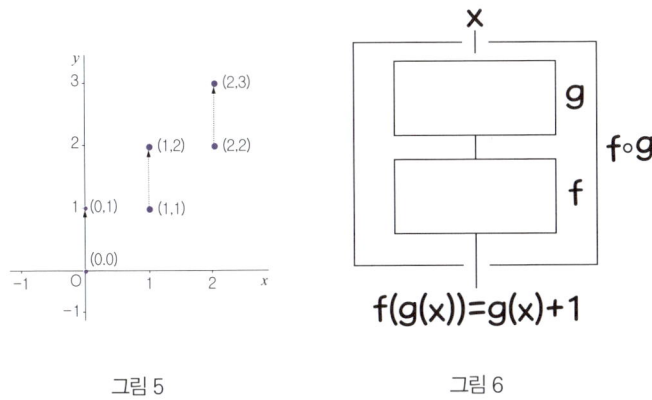

그림 5　　　　　　　　　　　　그림 6

예제 3　예제 1, 2에서 함수 f가 '더하기 1'이 아니라 '빼기 2'였다면 어떻게 될까? 앞에서 했던 대로 여러분이 과정을 밝혀 보라.

결론만 쓰면, 함수 g에 있는 점들이 모두 y축을 따라 -2만큼씩 이동한 결과가 합성함수 $f(g(x))$이다. 우리 그림에서는 함수 g 그래프가 아래로 -2만큼 평행이동한 것으로 나타난다.

사실 '빼기 2'란 더하기 (-2)와 같은 말이므로 우리는 다음과 같이 정리할 수 있다. 어떤 함수 g를 '더하기 k'라는 함수 f에 합성하고 합성함수 $f(g(x))$를 $h(x)$라고 나타내자.

- 이때 합성함수 $h(x)$의 수식은 $h(x)=g(x)+k$이고, 그래프는 함수 g가 나타내는 모든 점을 k만큼씩 위아래로 평행이동해서 얻은 결과이다.

235

지금까지 한 말을 말을 꾹꾹 눌러 보면 한 문장으로 요약할 수도 있다.

요약

함수 g, h가 $h(x) = g(x) + k$인 관계일 때, 함수 g가 y축을 따라 k만큼 평행이동한 결과가 h이다.

> 이 책에서 'y축을 따라 k만큼'이라고 한 것을 보통 교과서에서는 'y축 방향으로 k만큼' 이라고 말한다. 나는 학교 다닐 때 y축 방향으로라는 말이 자꾸 헷갈렸다. y축 '쪽으로' 간다는 말인지, y축을 따라 위아래로 간다는 말인지……. 그래서 여기서는 'y축을 따라' 라고 통일시켜 썼다. 마찬가지로 교과서에서 'x축 방향으로 k만큼'이라는 말을 여기서는 'x축을 따라'로 쓸 것이다. 여러분의 양해를 바란다. 어느 분야에서든 이름 붙이기는 매 우 중요한 역할을 한다. 여러분도 더 좋은 이름이 생각나면 꼭 조언해 주기를 바란다.

❷ 직선을 위아래로 평행이동

이제 정의역이 실수이고 $g(x) = x$라고 하자. 항등함수다. 그리고 함수 $f(x)$는 'x 더하기 1'이라고 하자. 함수 g를 좌표평면에 나타내면 평면을 단칼에 둘로 가르는 직선 모양으로 나온다. 그림 7에 있는 직선 중 아래 있는 원점을 지나는 직선이다. 함수 g를 f에 합성하면 어떤 일이 일어날까?

앞에서 했던 것과 다를 이유가 전혀 없다. 앞의 예제에서 함수 g는 점 세 개였고 여기서는 끝없이 많다는 것 말고는 다를 게 없다. 정의

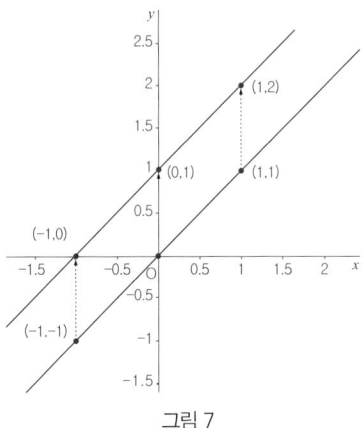

그림 7

역에서 손가락으로 짚어 x마다 g와 합성함수 h를 비교하자니 짚어
야 할 게 아주 많다.

아무거나 마음 가는 대로 점 몇 개에 손가락을 대보자. 나는 함수 g
중에서 (-1, -1), (0, 0), (1, 1) 세 점을 짚었다(그림 7).

x	$g(x)$	$f(g(x))$	=	$h(x)$
-1	-1	-1 + 1	=	0
0	0	0 + 1	=	1
1	1	1 + 1	=	2
x	x	x + 1	=	$x+1$

이번에도 함수 g에서 y축을 따라 1만큼 평행이동한 결과가 합성
함수 $h(x)$이다. 모든 점이 그렇게 된다. 실수만큼 많은 점들이 모두!
그 결과 $h(x)=x+1$은 $g(x)=x$라는 직선 전체를 통째로 위로 1만
큼 들어 올린 모양이다.

'더하기 1' 합성 대신 '더하기 2' 합성으로 부품을 바꿔 끼워 $h(x)=g(x)+2$인 합성이라면 함수 g인 직선을 통째로 +2만큼 들어 올리게 된다. 2가 아니라도 좋다. 꼭 자연수가 아니어도 상관없다. 그 상수들을 k라고 쓰면 $h(x)=g(x)+k$이다. 이때 k가 -2라면 '아래로' 내려온다는 것만 다르다. 기울기 변화는 전혀 없이 통째로 들어 올리거나 주저앉혔으므로 평행이동이다.

❸ 도형을 위아래로 평행이동

함수 g를 이미 정의했고 그 그래프를 알고 있다고 하자. '더하기 k' 와 합성함수 $h(x)=g(x)+k$인 함수 h의 그래프는 함수 g의 그래프에서 y축을 따라 k만큼 평행이동해서 얻을 수 있었다. 예제처럼 함수 g가 항등함수일 때만 이런 일이 벌어질까? 전혀 아니다. 함수 g가 뭔지는 모르지만 그림 8에서 위에 있는 (0, 1)을 지나는 직선이라고 해놓고, 합성함수 h가 $h(x)=g(x)+(-2)$인 관계라고 하자.

그림에서는 함수 g에서 점 3개만 나타냈다. 손가락을 점에 대고 해보라. 원래 함수 g의 그래

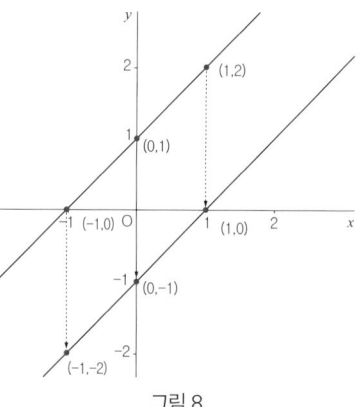

그림 8

프에서 x마다 y값이 -2만큼 내려앉는다. 따라서 함수 g가 뜻하던 도형 전체가 y축을 따라 -2만큼 평행이동한다.

함수 g의 그래프가 꼭 직선일 때만 그러는 것도 아니다. 함수 g가 어떤 성질을 가지는지 우리는 눈길 한 번 주지 않았다. 다만 g를 구성하는 점이 어떻게 바뀌는지 보았을 뿐이다. 중요한 것은 바로 이것이다. 점(x, y)마다 점$(x, y+(-2))$로 이동한다는 사실!

예제　함수 g가 그림 9 그래프로 나타났다고 상상해 봤다. 어떤 식인지는 나도 모른다. 그리고 $h(x)=g(x)+(-2)$인 등식 관계가 성립한다고 할 때 그래프로 나타내 보라. 그림 10이 답이다.

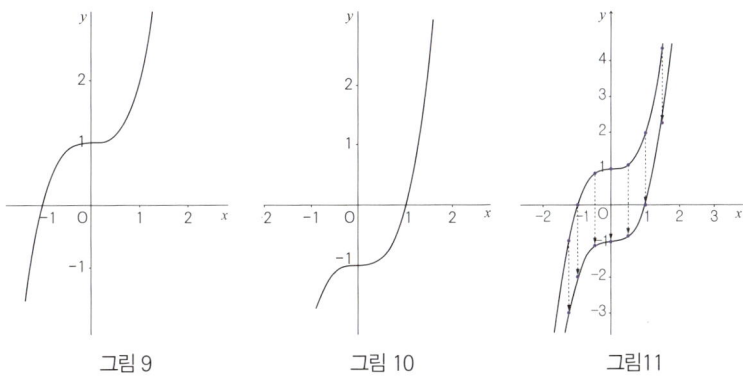

그림 9　　　　　　그림 10　　　　　　그림11

이 둘을 좌표평면 하나에 한꺼번에 나타내면 극적이다. 그림 11에서 보다시피 정의역 x마다 대응했던 y좌표는 원래 값에서 '빼기 2'를 한 값이다. 그러니 y축을 따라 (-2)만큼 평행이동하게 된다. 거꾸로 생각해도 좋다. 어떤 도형을 나타내는 함수 $g(x)$를 -2만큼 y축을 따라 평행이동하고 싶으면 $g(x) + (-2)$라는 수식인 함수를 만들면 된다. 여기서 -2가 아니라 y축을 따라 k만큼 평행이동하는 일을 하고 싶다면 함수 f를 '더하기 (-2)' 대신 '더하기 k'인 꼴, 다시 말해 $g(x) + k$인 부품으로 바꿔 끼우면 된다.

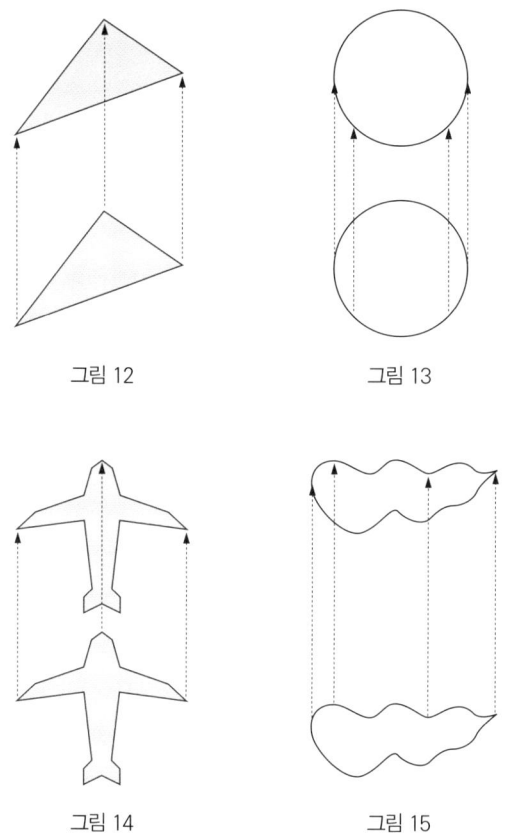

그림 12

그림 13

그림 14

그림 15

우리는 소중한 교훈을 얻게 되었다. 초간단 함수뿐만 아니라 어떤 함수든 상관없이 우리는 그것을 '위아래로' 평행이동시킬 수 있다. 어떤 도형을 좌표평면에 나타낸다면 그것을 위아래로 변형할 수 있는 가능성도 열렸다(그림 12). 다각형뿐만 아니라 해도 달도 비행기도 구름도 모두 평행이동시킬 수 있다(그림 13, 14, 15). 이런 일은 컴퓨터가 잘한다. 이 그림들을 나는 두 번씩 그리지 않았다. 하나만 그린 다음 '더하기 k'라고 딱 명령했을 뿐인데 컴퓨터가 다 해냈다.

함수 g가 도형 G이고 함수 h가 도형 H, 그리고 $h(x)=g(x)+k$라고 하자. 결론은 다음과 같다.

$$g(x) \quad \rightarrow \quad h(x)=g(x)+k \qquad \text{'더하기 } k \text{' 합성}$$
$$\text{도형 G} \ \rightarrow \ \text{도형 H} \qquad\qquad y\text{축을 따라 } k \text{만큼 평행이동}$$

길게 말했지만 지금까지 말한 것을 이렇게 몇 줄로 요약할 수 있다. "$h(x)=g(x)+k$인 등식이 성립하는 함수 g와 h를 비교하면 함수 g의 그래프에서 y축을 따라 k만큼 평행이동한 결과가 함수 h의 그래프이다. 거꾸로도 참이다. 다시 말해 함수 g 그래프가 'y축을 따라 k만큼 평행이동'한 결과가 함수 h의 그래프라면 $h(x)=g(x)+k$인 관계이다."

y축을 따라 위아래로 평행이동하기 위해서 다른 복잡한 무엇도 필요 없다. '더하기 k' 합성이면 충분하다. 멋지지 않은가?

1913년 어느 날 영국의 세계적인 젊은 수학자 하디는 어떤 편지를 받았다. 인도에서 모르는 젊은이가 보낸 편지였다. 남의 편지를 훔쳐보는 것은 미안한 일이지만 여러분을 위해 짧게 줄여 옮기겠다(이미 세상에 공개되었으니 용서하시겠지).

"저는 라마누잔입니다. 고등학교를 졸업하고 우체국 경리실 직원으로 일하고 있지요."

이어서 이런저런 이야기를 한 뒤 라마누잔은 수학 공식 몇 개를 적고는 이렇게 썼다.

"제가 발견한 것입니다. 이런 걸 이미 다른 사람이 발견했는지, 이런 공식이 수학자들에게도 흥미로운 건지 모르겠네요."

어느 시절 어느 곳에서나 아마추어 수학자들이 있고, 그들 중에는 프로 수학자들에게 편지를 보내는 사람도 있기 마련이다. 그래서 그날도 하디는 별 생각 없이 가볍게 읽어 내려갔다. 그러다 점점 눈이 휘둥그레졌다.

'아니, 이게 뭐지? 놀라운걸! 대학에서 수학 공부를 하지도 않은 사람이 이런 발견을 하다니······.'

하디는 답장을 했고, 그 뒤로 둘 사이에는 편지가 오갔다. 라마누잔은 편지를 보낼 때마다 새로 발견한 공식을 덧붙였고, 천재 대접을 받던 하디는 마침내 깨달았다.

"이 사람, 천재구나!"

어린 시절 라마누잔은 어머니를 따라 힌두 사원을 거닐었고, 머리맡에서 어머니가 노래로 암송하는 힌두교 성경을 들으며 자랐다. 라마누잔은 때때로 꿈에서 힌두교 신을 만났고, 그 신은 라마누잔에게 수학 공식을 보여주었다. 꿈에서 깨면 라마누잔은 그 공식을 옮겨 적었다고 한다. 라마누잔이 발견한 것 중 간단한(!) 법칙 중에는 이런 것이 있다.

$$\sqrt{1+2\sqrt{1+3\sqrt{1+4\sqrt{1+5\sqrt{1+\cdots}}}}} = 3$$

근호셈이 얼마나 복잡했던가. 그런데 왼쪽 항에 있는 저 복잡한 셈이 그냥 자연수 3이라니…….

이런 것도 있다.

$$1-5\left(\frac{1}{2}\right)^3+9\left(\frac{1\times3}{2\times4}\right)^3-13\left(\frac{1\times3\times5}{2\times4\times6}\right)^3+17\left(\frac{1\times3\times5\times7}{2\times4\times6\times8}\right)^3-\cdots=\frac{2}{\pi}$$

괄호 앞에는 1, 5, 9, 13, 17…로 4씩 더해 간다. 부호는 양수, 음수가 교대로 나온다. 괄호 안은 분자에 홀수, 분모에 짝수를 점점 더 곱해 간다. 그런데 이것이 유명한 상수 원주율 π와 연관되어 있다니!

가난해서 대학을 못 갔지만 홀로 수학의 세계를 여행했던 라마누잔. 보석처럼 아름다운 발견을 인류에게 선물한 그는 가난과 병으로 일찍 세상을 떠났다. 사람들은 수십 년이 지나서야 그가 발견한 아름다움 안에 어떤 비밀이 담겨 있는지 조금씩 깨닫기 시작했고, 지금도 깨달아가고 있다.

15

위아래로 늘이고 줄이고 뒤집기

y축을 따라 확대·축소·대칭

함수 g의 그래프를 위아래로 평행이동시키려면 수식 $g(x)+k$로 '더하기 k'라는 합성만 하면 되었다. 앞 장에서 이야기한 대로 함수 g를 어떤 프로그램이라고 상상하겠다. 무엇이든 좋다. 입력할 자리 x에 1을 넣으면 프로그램 g가 뭐였든 계산을 시작한다. 계산을 끝내면 $g(1)$을 출력할 것이다. 이제 그 값을 입력값으로 받아 '더하기 k'라는 프로그램 f가 된다. 결과는 $f(g(1))$, 다시 말해 $g(1)+k$이다 (그림 1).

이제 '더하기 k' 부품을 빼고 그 자리에 다른 부품을 넣으려고 한다. '곱하기 k'라는 프로그램이 담긴 부품이다. 이것을 식으로 쓰면 $f(x)=k \times x$이다. 그래서 $f(g(x))=k \times g(x)$이다. 앞에서 한 절차와 같지만 '더하기 k'라는 계산 대신 '곱하기 k'라는 계산으로 바뀌었을 뿐이다(그림 2).

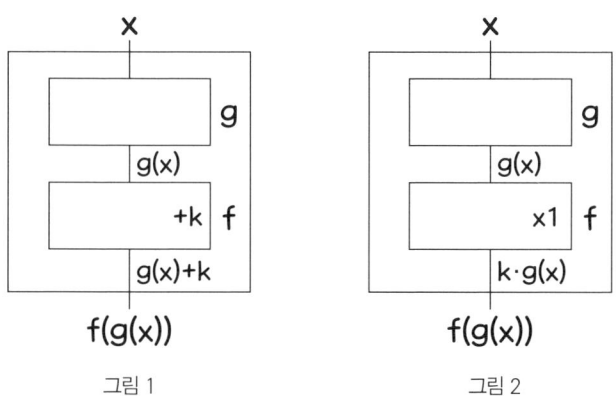

그림 1   그림 2

'더하기 k'라는 프로그램이 $f(x)$에 합성될 때 k가 양수면 $f(x)$ 그래프를 '위로' 평행이동시켰고, 음수면 '아래로' 평행이동시켰다.

이제 '곱하기 k'라는 프로그램이 $f(x)$에 합성되면 $f(x)$ 그래프는 어떻게 바뀔까?

❶ y축을 따라 k배 확대

'곱하기 k' 합성이 어떤 효과를 보이는지 보기 위해 예제 둘을 준비했다. 두 예제에서 함수 f의 규칙은 '입력값을 곱하기 2' 하는 것으로 잠깐 고정시키겠다. 수식으로는 $f(x) = 2x$라고 써도 되고, $f(y) = 2y$라고 써도 되고, $f(\odot) = 2 \times \odot$이라고 써도 상관없다. 중요한 것은 '입력값을 곱하기 2' 한다는 사실이다.

■ g의 정의역이 {-1, 0, 1}이고 g(x)=x일 때

함수 g는 입력값을 그대로 출력하니 보나 마나 치역은 {-1, 0, 1}이다. 쌍으로 나타내면 이렇다.

　　$g : \{(-1, -1), (0, 0), (1, 1)\}$

이제 이 함수를 함수 f에 합성한다. 함수 f의 정의역은 함수 g의 치역이다. 따라서 함수 g가 기능하고 나온 y좌표를 모두 2배 하게 된다. 따라서 다음과 같다.

$(x, g(x))$ 　$(x, 2 \times g(x))$ 　　　　　　　　　$(x, f(g(x)))$

$(-1, -1) \rightarrow (-1, 2 \times g(-1)) = (-1, 2 \times (-1)) = (-1, -2)$

$(0, 0) \ \rightarrow \ (0, 2 \times g(0)) \ = \ (0, 2 \times 0) \ \ = \ (0, 0)$

$(1, 1) \ \rightarrow \ (1, 2 \times g(1)) \ = \ (1, 2 \times 1) \ \ = \ (1, 2)$

이럴 때 다이어그램으로 나타내면 한결 이해하기 좋다. 독립변수를 대신할 기호는 어떤 것이든 좋으니 $y = g(x)$로 생각해서 $f(y) = 2y$라고 써 보았다(그림 3). 그 결과 합성함수 $f \circ g$를 쌍으로 표시하면 다음과 같다.

　$f \circ g : \{(-1, -2) (0, 0), (1, 2)\}$

이제 '곱하기 2' 효과를 눈으로 보기 위해 좌표평면에 나타냈다(그림 4). 어떤가? y좌표만 2개 되었으므로 양수는 2배 큰 양수가 되고 음수는 2배 작은 음수가 된다. 보다시피 x축에서 2배씩 멀어졌다.

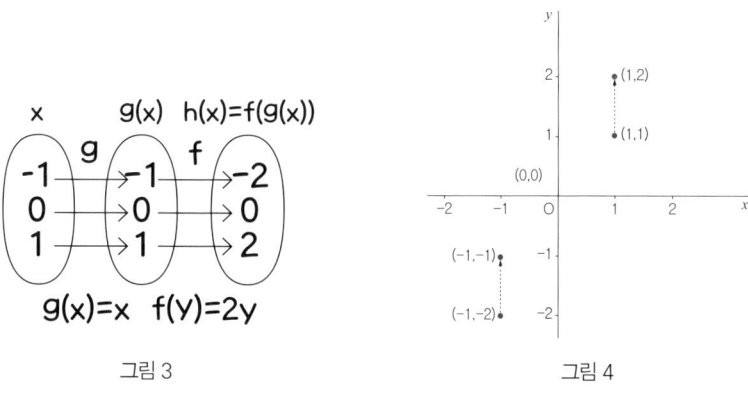

그림 3

그림 4

■ g의 정의역이 실수 전체이고 $g(x)=x$일 때

세 점만 그런 게 아니라 이제는 실수 전체에서 y좌표에 '곱하기 2'를 하게 된다. 따라서 합성 전 (x, y)좌표가 합성 후 $(x, 2y)$가 되니 x축으로부터 떨어진 거리가 원래보다 2배다(그림 5). 그 결과 항등함수 g가 나타내는 직선보다 합성함수 h는 $h(x)=2\times g(x)$, 다시 말해 $h(x)=2x$이고 기울기가 더 가파르다.

■ 함수 g의 정의역이 실수 전체이고 $g(x)=\dfrac{1}{2}x+2$일 때

여전히 함수 f는 입력값이 '곱하기 2'라는 프로그램인 $f(x)=2x$이므로 식으로 나타내면 다음과 같다.

$$f(g(x))=2\times g(x)=2\times\left(\frac{1}{2}x+2\right)$$

따라서 합성한 함수 $f(g(x))$를 $h(x)$로 간단히 쓰면, $h(x)=x+4$이다. 이때도 함수 h는 함수 g가 나타내는 점보다 y좌표에 곱하기 2인 점이니 그래프는 더 가파르다(그림 6).

함수 $g(x)$가 직선이냐 아니냐는 '곱셈 합성' 효과에서 아무런 역할을 하지 않았다. 함수 g가 어떤 도형을 뜻하든 상관없다. 그림 7에 있는 함수 $g(x)$ 그래프가 수식으로 무엇이었든 합성함수 $h(x) = 2 \times g(x)$라면 점선으로 나타난다. 점 A는 y축을 따라 2배 멀어져 A′이고, 점 B

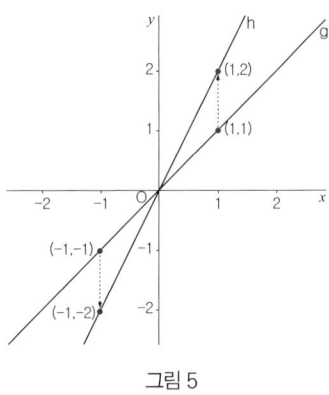

그림 5

도 y축을 따라 2배 멀어져 B′이다. 점 C는 x축에 있으므로 x축과 거리가 0이고 그 2배도 역시 0이니 C는 그대로이다. x좌표마다 y좌표들이 모두 2배가 되었으니 'y축을 따라 2배 확대'라고 부르겠다.

지금까지는 함수 f가 '곱하기 2'라 했지만, 이것을 '곱하기 3'으로 갈아 끼우는 합성을 하면 y좌표는 x축에서 더 멀어진다. 만약 '곱하기 100' 합성을 한다면 엄청나게 멀어질 것이다. 간단히 말해 k가

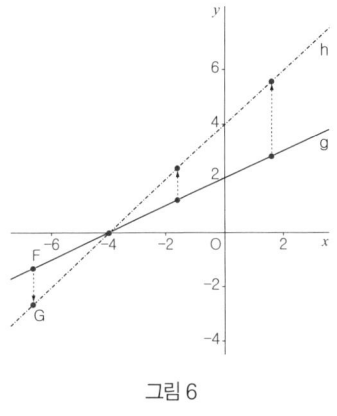

그림 6

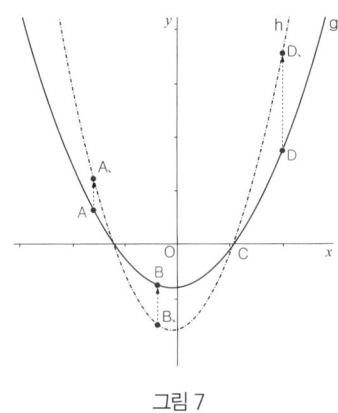

그림 7

248

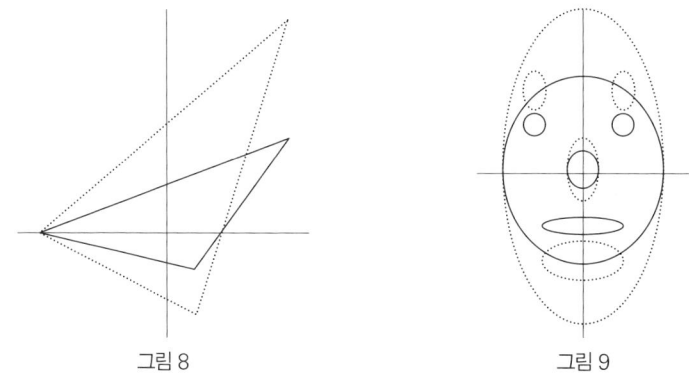

그림 8   그림 9

1보다 크면 클수록 y축을 따라 k 확대된다.

요약

함수 g, h가 $h(x) = k \times g(x)$인 관계이고 k가 1보다 크면 h는 g에서 y축을 따라 k가 확대한 결과이다. 거꾸로도 참이다. 다시 말해 $g(x)$를 k배만큼 위아래 잡아 늘이고 싶으면 1보다 큰 k일 때 $h(x) = k \times g(x)$로 합성하면 충분하다. 도형일 때도 마찬가지다. 그림 8, 9에서 실선은 합성 이전, 점선은 합성 이후이다.

❷ y축을 따라 k배 축소

k가 0보다 크고 1보다 작을 때는 어떤 일이 일어날까? 예를 들어 합성함수 h가 $h(x) = \dfrac{1}{2}g(x)$라는 등식이면?

$$(x, g(x)) \qquad (x, \tfrac{1}{2}g(x)) \qquad\qquad (x, g(f(x)))$$

$$(-1, -1) \quad \rightarrow \quad (-1, \tfrac{1}{2}g(1)) = (-1, \tfrac{1}{2}(-1)) = (-1, -\tfrac{1}{2})$$

$$(0, 0) \quad \rightarrow \quad (0, \tfrac{1}{2}g(0)) = (0, \tfrac{1}{2}\times 0) = (0, 0)$$

$$(1, 1) \quad \rightarrow \quad (1, \tfrac{1}{2}g(1)) = (1, \tfrac{1}{2}\times 1) = (1, \tfrac{1}{2})$$

$$(x, y) \quad \rightarrow \quad (x, \tfrac{1}{2}g(x)) = \qquad\qquad = (x, \tfrac{1}{2}x)$$

보다시피 x좌표마다 y좌표가 반으로 준다. 이 세 점에 대해서만 그런 게 아니라 모든 점에서 그렇다. 따라서 x축까지 거리가 반으로 축소된다(그림 10). y축을 따라 k배 축소된 것이다!

이번에도 함수 g의 그래프가 수식으로 무엇이었든 상관없다. 그림 11에서 함수 g와 합성함수 h의 관계가 $h(x) = \dfrac{1}{2}g(x)$일 때 좌표평면에 나타내보았다. 실선으로 나타난 것이 $g(x)$의 그래프이다. 그렇다면 $h(x)$는 $g(x)$에 비해 y축 좌표가 x축 쪽으로 줄어들어 점선을 이룬다. 눈으로 보고 말 게 아니라 점 몇 개를 손가락으로 짚어 가며 확인해 보라.

- 먼저, 정의역을 뜻하는 x축에서 마음에 드는 어떤 점을 고른다. 이 점을 a라고 부르자.
- 다음, 그 점에서 함수 f로 대응하는 y좌표로 따라 올라간다. 거기 $(a, f(a))$가 있을 것이다.
- 이제 y좌표를 $\dfrac{1}{2}$배 한 점으로 옮긴다.

옳게 짚었다면 $(a, \frac{1}{2} \times f(a))$에 손가락이 멈춰 있을 것이다. 더 복잡해 보이는 도형이라도 축소할 수 있다. 역시 실선은 원래 도형이었고, 점선은 x축 쪽으로 $\frac{1}{2}$만큼 축소한 것이다(그림 12, 13).

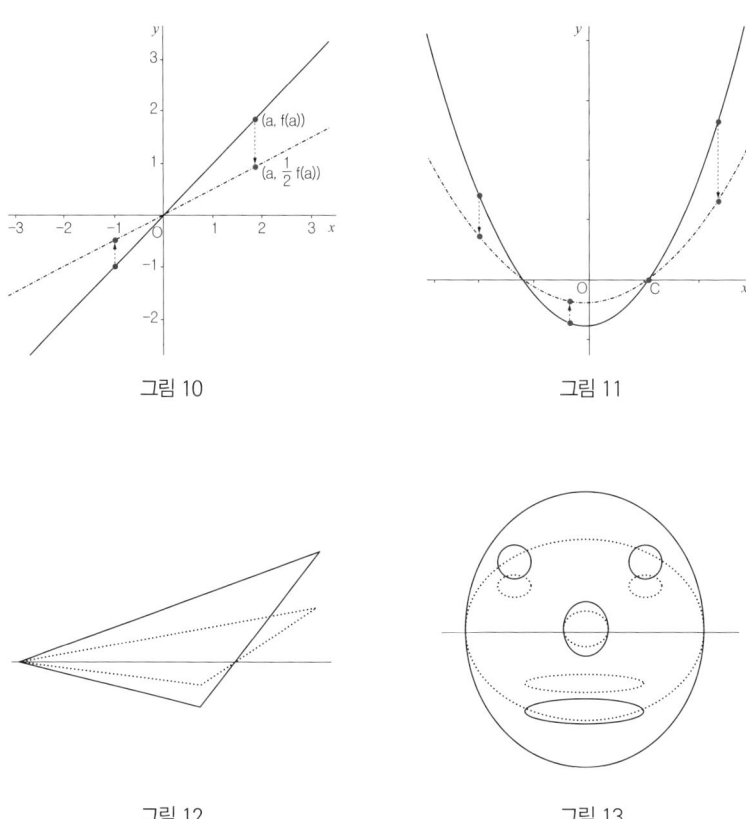

그림 10

그림 11

그림 12

그림 13

함수 g, h가 $h(x) = k \times g(x)$인 관계이고 $0 < k < 1$이면, h는 g에서 y축을 따라 k배 축소한다. 거꾸로도 참이다. $g(x)$를 k배만큼 줄이고 싶으면 $0 < k < 1$인 k를 합성해서 $h(x) = k \times g(x)$로 하면 충분하다. (k가 0에 엄청 가까우면 원래 있던 도형은 x축과 매우 닮았다고 느낄 정도로 찌그러질 것이다.)

❸ x축을 대칭축으로 y축을 따라 대칭

지금까지의 상황을 정리하면 다음에 무엇을 할 것인지도 보인다. 함수 g와 h가 $h(x) = k \times g(x)$인 관계일 때, 함수 h는 함수 g에서 이렇게 된다.

k > 1일 때 x축으로부터 y축을 따라 확대

$k = 1$일 때   그대로

$0 < k < 1$일 때 x축으로부터 y축을 따라 축소

이제 남은 경우는? 그렇다. k가 음수일 때다. 이건 어떻게 될까? 위에서 세 경우로 나눴듯이 $-1 < k < 0$, $k = 1$, $k < 1$인 세 경우를 꼬박꼬박 따져야 할까? 여러분이 굳이 그러겠다면 말릴 생각은 털끝만큼도 없지만 나는 그렇게 하지 않겠다. 이미 k가 양수일 때 분류하면서 봤

으니 '음수 효과'만 고려하면 된다.

다시 말해 k가 -1인 경우만 따져보면 충분하다. 왜냐하면 k가 -2인 경우는 '곱하기 2'를 합성하고 난 결과에 '(-1) 곱하기'를 합성했다고 보면 되고, k가 $-\frac{1}{2}$인 경우는 '곱하기 $\frac{1}{2}$'을 합성해서 축소하고 난 결과에 '(-1) 곱하기'를 합성했다고 보면 되기 때문이다(곱셈에는 교환법칙이 성립하므로 '(-1) 곱하기' 효과를 하고 나서 '곱하기 2' 합성이 일어난다고 봐도 상관없다).

결국 관심을 모으는 것은 k가 -1일 때다. 함수 g와 h가 $h(x)=(-1)\times g(x)$인 등식 관계를 이룬다고 하자. 다시 말해 함수 $f(x)=-x$인 경우다. 물론 $g(x)=y$라 하고 $f(y)=y$라고 표현해도 상관없다. 중요한 것은 함수 f가 입력값에 '곱하기 (-1)'을 한다는 사실이니까. 예를 들어 본다.

$$(x, g(x)) \quad (x, (-1)\times g(x)) \qquad\qquad (x, f(g(x)))$$
$$(-1, -1) \rightarrow (-1, (-1)\times g(-1)) = (-1, (-1)\times(-1)) = (-1, 1)$$
$$(0, 0) \quad \rightarrow \quad (0, (-1)\times g(0)) \;=\; (0, (-1)\times 0) \quad = \;(0, 0)$$
$$(1, 1) \quad \rightarrow \quad (1, (-1)\times g(1)) \;=\; (1, (-1)\times 1) \quad = \;(1, -1)$$

세 점에 대한 위의 결과를 쌍으로 나타내면 다음과 같다.

$f \circ g$: {$(-1, 1)$, $(0, 0)$, $(1, -1)$}

이것을 다이어그램으로 나타내면 그림 14와 같다. 좌표평면에 나타내면 '곱하기 (-1)' 효과가 눈에 잘 드러난다. 보다시피 $(-1, -1)$

은 (-1, 1)로 뒤집히고, (1, 1)은 (1, -1)로 뒤집힌다. y좌표의 부호만 반대이니 x축을 대칭축으로 뒤집은 것처럼 나타난다. 함수 g와 f의 정의역이 실수 전체였다면 직선 전체가 뒤집히게 된다(그림 15).

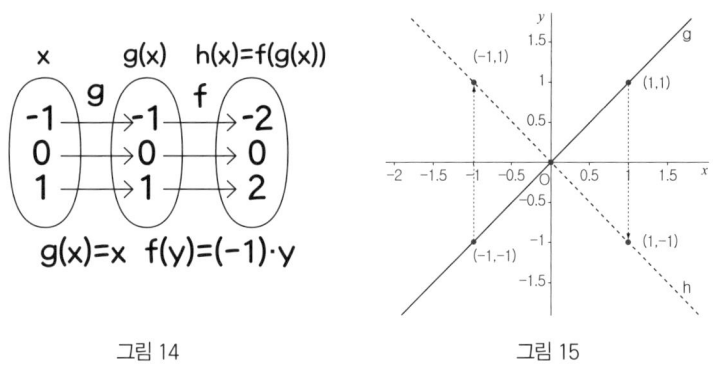

그림 14   그림 15

사실 수직선에서도 이와 비슷한 일이 일어나고 있었다. 2×(-1)처럼 음수 (-1)을 곱셈하는 경우를 보자. 2에 (-1)을 곱하면 수직선 좌표가 0을 기준으로 180도 뒤집히는 효과가 난다.

예제 1 만약 $g(x) = x + 1$이고 남은 건 모두 그대로라면 $h(x) = -1 \times g(x)$이니 $h(x) = -(x+1)$이다(그림 16).

예제 2 함수 $h(x) = -2x$일 때. 이것은 함수 f가 '곱하기 (-2)'인 경우다. 앞에서 말했듯이 '곱하기 (-1)' 합성 효과로 뒤집힌 다음 '곱하기 2' 합성 효과로 확대된다(그림 17).

더 나아가 어떤 도형이든 그 도형을 좌표평면에 나타낼 때 모든 점

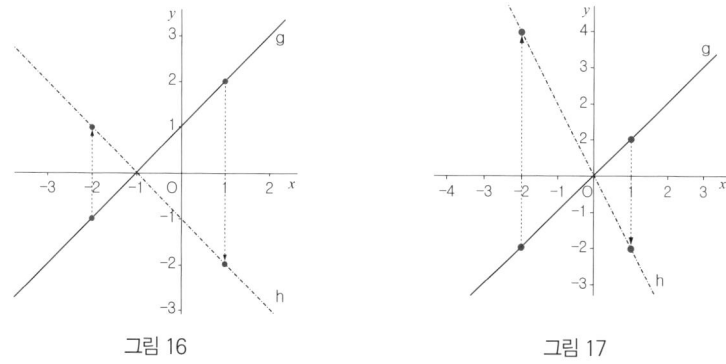

<table>
<tr><td>그림 16</td><td>그림 17</td></tr>
</table>

그림 16　　　　　　　　　　　　　　그림 17

들의 y좌표에 (-1)을 곱하면 x축을 기준으로 도형을 뒤집는 것도 가
능하다(그림 18, 19).

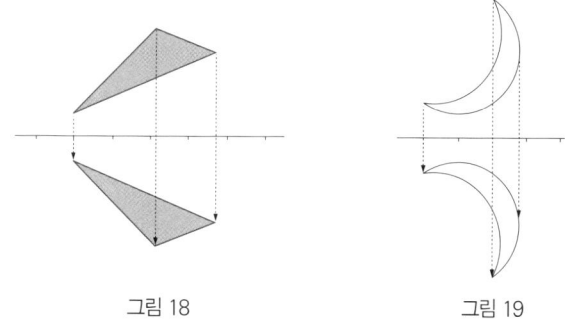

그림 18　　　　　　　　　　　　　　그림 19

'더하기 k' 합성인 $h(x)=g(x)+k$는 y축을 따라 k만큼 평행이동
이라고 하면 끝이었다. k가 양수이면 위로, k가 음수이면 아래로 평
행이동이었다. 그러나 '곱하기 k' 합성인 $h(x)=k \times g(x)$는 경우가
여러 갈래로 나뉜다. 역시 곱셈은 덧셈보다 복잡하다.

함수 g, h가 $h(x) = k \times g(x)$인 관계일 때를 요약한다.

- $1 < k$일 때 y축을 따라 k배 확대
- $k = 1$일 때   그대로
- $0 < k < 1$일 때 y축을 따라 k배 축소
- $k = 0$일 때 x축이 됨.
- $k = -1$일 때 x축을 대칭축으로 y축을 따라 대칭
- k가 (-1) 아닌 음수일 때 y축을 따라 대칭하고 확대나 축소

지금까지 한 것만 해도 우리는 y축을 따라 k만큼 위 아래로 평행이동이 가능하고, y축을 따라 확대 또는 축소시킬 수 있고, x축을 대칭축으로 대칭시킬 수도 있다. 이제 이것들을 섞으면 더 막강해진다. 뒤집어서 축소한 다음 평행이동할 수도 있다. 확대하고 평행이동한 다음 뒤집어도 된다.

영화, TV, 컴퓨터에서 그림을 위아래로 늘이고 뒤집고 위아래로 옮겨 다니게 하는 것들도 알고 보면 별것 아니다. 그 수학적 뿌리는 단순하다. 단순하면서도 강력하다. 이렇게 강력한 수단으로 무장하고 이제 우리는 1차 함수를 정복하러 간다.

수학이 놀이가 되는 사람들이 있다. 그리고 놀이를 수학으로 삼는 사람들도 있다. 여러분 중에는 루빅스 큐브를 즐겨 하는 사람들이 있을 것이다(아래 사진 출처 wikipedia). 헝가리 건축가이자 발명가인 루빅이 40년 전쯤 만든 이 큐브의 매니아들이 전 세계에 퍼져 있다(나는 무서워서 손도 못 댄다). 누가 빨리 푸는가를 겨루는 루빅스 큐브 대회를 보고 놀란 적이 있는데, 한술 더 떠서 발로 푸는 시합을 보고는 기가 막혔다. 발가락으로 눈 깜짝할 사이에 큐브를 정렬하다니.

재미있는 일은 2011년 초에 또 일어났다. 루빅스 큐브는 기껏해야 20번 안에 끝난다는 사실이 밝혀진 것이다. 컴퓨터 프로그래머와 수학자, 기술자로 구성된 4명이 이 사실을 밝혔다. 색깔, 위치에 따라 큐브가 시작될 가능한 경우는 모두 43,252,003,274,489,856,000가지. 입이 쩍 벌어지는 큰 수다. 이들은 이 모든 경우에 대해 20번 안에 반드시 풀린다는 것을 증명했다. 모든 경우를 일일이 해보려면 시간이 너무 오래 걸린다. 그래서 이들은 수학으로 가져와 단순히 분류한 다음 구글이 쓰는 컴퓨터의 여유 용량을 써서 모두 검사했다. 완벽하게 수학적 증명은 아니라 해도 멋진 결과다(나는 이런 증명을 99% 정도는 믿을 만하다고 생각한다).

최대 20번 안에 된다는 건 밝혔어도 문제가 하나 남는다. 즉, 최소한 몇 번을 돌려야 할까? 그런데 이 문제는 이미 20년쯤 전에 풀렸다. 최소 몇 번이

냐면… 이것도 20이다! 따라서 큐브가 어떻게 놓였든지 최소 20번은 돌려야 하고 기껏해야 20번 안에 풀린다. 그래서 큐브와 수학을 모두 좋아하는 사람들은 20을 '신의 수God's number'라고 부른다.

어디 큐브만 가지고 수학을 할까? 체스, 타일 맞추기 퍼즐, 종이접기인 오리가미origami, 숫자 맞추기인 수도쿠sudoku, 탠그램tangram……. 셀 수 없이 많다. 하기야 케플러는 포도주통에 포도주가 얼마나 들어가는가, 오렌지를 상자 안에 어떻게 넣어야 가장 많이 들어가는가 등 싱거운 문제를 고급 수학 문제로 바꾸지 않았는가.

아니, 어쩌면 세상 모든 게 놀이일 수도 있고, 심각한 일일 수도 있고, 수학 문제일 수도 있다. 누가 어떻게 생각하느냐에 따라 다를 뿐.

16

1차 함수 완전 정복

$f(x)=ax+b$

내게도 초등학교 시절이 있었다. 나도 남들처럼 공부할 때가 있었고, 공부하려면 남들처럼 참고서가 필요했다. 당시에는 두툼한 전 과목 참고서가 있었는데, 이름하여 '전과'였다. 그중에서 나는 '완전정복'이라는 전과를 골랐다. 어려서 그 말이 무슨 뜻인지는 몰랐다. 다만 "완 전 정 복"이라고 소리를 내서 말하면 뭔지 모르게 대단한 일을 이루는 듯한 느낌이었다.

1차 함수 완전 정복.

완전 정복이라는 말은 도무지 수학 공부와는 어울리지 않는다. 수학은 상상하는 만큼 무궁무진하기 때문이다. 게다가 1차 함수 완전 정복이라니, 다시 읽어 보니 제목이 좀 유치하다. 하지만 추억하는 마음이 앞서 그대로 쓰겠다. 직선 함수를 상상하러 떠나 보자.

❶ 수식에서 그래프 얻기

특별한 말이 없는 한 정의역은 실수라고 가정하겠다. 1차 방정식은 항상 표준형 $ax+b=0$으로 바꿀 수 있었듯이 1차 함수는 항상 표준형 $f(x)=ax+b$로 나타낼 수 있다. 대응하는 변수 y를 강조해서 $y=ax+b$로 쓰기도 한다. 여기서 a, b를 드러내 놓고 말하지는 않았지만, 그것은 어떤 상수가 놓일 자리다. 예를 들어 보면 이렇다.

- 함수 $f(x)=x$는 $a=1$이고 $b=0$인 경우
- 함수 $f(x)=-x+2$는 $a=-1$이고 $b=2$인 경우

변수 x에 어떤 원소가 입력되면 상수 a를 곱한 결과에 상수 b를 덧셈하면 끝나니 독립변수 x와 종속변수 y 대응 관계가 단순하다. 그래서 x값을 알면 y값을 찾기 쉽고 y값을 알면 x값을 찾기도 쉽다. 어떤 함수 f가 계산 프로그램이라면 눈 깜짝할 사이에 계산을 마칠 것이다. 곧 밝혀지겠지만 1차 함수는 좌표평면에서 항상 직선이어서 정말 단순하다.

직선은 1차 함수 말고는 상수함수밖에 없다. $f(x)=1$인 그래프를 그림 1에 나타냈다. 다시 말해 1차 함수와 0차인 함수라 할 수 있는 상수함수는 항상 직선이다. 그렇다고 모든 직선이 1차 함수나 상수함수인 것은 아니다. 등식 $x=1$은 좌표평면에서 y축에 평행하게 꼿꼿이 선 직선으로 나온다(그림 2). 하지만 독립변수 하나에 수많은 원

소들이 대응하므로 x에서 y로의 함수가 아니다(그림 3). 그런 예외를 빼면 1차 함수는 기껏해야 직선이고 직선은 기껏해야 1차 함수다. 이 말은 2차 이상 다항이나 더 복잡한 유리항, 무리항으로 된 함수 중에서는 직선 그래프가 불가능하다는 뜻이다.

1차 함수 중에서 기본은 역시 항등함수다. 정의역이 실수 전체일 때 $f(x)=x$는 매우 깔끔한 직선으로 나타난다는 것을 이미 보았다. 대응하는 x와 y의 값이 항상 같으므로 그래프로 표시하면 원점 (0,

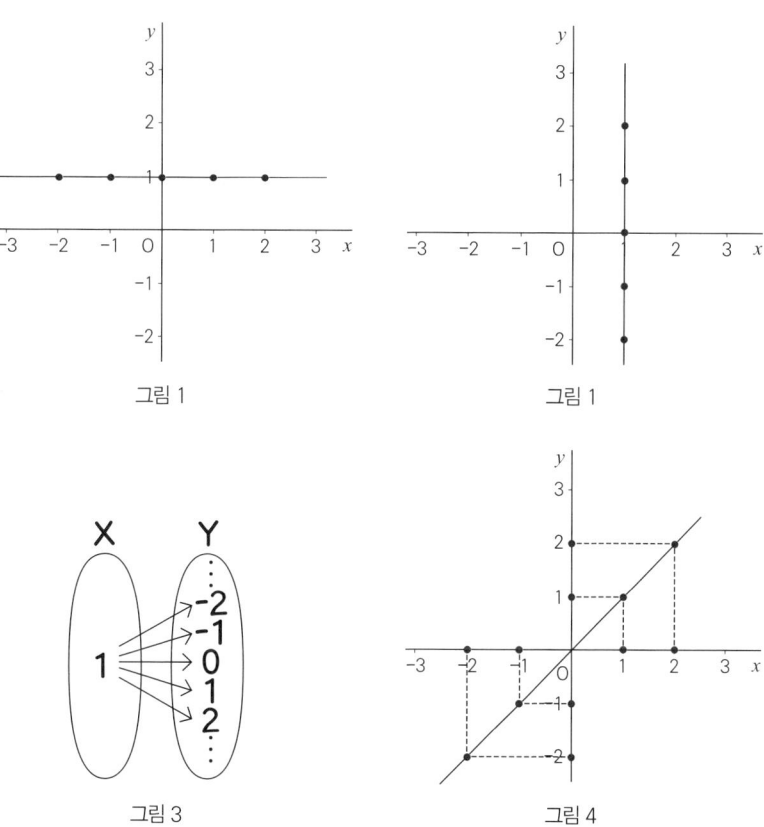

그림 1

그림 1

그림 3

그림 4

0)인 점을 지나고 어느 점에서든 x축에 이르는 거리와 y축에 이르는 거리가 같다. 다시 말해 1사분면과 3사분면을 각 이등분해서 좌표평면을 둘로 쪼갠다(그림 4). 다른 모든 1차 함수는 항등함수로부터 '곱하기 a'와 '더하기 b' 합성을 해서 얻을 수 있다. 그런 합성들이 그래프에 어떻게 숨결을 불어넣는지 우리는 이미 안다.

함수의 그래프를 좌표평면에 나타낼 때 핵심 요소는 기울기와 주요 좌표다. 곡선에서 기울기를 정의하는 문제가 껄끄럽긴 하지만, 직선의 기울기는 'y가 변한 정도에 대한 x가 변한 정도'로 나타낸다. 그리고 주요 좌표는 축과 만나는 점이거나 급격한 변화를 보이는 점의 좌표이다. 다음에 나오는 예를 통해 하나하나 깨우칠 수 있다.

■ b가 0인 경우

항등함수에 a라는 상수를 곱한 합성만 있는 경우이다.

기울기 : 세 경우로 나눠서 보겠다.

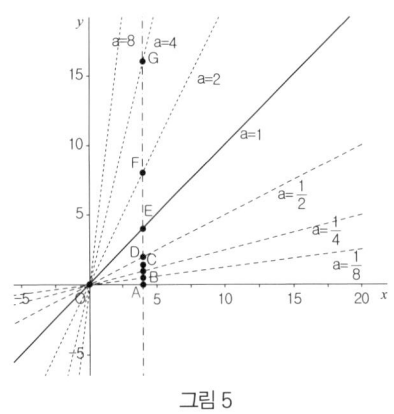

그림 5

첫째, a가 양수인 경우.

모든 점에서 x축으로부터 a배 멀어진다. 그림 5에서는 a가 $\frac{1}{8}$에서 시작해 $\frac{1}{4}$, $\frac{1}{2}$, 1, 2, 4, 8로 2배씩 커지는 걸 볼 수 있다. a가 작을수록 그래프는 x축으로 가깝다. 다시 말해 기울기가 완만해진다. 반면 a가 클수록 기울기는 y축에 붙을 기세로 가파르다. 따라서 그림 5는 기울기가 무한인 경우라고 볼 수 있다. 비록 우리에게는 무한이라는 상수가 없어서 1차 함수라고 말할 수 없지만!

이렇게 보니 직선이 회전하는 것처럼 보일 수도 있지만, 그보다는 x축이 정해질 때 y값들이 확대되고 있다고 보는 게 더 옳다. x좌표가 4일 때를 보라. 똑바로 서 있는 직선 $x=4$를 그어 $y=ax$와 만나는 점을 몇 개 찍었다. 예를 들어 x축과 만나는 점을 A, $y=x$와 만나는 점을 E, $y=2x$와 만나는 점을 F라고 표시했다.

- $1<k$일 때 : '곱하기 k' 합성 효과에 따라 거리 AE보다 거리 AF

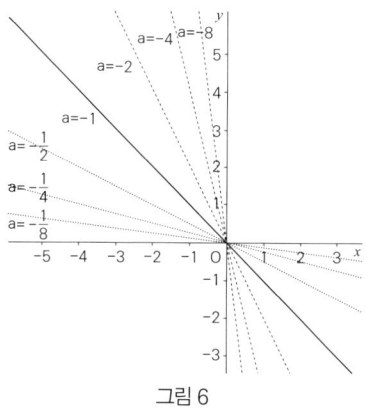

그림 6

263

가 2배이고 거리 AG는 거리 AE의 4배이다.

- $0<k<1$일 때 : '곱하기 k' 합성 효과에 따라 거리 AD는 거리 AE보다 $\frac{1}{2}$배이고 거리 AC는 AE보다 $\frac{1}{4}$배이다.

둘째, a가 0인 경우.

상수함수 $f(x)=0$은 완전히 누워 x축이 되고 기울기는 0이다.

셋째, a가 음수인 경우.

상수 a가 양수인 첫째 경우에서 다시 '곱하기 (-1)' 합성 효과가 추가되는 것만 다르다. x축을 기준으로 대칭이다. 그림 6은 a가 $-\frac{1}{8}$, $-\frac{1}{4}$, $-\frac{1}{2}$, -1, -2, -4, -8인 경우이다.

주요 좌표 : 함수 $f(x)=ax$는 x가 0일 때 y좌표인 $f(0)$도 0이므로 a값에 상관없이 모두 원점 $(0, 0)$을 지난다.

■ b가 0이 아닌 경우

항등함수에 '곱하기 a' 합성을 하고 동시에 '더하기 b' 합성도 한 경우라고 볼 수 있다.

기울기 : 함수 h와 g가 $g(x)=ax$이고 $h(x)=g(x)+b$라고 하자. 상수를 더하는 합성은 그래프를 y축을 따라 평행이동시킨다. 따라서 기울기의 변화는 없다. 예를 들어 $h(x)=2x+3$은 $g(x)=2x$에 비해 모든 x에 대해 y값이 항상 3만큼 클 뿐이다. 그림 7은 독립변수가 -1, 0, 1인 경우를 다이어그램으로 표시한 것이다. 모든 실수에 대해 적용하면 $g(x)=2x$가 $+3$만큼 평행이동한다(그림 8).

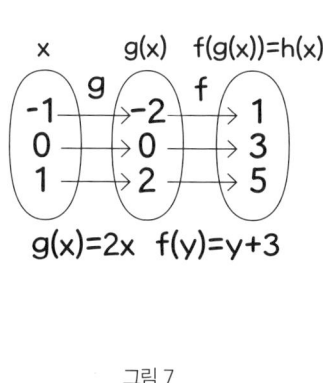

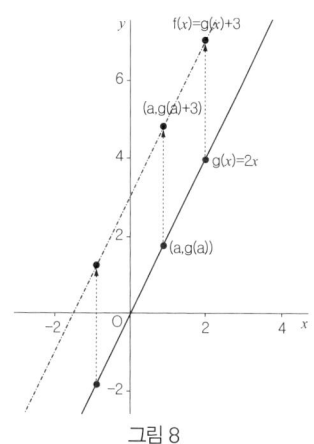

| 그림 7 | 그림 8 |

주요 좌표 : 예를 들어 $f(x) = 2x + 1$이라고 하자. 이 직선이 x축, y축과 만나는 점을 찾고 싶다.

- x축과 만나는 점 : x축을 이루는 모든 점은 y좌표가 0이다. 따라서 $(x, 0)$ 꼴이다. 함수 f가 x축과 만난다는 말은 함수 f를 쌍으로 나타낼 때 $(a, 0)$인 원소가 있다는 뜻이다. 독립변수가 a일 때 대응하는 값은 0이라는 말이므로 $0 = 2a + 1$인 a를 찾으면 된다. 그래서 1차 방정식 문제가 되었다. 이때 a는 $-\dfrac{1}{2}$이다. 따라서 x축과 교점은 $(-\dfrac{1}{2}, 0)$이다.

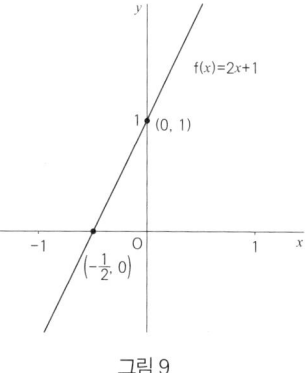

그림 9

- y축과 만나는 점 : y축을 이루는 모든 점은 x좌표가 0이

265

다. 따라서 $(0, y)$ 꼴이다. 함수 f가 y축과 만난다는 말은 함수 f를 쌍으로 나타낼 때 $(0, a)$인 원소가 있다는 뜻이다. 독립변수가 0일 때 대응하는 값은 a라는 말이므로 $a = 2 \times 0 + 1$, 따라서 y축과 교점은 $(0, 1)$이다. 결국 $f(x) = 2x + 1$은 x축에서는 $(-\frac{1}{2}, 0)$을, y축에서는 $(0, 1)$인 두 점을 지난다(그림 9).

> 문제 $f(x) = \sqrt{2}x - 1$일 때 x축, y축과 만나는 점을 좌표평면에 표시하라. 되도록 정확히!

❷ 그래프에서 수식 얻기

변수 x와 y가 '기껏해야 1차 관계'로 되어 있으면 직교좌표에서 직선으로 나타나고, 거꾸로 직선이 함수로 나타나면 변수 x와 y가 '기껏해야 1차 관계'로 나타난다. 이때 가장 중요한 정보는 기울기와 주요 좌표라고 했다. 이 정보만 알면 좌표평면에 있는 직선을 수식으로 나타낼 수 있다.

■ 두 점에 대한 정보를 알고 있을 때

직선에 있는 두 점을 알면 필요한 정보는 다 있는 셈이다. 왜냐하면 직선 함수는 기울기가 일정하니 두 점을 알면 기울기에 대한 정보 a를 뽑아 낼 수 있고, $y = ax + b$에서 b를 구할 수 있기 때문이다. 예를 들어 점 $(1, 2)$와 $(3, 4)$를 지나는 직선이 있다고 하자. 기울기란

266

x가 변한 정도에 대해 y가 변한 정도이다. 두 점에서 x가 변한 정도는 $3-1$이고, 그에 따라 y가 변한 정도는 $f(3)-f(1)$이다. 따라서 기울기는 다음과 같다.

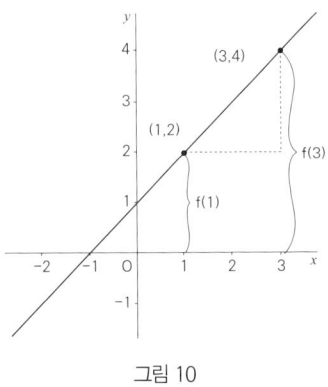

그림 10

$$\frac{f(3)-f(1)}{3-1}=\frac{4-2}{3-1}=1$$

직선 함수인데 기울기가 1이니 $f(x)=x+b$ 꼴이라는 것을 알아냈다. 이 함수는 (1, 2)와 (3, 4)를 포함하고 있다. 따라서 $f(1)=1+b$ 또는 $f(3)=3+b$이다. 다시 말해 $2=1+b$이거나 $4=3+b$이다. 직선 하나이므로 당연히 b는 1로 같다. 결국 우리가 찾던 수식은 $f(x)=x+1$이다.

■ 기울기와 한 점을 알고 있을 때

이미 기울기에 대한 정보가 공개되었다면 할 일은 더 줄어든다. 기울기 a가 −2인데 (1, 2)가 한 점이라고 하자. 그림 11에서 보듯 기울기가 −2인 직선은 많기도 하다. 그중 함수 f의 그래프는 (1, 2)를 포함해야 하니 $f(1)=(-2)\times 1+b$라는 등식이 참이어야 한다. 따라서 $2=(-2)\times 1+b$이고 $b=4$이다. 결국 우리가 찾던 수식은 $f(x)=-2x+4$이다.

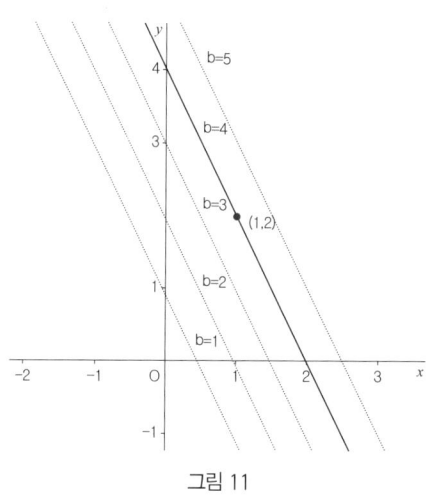

그림 11

■ 한 점만 알 때

직선이라는 것은 아는데 한 점에
대한 정보만 알 때 수식을 구할 수
있을까? 예를 들어 점 (1, 2)만 안
다고 하자. 그림 12에서 보다시피
그 점을 지나는 직선은 끝없이 많
다. a를 바꿀 때마다 b도 다르게 대
응한다.

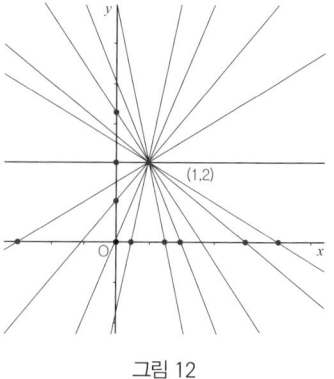

그림 12

그렇다고 아무 등식이나 되는 것
은 아니다. 분명히 (1, 2)는 지나야 하니까.

예를 들어 $f(x) = -x + 2$는 불가능하다. 이 함수는 x가 1일 때 대
응하는 y값이 1이다. 그러니 절대로 (1, 2)를 지날 수 없다. x가 1일

때 대응하는 값이 1도 되고 2도 되는 함수는 없기 때문이다. 그렇다면 (1, 2)를 지나야 한다는 조건을 수식에 어떻게 반영할까?

너무 막막해하지 않아도 된다. 이것은 '직선'이라는 강력한 정보가 있으니까. 따라서 $y = ax + b$ 꼴일 수밖에 없다. 이때 (1, 2)는 지난다는 조건을 반영하면 $2 = a \times 1 + b$이다.

$$y = ax + b \quad (1)$$

$$2 = a + b \quad (2)$$

두 등식 (1)과 (2) 모두 참이다. 조건 (2)에서 $b = 2 - a$이다. 따라서 다음 식이 성립한다.

$$y = ax + 2 - a = a(x - 1) + 2$$

어떤 점이 주어졌든 직선 함수라는 것만 알면 이 정도까지는 알 수 있다.

여기에서 (1, 2) 한 점에 대한 정보를 알 때로 직선 $y = a(x - 1) + 2$까지 알았다. 이 방법은 두 점에 대한 정보를 알 때 수식을 찾는 데 도움을 준다. 다시 두 점을 아는 직선 함수의 경우로 돌아가 보자. 점 (1, 2)와 (3, 4)를 지난다면 이 직선은 (1, 2)를 지나므로 $y = a(x - 1) + 2$ 등식이 참인 관계다. 그리고 (3, 4)도 지나야 한다. 이제 기울기 a를 결정할 수 있다. $4 = a(3 - 1) + 2$이니 $a = 1$이다. 확인해 보자.

$$y = 1 \times (x - 1) + 1$$

그러므로 $y = x + 1$이다. 앞에서 우리가 얻었던 것과 같다. 같을 수밖에 없다.

❸ 1차 함수들 비교

1차 함수 f와 g가 있을 때 두 그래프를 비교할 수 있다. 둘 다 1차 함수이므로 직선이고, 따라서 평행하거나 겹치거나 한 점에서만 만난다. 다른 경우는 없다.

■ 평행과 겹침

극단적인 경우들이다. 대신 필요한 정보도 극명하게 드러나서 파악하기도 쉽다. 평행하다는 말은 기울기가 같다는 말이다. $f(x) = 2x + 1$과 $g(x) = 2x - 3$은 평행하다(그림 13). 여기서 더하는 상수까지 같으면 두 함수는 겹친다.

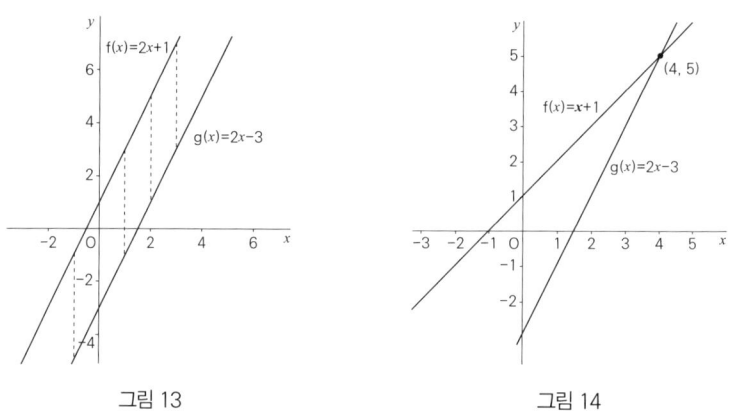

그림 13   그림 14

■ 교차

기울기가 같은 두 직선 함수는 평행하거나 겹친다고 했으니 기울기

270

가 다르면 두 함수 그래프는 한 점에서 교차해야 한다. (정말 두 점, 세 점에서 교차할 수는 없는 걸까?) 예를 들어 $f(x)=x+1$이고 $g(x)=2x-3$이다(그림 14). 함수 f와 g가 교차하는 점에서 좌표는 같으니 (a, b)로 놓는다.

$f(a)=b$이니 $a+1=b$

$g(a)=b$이니 $2a-3=b$

두 등식을 모두 만족하므로 다음 등식은 참일 수밖에 없다.

$a+1=2a-3$

이것은 1차 방정식 문제다. a는 4니까 b는 5이고 따라서 교차점은 $(4, 5)$이다.

> 문제 출발선에서 1km '앞으로 나가' 출발해서 시속 1km로 느릿느릿 걷는 사람 A가 출발했다고 하자. 동시에 조금 빨리 걷는 사람 B는 시속 2km로 걷되 출발선에서 3km '뒤에서' 출발했다. A와 B는 언제쯤 만날까?

직선형 함수는 단순해서 필요한 정보를 찾기도 쉽다. 그리고 수많은 문제에 스며들어 있다. 예를 들어 시속 10km로 일정하게 자전거를 달리는 사람이 x시간 후에 간 거리는 $f(x)=10x$이니 1차 함수다. 수영장에 분당 2cm씩 물을 채운다면 시간 x에 따른 수면 높이의 함수는 $f(x)=2x$. 만약 수영장에 이미 물이 1m 차 있었다면 $f(x)=2x+100$으로 나타낼 수 있다. 여러분 중에는 이런 사례는 너무 싱겁다고 느끼는 사람이 있을지도 모른다. 이제 단순한 직선 모양 함수도 존재감이 있다는 것을 보여 주겠다.

물리학 역사에 한 획을 그은 중요한 법칙이 있다. 뉴턴은 지금부터 320년쯤 전에 《자연철학의 수학적 원리》라는 책을 냈다. 가치로 치면 인류 역사상 가장 위대하고, 읽기로 치면 가장 끔찍한 고전 중의 고전이다. 여기서 뉴턴은 운동 법칙을 셋 제시했는데, 그중 제2 운동 법칙은 이것이다.

$$F = ma$$

어떤 물체가 질량 m으로 정해졌다면 그 힘 F는 가속도에 비례한다는 말이다. 그래서 강한 힘을 내려면 무엇보다 가속도를 높여야 한다. 힘의 본질에 대한 통찰이 담겨 있다. 까칠한 사람은 '힘은 가속도랑 연관이 있겠지. 당연한 거 아냐? 권투 선수가 주먹을 뻗을 때도, 무사가 검을 휘두를 때도 중요한 건 가속도니까!' 하고 생각할 수도 있다. 하지만 여기서 정말 중요한 통찰은 막연히 '관계가 있다'가 아니라, 힘과 가속도 사이의 함수 관계가 '직선형 관계로 되어 있다'는 부분이다.

이로써 1차 함수의 완전 정복을 끝내고, 이 사다리를 디뎌 2차 함수를 완전 정복할 차례다. 대망의 순간이 눈앞이다. 그런데 아직은 힘이 조금 달린다. 그래서 곧장 가는 게 아니라 잠시 한두 곳을 들러 무기를 충전해야 한다. x축을 따라 변하는 합성이 바로 그 무기들이다. 먼저 평행이동하는 합성부터 찾아보자.

"나는 어떤 기업에 투자할 때 그 기업이 10년 뒤에 어떤 모습일지 눈여겨봅니다."

젊었을 때 딱 100달러로 주식 투자를 시작해서 지금은 세계 갑부가 된 유명한 투자가가 얼마 전 이와 비슷한 말을 했다. 들쑥날쑥하는 지금 당장의 상황보다는 흐름을 본다는 뜻으로 이해할 수 있다. 지금 들쑥날쑥하는 것들도 잘 보면 어떤 큰 흐름이 직선형일 때가 있다.

그래프 몇 개를 감상하면서 이 글을 마치려 한다. 말도 안 되는 시도 덧붙였다. 여러분의 너른 이해를 바란다. 다음 그래프에 대한 해석은 여러분의 자유다.

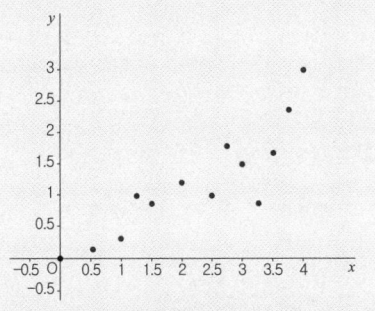

반 년에 한 번씩 결과를 찍어 봤지

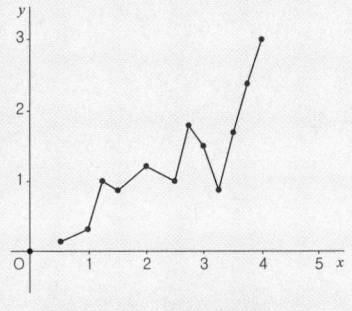

이어 봤더니 들쑥날쑥

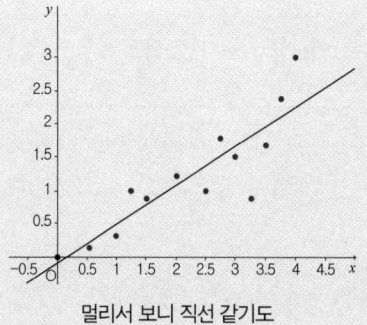

멀리서 보니 직선 같기도

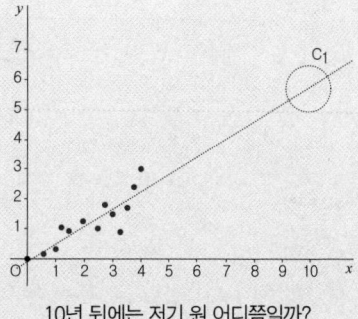

10년 뒤에는 저기 원 어디쯤일까?

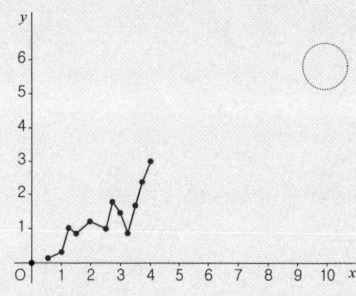

직선이 가리킨 저곳 어디 아닐까?

274

17

좌우로 미끄러지기

x축을 따라 k만큼 평행이동, $h(x)=g(x-k)$

무기를 충전하러 온 첫 장소는 x축을 따라 미끄러지기. 여기서 지혜와 무기를 전수받고 다음 장소로 옮길 것이다. 함수 g에서 y축을 따라 미끄러진 함수가 h라면 $h(x)=g(x)+k$ 였는데, 이제 x축을 따라 미끄러지는 합성은 수식으로 어떤 모양일까? 머뭇거리지 말고 곧장 문 열고 들어가자.

① 점을 좌우로 평행이동

y축을 따라 변환하는 유형은 두 가지였다. 즉, 평행이동하는 유형 $h(x)=g(x)+k$ 꼴과 확대, 축소, 대칭하는 유형 $h(x)=k \times g(x)$ 이다. 여기까지는 그나마 단순한 편이었다. 그에 비해 x축을 따라 변환하는 꼴은 조금 복잡하다. '역추적'하는 과정이 있어서 한 번 더

생각할 게 있기 때문이다. 역추적 과정은 항상 복잡했다. 곱셈을 역추적하는 나눗셈이 더 복잡하고, 제곱해서 2가 나오는 수를 찾기가 2를 제곱하기보다 더 복잡하지 않았던가. 자, 정신 바짝 차리시라.

예제 1 간단한 경우다. 초간단 함수 g : {(1, 3)}이다. 이 함수가 x축을 따라 1만큼 평행이동했다면 어떤 점일까? x축을 따라 평행하게 이동했으니 y좌표는 안 바뀌고 x좌표만 1 더한다(그림 1). 따라서 합성된 함수 h 는 이렇게 나타낸다.

$$h : \{(2, 3)\}$$

이제 질문. 함수 g를 어떻게 합성하면 h를 얻을까? 보다시피 $g(1)=3$이고 $h(2)=3$이니 $g(1)=h(2)$이다. 이것으로만 추리하면 두 함수의 관계는 다음과 같다.

$$g(x)=h(x+1)$$

지금 이 등식은 h를 합성해서 g를 얻는 방식이다. 그런데 우리의 관심은 그게 아니다. 주어진 함수 g를 어떻게 합성해서 h를 얻을까? 바로 이것이 궁금하다. 그러므로 '역추적'해야 한다. 함수 g는 1을 입력하면 3을 출력하는 기능밖에 없다. 우리에게 주어진 것은 이것뿐이다.

그런데 합성된 함수 h를 보면

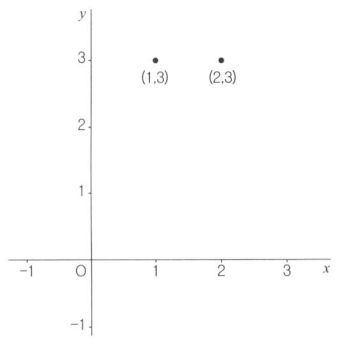

그림 1

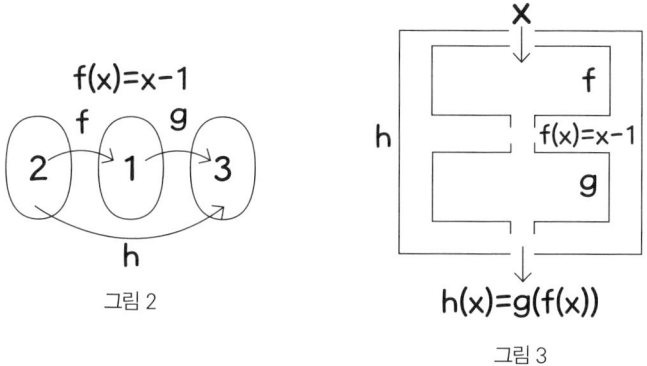

그림 2

그림 3

$h : \{(2, 3)\}$이다. 따라서 입력이 2일 때 3을 출력하는 함수다. 2를 입력했을 때 어떤 함수 f를 거쳐서 1이 나와야 한다. 그래야 함수 g가 작동할 테니까. 보나 마나 함수 f가 '빼기 1' 함수일 때 이런 일이 가능하다. 다이어그램에서 보듯이 말이다(그림 2). 함수 f를 적용하고 그 치역을 함수 g가 정의역으로 받아 작동하므로 $h(x) = g(f(x))$ 꼴이다. 이것은 y축을 따라 변환인 $h(x) = f(g(x))$와 다른 유형이다. 부품 끼우기로 생각하면 그림 3으로 나타낼 수 있다. 결국 x를 따라 1만큼 평행이동한 것을 이렇게 짧게 쓸 수 있다.

$g(f(x)) = h(x)$이고 $f(x) = x - 1$

이 역추적 과정을 등식으로도 확인할 수 있다. 함수 g와 h의 관계는

$g(x) = h(x + 1)$

인 등식이므로 $x = z - 1$이라고 보면 $g(z - 1) = h(z)$와 같은 말이다. x니 z니 하는 것들은 독립변수라는 말일 뿐 기호는 중요하지 않다. 따라서 다시 z 대신 x로 바꿔 쓰면 다음 관계와 다를 바 없다.

$$g(x-1)=h(x)$$

요약

함수 g와 합성함수 h가 $g(x-1)=h(x)$인 관계이면 g에서 x축을 따라 +1만큼 평행이동한 함수가 h이다.

역추적 과정이 들어갔으므로 처음에는 복잡해 보일지 모른다. 하지만 여기까지만 제대로 이해했다면 핵심을 모두 이해한 것과 같다. 정의역을 조금 부풀려 보자.

예제 2 함수 g가 다음과 같이 정의되었다.

$g : \{(-1, -1), (0, 0), (1, 1)\}$

함수 g는 항등함수이다. 좌표평면에 나타내면 세 점으로 나타난다. 이 세 점이 오른쪽으로 +2만큼 평행이동했다면 어떻게 될까? 이동한 결과 그 함수 h는 이렇게 정의된다.

$h : \{(1, -1), (2, 0), (3, 1)\}$

함수 g를 써서 합성한 함수 h를 얻었다. 그렇다면 함수 g를 어떻게 합성해야 함수 h를 얻을까? 바로 그것이 우리가 관심을 가지는 부분이다. 함수 h의 행동을 그림 4에 다이어그램으로 나타냈다.

합성한 다음 결과만 놓고 보니 $h(x)=x-2$이다. 함수 g를 합성해야 한다고 했는데 $g(x)=x$이니 $h(x)=g(x)-2$라고 하면 충분하다. OK! 찾았다!

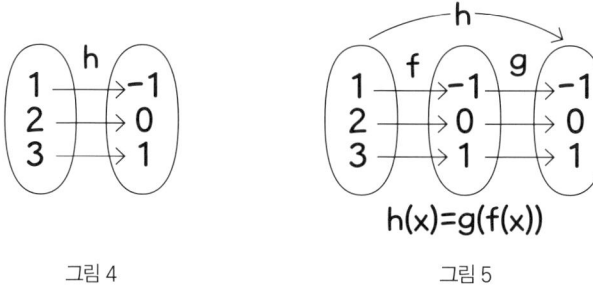

그림 4

그림 5

정말? 정말 답을 찾았을까? 아쉽지만 아니다. 함수 g의 정의역에는 2, 3이 없기 때문이다. 정의하지 않았으므로 우리는 $g(2)$, $g(3)$ 값을 모른다. g라는 프로그램이 깔린 컴퓨터는 2나 3이 입력되면 무엇을 해야 할지 몰라 다운돼 버릴 수도 있다. 따라서 $h(3)=g(3)-2$는 의미 없는 문장이고, $h(x)=g(x)-2$도 하나 마나 한 말이다. 더 고민해야 한다. 여러분, 읽기를 멈추고 지금 머리를 쥐어짜 보시라.

이에 대해 답할 열쇠는 이미 앞의 예에 있었다.

"함수 g를 알고 있다고요? 아, g : {(-1, -1), (0, 0), (1, 1)}이군요. 그렇다면 합성된 함수 h의 정의역의 독립변수에서 '빼기 2' 함수를 먼저 적용하세요. 그리고 그것을 함수 g가 정의역으로 받아서 할 일을 하면 되겠네요."

이 말을 다이어그램으로 다시 나타내면 그림 5와 같다. 함수 f와 g가 부품으로 결합했다면 그림 6과 같을 것이다. 결국 함수 g와 합성함수 h가 $g(x-2)=h(x)$인 관계일 경우 g에서 x축을 따라 +2만큼 이동한 함수가 h이다(그림 7).

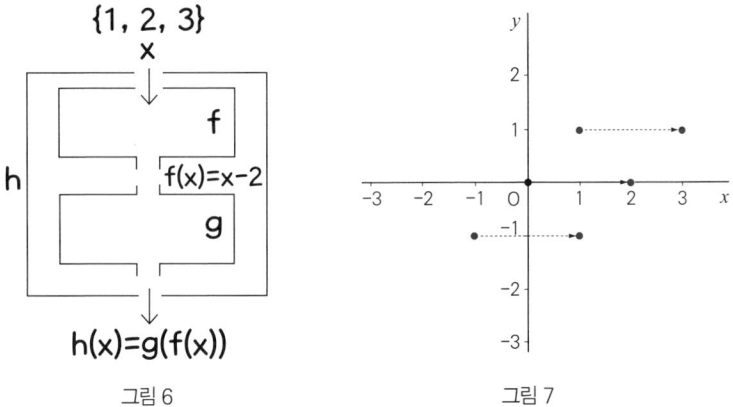

그림 6

그림 7

예제 3 앞의 예에서 함수 f가 '빼기 2'가 아니라 '더하기 2'였다면 어떻게 될까? 함수 g는 그대로 $g : \{(-1, -1), (0, 0), (1, 1)\}$이고 말이다. 즉, $h(x) = g(f(x))$이고 $f(x) = x+2$라면 주어진 함수 g와 합성함수 h는 어떻게 다를까?

이때도 함수 h가 제대로 합성함수려면 함수 $f(x) = x+2$의 치역이 g의 정의역이 되어야 한다. 그림 8의 다이어그램에서 보듯 -1이 함수 g 정의역값이려면 -3이 독립변수여야 한다. 그리고 0이려면 -2, 1이려면 -1이다. 따라서 합성함수 h는 이렇게 정의된다.

$h : \{(-3, -1), (-2, 0), (-1, 1)\}$

함수 g와 합성함수 h를 좌표평면에서 비교해 보라(그림 9). 보다시피 함수 g에서 '왼쪽으로 2만큼' 평행이동한 함수가 h이다.

이제 앞의 두 예제를 요약하면서 왼쪽이니 오른쪽이니 하는 사투리 대신 수학 표준어로 다시 말해보겠다.

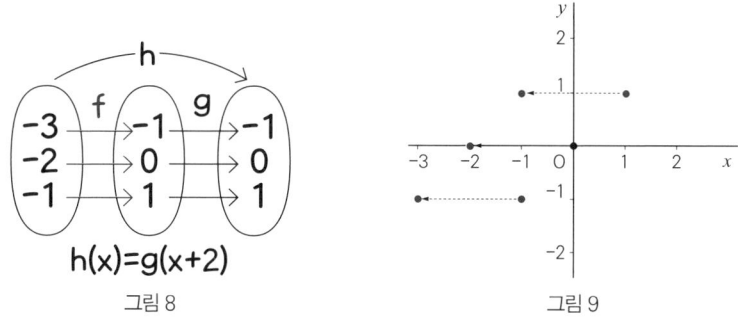

그림 8   그림 9

- $h(x) = g(x-2)$인 관계이면, h는 g에서 x축을 따라 2만큼 평행이동

- $h(x) = g(x+2)$인 관계이면, h는 g에서 x축을 따라 -2만큼 평행이동

$g(x+2)$는 $g(x-(-2))$와 같으므로 더 짧게 요약할 수 있다.

요약

함수 g와 h가 $g(x-k) = h(x)$인 관계이면 g에서 x축을 따라 k만큼 평행이동한 함수가 h이다.

❷ 직선을 좌우로 이동

이제 도형을 좌우로 옮겨볼 차례. 정의역이 실수 전체라고 가정한다.

예제 1 $g(x)=x$이고 $f(x)=x-2$이며 $g(f(x))$, 다시 말해 $g(x-2)$ 합성인 경우를 보자. 함수 g에 대해서는 알고 있다. 항등함수로 직선이다. $g(x-2)=h(x)$이므로 위에서 말한 게 바뀔 이유는 전혀 없다. 다이어그램에 독립변수 중 몇 개만 뽑아 나타냈다(그림 10). 함수의 원소들 중 몇 개만 쌍으로 나타내면 다음과 같다.

$$g : \{(-4, -4), (-3, -3), (-2, -2), (-1, -1), (0, 0), (1, 1)\}$$
$$h : \{(-2, -4), (-1, -3), (0, -2), (1, -1), (2, 0), (3, 1)\}$$

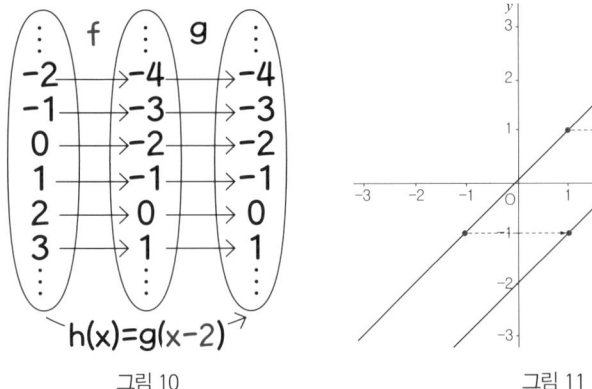

그림 10   그림 11

282

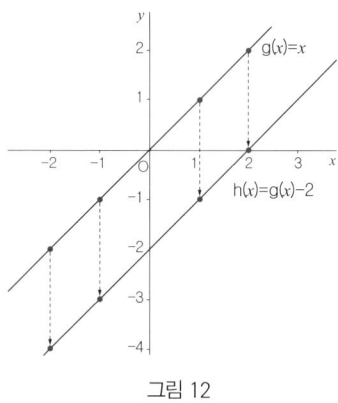

그림 12

함수 g와 합성함수 h를 좌표평면에 나타내 비교하면, 함수 g에서 x축을 따라 +2만큼 평행이동한 함수가 함수 h이다(그림 11).

혹시 누가 이렇게 질문할지 모르겠다.

"$h(x)=g(x)-2$를 해도 결과는 같은 거 아녜요?"

맞다. $h(x)=g(x-2)=x-2$이고, $h(x)=g(x)-2=x-2$이므로(그림 12). 정말 이렇게 하나 저렇게 하나 결과는 같다! 하지만 이건 함수 $g(x)=x$였기 때문에 비롯된 우연일 뿐이다. 함수 g가 꼭 항등함수여서 그런 것은 아니다. 어떤 1차 함수든 그것을 x축을 따라 평행이동한 합성함수 $h(x)$는 반드시 y축을 따라 평행이동해서 얻을 수 있고 그 역도 성립한다. 다음에 나오는 예제를 보면 그 사실을 짐작할 수 있다.

예제 2 함수 g, h, j의 정의역은 실수이다. 그리고 $g(x)=x-2$, $h(x)=g(x)+3$, $j(x)=g(x+3)$인 관계로 연결되어 있다고 하

283

자. 함수 h는 g에서 y축을 따라 +3만큼 평행이동했고, 함수 j는 g를 x축을 따라 -3만큼 이동했을 것이다. 그 결과는 겹친다. 그럴 수밖에 없다. 왜냐하면 함수 h와 j를 풀어 쓰면 다음과 같기 때문이다(그림 13).

$$h(x) = g(x)+3 = (x-2)+3 = x+1$$
$$j(x) = g(x+3) = (x+3)-2 = x+1$$

문제를 조금 바꿔 $g(x)=2x+1, h(x)=g(x)+3, j(x)=g(x+1)$일 때도 함수 h와 j는 똑같이 행동한다. 다음과 같기 때문이다(그림 14).

$$h(x) \quad = g(x)+3 \qquad = (2x+1)+3 \quad = 2x+4$$
$$j(x) \quad = g(x+3) \qquad = 2(x+3)-2 \quad = 2x+4$$

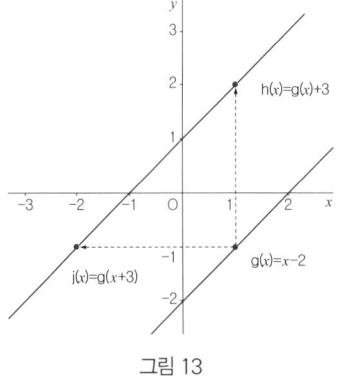

그림 13

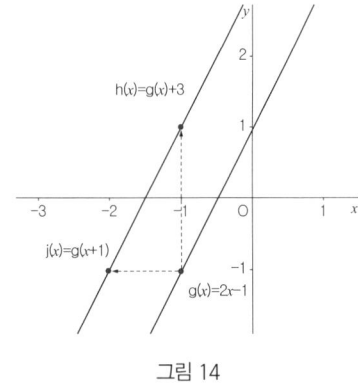

그림 14

그러면 기어이 이렇게 묻는 심술보들이 있을 것이다(이런 심술은 꼭! 있어야 한다).

"아니, 그럼 뭐 하러 x축을 따라 평행이동하는 걸 따로 배워요?"

내가 지금 할 수 있는 대답은 이거다. 무엇보다 강력한 대답.

"두고 보면 안다!"

그리고 거기에 버금가는 무시무시한 요구…….

"여러분 스스로 생각해 보시오."

❸ 도형을 좌우로 이동

함수 g의 정의역이 {-2, -1, 0, 1, 2}이고 $g(x) = x^2$이라고 하자. 함수 g는 1차 함수가 아니니 점 5개는 직선 하나에 모두 놓일 수 없다 (그렇죠?). 함수 g를 오른쪽으로 +2만큼 평행이동한 합성 함수 h를 찾으려고 한다. 함수 g를 쌍으로 표시하면 다음과 같다.

g : { (-2, 4), (-1, 1), (0, 0), (1, 1), (2, 4) }

좌표평면에서 x축을 따라 이 점들을 +2만큼 평행이동한 것을 h라 하면 다음과 같다.

h : { (0, 4), (1, 1), (2, 0), (3, 1), (4, 4) }

앞의 예제들에서는 합성함수 h의 수식을 어찌어찌 짐작할 수 있지만, 이 경우는 쉽지 않다. 읽기를 멈추고 찾아보라. 0일 때 4와 대응하고, 1일 때 1이 대응하고, 2일 때 0이 대응하고… 그 다섯 가지 조건을 모두 만족하는 수식을.

천재 같은 계산 능력을 갖추었거나 운이 좋은 사람은 찾았을지 모르겠다. 나는 이렇게 접근했다. 지금까지의 예제들에서 했던 대로다.

- h의 정의역 {0, 1, 2, 3, 4}가 정의역이고, 함수 g의 정의역 {-2, -1, 0, 1, 2}가 치역인 함수
- 그러면서 {(0, -2), (1, -1), (2, 0), (3, 1), (4, 2)} 대응인 함수

이 두 조건을 만족하는 함수 f를 찾는 것이다. 이것을 다이어그램으로도 그려 봤다(그림 15).

이렇게 해놓고 보니 $f(x)=x-2$라는 규칙이 분명히 드러났다. 따라서 다음과 같이 정의할 수 있다.

$$h(x)=g(f(x))=g(x-2)=(x-2)^2$$

결국 이번에도 함수 g를 x축으로 +2만큼 이동한 합성함수 h의 관계는 다음과 같다.

$$h(x)=g(x-2)$$

이것은 거꾸로도 성립한다(그림 16). 다시 말해 $h(x)=g(x-2)$ 관계이면 함수 g에서 x축으로 +2만큼 평행이동한 결과가 합성함수 h이다. 함수 f의 정의역이 실수 전체라 해도 변할 것은 아무것도 없다. 이제는 실수만큼 많은

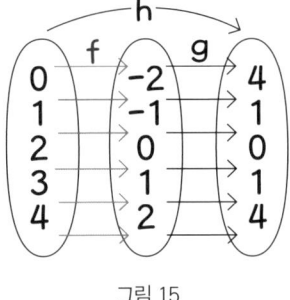

그림 15

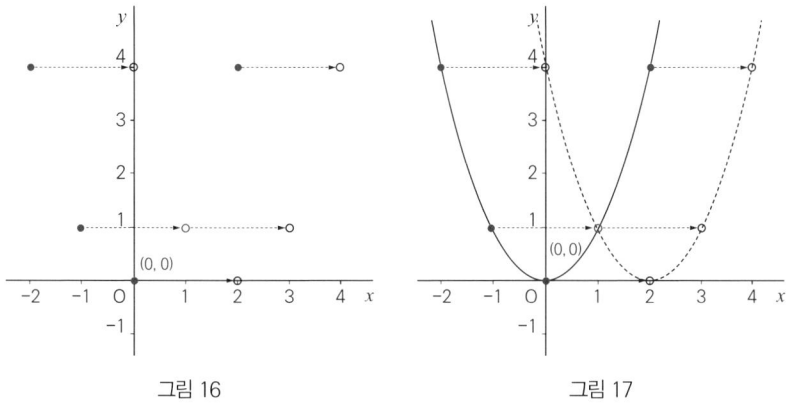

그림 16   그림 17

점을 생각하기만 하면 되고, 모든 점에서 같은 원리가 작용한다. 그림 17에 있는 실선이 함수 $g(x)=x^2$이다(왜 이런 모양인지 곧 나온다. 중요한 것은 지금은 그게 중요하지 않다는 사실이다). 그리고 점선은 함수 g가 x축을 따라 +2만큼 평행이동한 함수 h이다.

$$h(x)=g(x-2)=(x-2)^2$$

여전히 위의 등식 관계일 수밖에 없다. $h(5)=(5-2)^2=3^2=g(3)$에서 보듯 함수 g의 독립변수가 함수 h의 독립변수보다 +2만큼 커야 h와 g의 y좌표는 같을 테니까.

지금까지 살펴보는 동안 k가 얼마인가는 중요한 문제가 아니었다. 따라서 다음과 같이 요약할 수 있다.

요약

함수 g가 x축을 따라 k만큼 평행이동한 결과가 함수 h이면, 함수 g와 함수 h는 $h(x)=g(x-k)$인 등식 관계이다. 거꾸로도 참이다.

다시 말해 함수 g와 h가 $h(x)=g(x-k)$인 등식 관계이면, 함수 g가 x축을 따라 k만큼 평행이동한 결과가 함수 h이다.

함수 g가 무엇으로 주어졌든 상관없었다는 것에도 주목하라. 함수 g를 이루는 '모든 점에 대해서' 이 원리는 그대로 적용된다. 그렇다면 예를 들어 함수 g가 무엇이든 상관없이 그림 18의 실선으로 나왔다면 $h(x)=g(x-2)$라는 합성함수 h는 x축을 따라 2칸씩 이동하여 점선이 될 것이다.

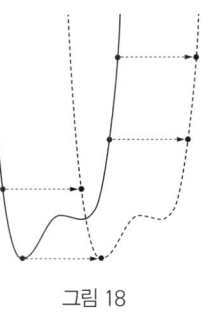

그림 18

그뿐만이 아니다. 이제 다각형, 원을 비롯한 다양한 도형들에 대해서도 한꺼번에 '오른쪽으로 2만큼' 평행이동시킬 수 있는 가능성이 열렸다(그림 19). 이제 비행기도 옆으로 순간 이동이 가능하다. 구름이 옆으로 흐르는 것도 함수로 나타낼 수 있으니 프로그램해서 그릴 수 있게 되었다(그림 20).

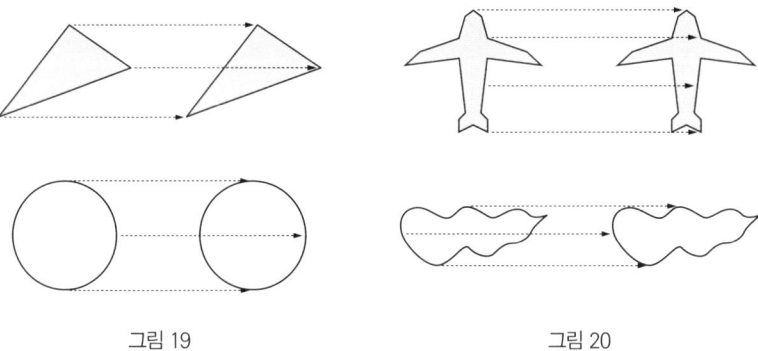

그림 19   그림 20

우리는 더 자유로워졌다. $h(x)=g(x)+k$ 꼴의 합성으로는 y축을 따라 위아래로 평행이동이 가능했다. 이제 $h(x)=g(x-k)$ 꼴의 합성으로 x축을 따라 왼쪽, 오른쪽으로 평행이동도 가능하다. 두 합성을 섞어보겠다. x축을 따라 옆으로 평행이동하는 합성을 f라 하고 y축을 따라 위아래로 평행이동하는 합성을 g라 하자. 이때 $h=g \circ f$인 합성 h는 'x축으로 평행이동하고 y축으로 평행이동'이 된다. 어떤 도형이 주어지든 원하는 자리로 순간 이동을 할 수 있다(아래 그림).

자, 그렇다면 궁금한 게 하나 남았다. $h(x)=k \times g(x)$는 y축을 따라 늘이고 줄이고 대칭했다면 $h(x)=g(kx)$는 x축을 따라 늘이고 줄이고 대칭한 효과일까? 정말로?

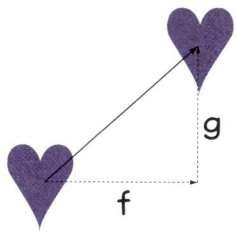

수학 분야에도 이런저런 상이 꽤 있다. 가장 널리 알려진 상으로는 필즈상, 아벨상이 있다.

'수학의 노벨상'이라는 별명이 붙은 필즈상의 금메달에는 위대한 아르키메데스의 얼굴이 있다. 필즈상은 캐나다 수학자 필즈가 남긴 유언으로 1936년에 시작되었지만, 1950년대부터 본격적으로 시상을 해왔다. 국제 수학자 회의에서 4년마다 뽑는 필즈상은 비록 상금은 다른 상에 비해 적지만 영광은 둘째가라면 서러울 만큼 영예로운 상이다. 젊은 수학자를 돕는다는 뜻에서 40세 나이 제한이 있다.

아벨상은 노르웨이 국왕이 수여하는 상이다. 사업가였던 노벨이 대단한 상을 만들면서 수학 부문을 뺐다는 말을 들은 사람들은 노벨상에 맞서는 상을 제안했다. 원래는 가난에 찌들어 요절한 노르웨이 천재 수학자 아벨 탄생 100주년을 맞아 상을 제정할 계획이었다. 하지만 첫 선정은 그로부터 100여 년이 지난 2003년에 이루어졌고, 그때부터 매해 수상자를 선정하고 있다.

클레이상도 최근 몇 년 사이에 입소문을 탔다. 미국 사업가 클레이가 남긴 유산으로 2000년에 설립된 수학재단에서 수여하는 상이다. 이 상은 수학의 7대 비밀을 선정하고 그것을 푸는 사람에게 거액의 상금을 약속한 비정기 상이다. 비밀 중 하나가 몇 년 전 풀렸는데, 수상자인 페렐만이 상금을 받을 생각도 않고 숨어 지내는 까닭에 아직 아무도 받지 않았다.

그 밖에도 수십 가지의 상이 있고, 그중에는 롤프 쇼크 상도 있다. 쇼크는 향학열이 높아 평생 여러 분야를 공부했다. 그는 상당한 유산을 남겨 세상을 놀라게 했고, 그중 반을 기증했다. 쇼크의 유언에 따라 4개 분야(철학과 논리, 수학, 시각예술, 음악)에 걸쳐 2년마다 시상하는데, 시상식은 노벨상처럼 스웨덴 왕립학술원에서 열린다.

2011년 11월 수학 분야의 수상자로는 아쉬바허 교수가 선정되었다. 아쉬바허는 일명 '어마어마한 정리enormous theorem'라 불리는 '유한 단순 그룹의 분류 정리'를 풀 핵심 열쇠를 찾아낸 공로를 인정받았다. 이 정리는 별명대로 어마어마하다. 이 정리를 증명하기 위해 내로라하는 수학자들이 최소한 100명 참여했고, 그들이 증명한 분량만 15,000쪽이 넘는다. 현재까지 세상에서 존재한 가장 긴 증명을 꼽으라면 아마 이 증명일 게 틀림없다.

18

좌우로 늘이고 줄이고 뒤집기

x축을 따라 확대·축소·대칭, $h(x)=g(kx)$

꽃무늬 있는 고무풍선에 바람을 불어 본 적 있는가? 바람을 훅훅 불면 꽃도 따라서 빵빵하게 부푼다. 스마일이 있는 고무풍선은 부풀어 깔깔댄다. 원래 모양이 이렇게 커지려면 위아래로만 커져서는 안 되고 좌우로도 커져야 한다. 바람을 빼서 원래 모양으로 되돌아가는 것도 위아래와 좌우로 축소되어야 한다.

우리는 이미 위아래로 잡아 늘이기를 할 줄 안다. 원래 g를 받아서 '곱하기 k'라는 부품만 연결해서 합성하면 된다. 이제 좌우로도 늘이고 줄일 수 있는 합성을 익힐 차례다. 게다가 음수의 도움만 받으면 좌우로 뒤집는 것도 쉽다. 좌우로 줄이고 늘이고 뒤집는다는 말을 수학 표준어로는 x축을 따라 축소, 확대, 대칭인 합성이라고 한다. 우리가 목표한 기본 합성 중 마지막 단계다.

❶ x축을 따라 k배 확대·축소

이야기를 진전시키기 전에 y축을 따라 확대, 축소를 정리해 보자.

$$h(x) = 2g(x)$$ y축을 따라 두 배 확대(늘이기)

$$h(x) = \frac{1}{2} \times g(x)$$ y축을 따라 반으로 축소(줄이기)

이제 x축을 따라 확대, 축소를 결론부터 적는다. 위와 비교해 보라.

$$h(x) = g\left(\frac{1}{2}x\right)$$ x축을 따라 두 배 확대(늘이기)

$$h(x) = g(2x)$$ x축을 따라 반으로 축소(줄이기)

슬쩍 봤다간 큰코다친다. $h(x) = 2g(x)$는 x축에서 y축을 따라 점점 멀어진 '2배 확대'였지만 $h(x) = g(2x)$는 x축을 따라 '2배 축소'다. 다시 말해 y축 쪽으로 점들이 모인다. 사실 이런 일은 평행이동에서도 일어났다. $h(x) = g(x) + 2$는 y축을 따라 '+2만큼' 평행이동인데, $h(x) = g(x+2)$는 x축을 따라 '-2만큼' 평행이동이다. 그게 다 역추적하느라 그랬다.

x축을 따라 좌우로 평행이동을 할 때 그랬듯이 여기서도 역추적 과정을 밟는다. 이게 무슨 말일까?

예제 1 g의 정의역이 $\{-1, 0, 1\}$이고 $g(x) = x$일 때.

함수 g를 쌍으로 나타내면 다음과 같은 항등함수다.

$g : \{(-1, -1), (0, 0), (1, 1)\}$

이제 이 점들이 모두 y축에서 2배만큼 멀어졌다고 하자. 우리 용어로는 'x축을 따라 확대'다. x축을 따라 늘였으니 y좌표는 그대로고 x좌표만 2배가 될 것이다(그림 1).

그래서 함수 g와 h를 비교하면 다음과 같다.

함수 g　　→ 합성함수 h

$(-1, -1) \rightarrow (-2, -1)$

$(0, 0)$　$\rightarrow$　$(0, 0)$

$(1, 1)$　$\rightarrow$　$(2, 1)$

합성된 함수 h는 $\{-2, 0, 2\} \rightarrow \{-1, 0, 1\}$로의 대응이고(그림 2), 쌍으로 나타내면 다음과 같다.

$h : \{(-2, -1), (0, 0), (2, 1)\}$

함수 g를 수식으로 어떻게 나타낼까? 독립변수와 종속변수의 관계를 보고 추측해 보면, $h(x) = \frac{1}{2}x$이다. 그리고 $g(x) = x$이므로 $h(x) = \frac{1}{2}g(x)$이다. OK! 찾았다. 끝!

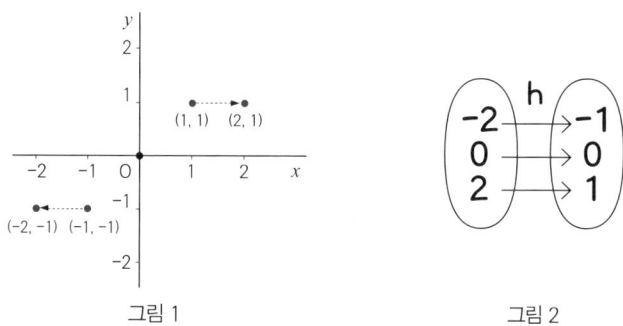

그림 1   그림 2

끝? 정말 끝났을까? 찾은 게 맞을까? 식만 보면 그럴듯하지만 아니다. 예를 들어 함수 h의 정의역에서 독립변수 값이 2인 경우, 방금 찾은 것으로 하면 $h(2) = \frac{1}{2}g(2)$인데, 함수 g는 2에 대해 정의되지 않았던 것이다! 함수 g가 2를 만나서 어떻게 행동할지 우리는 모른다. 프로그램 g에 2가 입력되면 다운이 될 수 있다.

이제 이 사태를 어떻게 헤쳐 나간다지? 앞 장에서 x축으로 평행이동할 때 썼던 전략을 생각하면 해결의 실마리를 찾을 수 있다. 함수 g의 정의역 {-1, 0, 1}의 2배인 {-2, 0, 2}를 함수 h의 정의역으로 하는 함수 f를 합성시켰다. 프로그램 g 앞에 프로그램 f를 끼워 넣는 것이다(그림 3). 바로 이 함수 f를 말이다.

$f : \{-2, 0, 2\} \rightarrow \{-1, 0, 1\}$이고,

$f : \{(-2, -1), (0, 0), (2, 1)\}$

보다시피 수식으로는 $f(x) = \frac{1}{2}x$이다. 이제 f와 g를 합성한 함수 h의 대응 규칙은 다음과 같다.

$$h(x) = g(f(x)) = g\left(\frac{1}{2}x\right) = \frac{1}{2}x$$

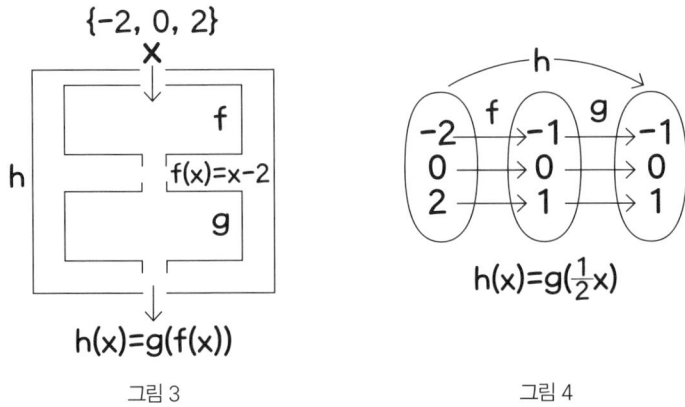

그림 3   그림 4

정의역과 치역, 대응 규칙까지 모두 만족한다. 우리가 찾던 바로 그것이다! 거꾸로도 참이다.

- 함수 g의 정의역은 $\{-1, 0, 1\}$이고 $g(x)=x$
- 함수 h의 정의역은 $\{-2, 0, 2\}$이고 $h(x)=\dfrac{1}{2}x$

이렇게 정의되었으므로 함수 g와 함수 h를 좌표평면에 나타내면 g에서 x축을 따라 2배 확대한 꼴로 나타난다.

이제 $h(x)=g\left(\dfrac{1}{3}x\right)$면 어떻게 될까? 그렇다. 함수 g값들의 3배인 $\{-3, 0, 3\}$을 정의역으로 하는 함수 f를 합성시켜야 한다. 그래서 함수 h는 다음과 같다.

$$h : \{(-3, -1),\ (0, 0),\ (3, 1)\}$$

그러니 함수 g에서 x축을 따라 '3배 확대'된다.

물론 $h(x)=g\left(\dfrac{1}{4}x\right)$였다면 4배 확대되어 좌우로 쭉 늘어날 것이다.

함수 g, h가 $h(x)=g(kx)$인 관계이고 $0<k<1$이면, h는 g에서 x축을 따라 k배 확대한 결과이다. 거꾸로도 참이다. 다시 말해 $g(x)$를 k배만큼 좌우로 늘이고 싶으면 $0<k<1$인 k일 때 $h(x)=g(kx)$로 합성하면 충분하다.

예제 2 g의 정의역이 실수 전체이고 $g(x)=x$일 때.

항등함수 f의 정의역이 실수였다면 좌표평면에는 직선으로 나타날 것이다. 그리고 $h(x)=g\left(\dfrac{1}{2}x\right)$ 관계인 함수 h는 이 직선 g의 모든 점을 x축을 따라 2배 확대한 직선으로 나타난다. 다시 말해 모든 점이 y축에서 2배 멀어지는 직선이다(그림 5).

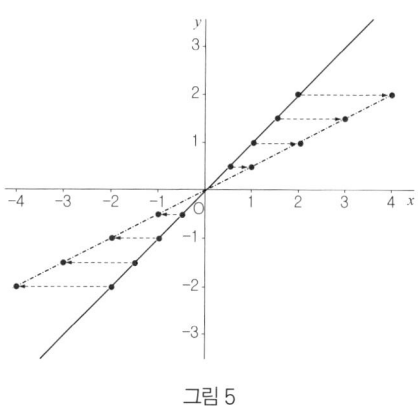

그림 5

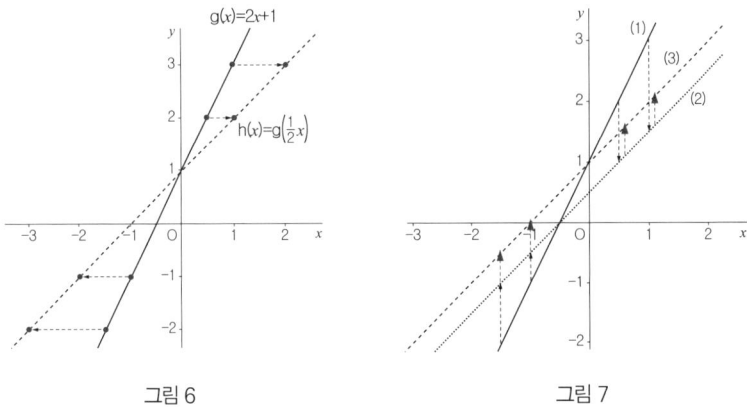

그림 6   그림 7

예제 3   함수 g의 정의역이 실수 전체이고 $g(x)=2x+1$일 때.

1차 함수인 $g(x)=2x+1$이라는 직선을 이루는 모든 점은 합성 $g\left(\dfrac{1}{2}x\right)$로 인해 x축을 따라 2배 확대한다(그림 6). 이 합성함수 h의 수식으로 말하자면 다음과 같다.

$$h(x)=g\left(\frac{1}{2}x\right)=2\left(\frac{1}{2}x\right)+1=x+1$$

꼭 이렇게 합성해야 하는 것은 아니다. 다르게 합성해도 같은 함수를 얻을 수 있다. 이렇게 한번 해보겠다.

$$j(x)=\frac{1}{2}g(x)+\frac{1}{2}=\frac{1}{2}(2x+1)+\frac{1}{2}=x+1$$

함수 j는 함수 g를 'y축을 따라 2배 축소'한 다음(그림 7의 (2)), 'y축을 따라 $\dfrac{1}{2}$만큼' 평행이동한 것이다(그림 7의 (3)). 함수 h나 j는 모두 정의역이 실수 전체이고 $x+1$을 대응 규칙으로 하니 두 함수는 겹친다. 하지만 우리가 앞에서 보았듯이 이것은 정의역이 실수 전체이고 직선이어서 생긴 우연일 뿐이다.

이제 직선이 아닌 경우의 예제를 보겠다. 여러분 스스로 생각하다
가 저절로 고개를 끄덕이기를 바라는 마음으로.

예제 4 함수 f의 정의역이 실수이고 $g(x)=x^2$일 때.

이때도 모든 점에서 같은 원리가 적용될 것이므로 g를 이루는 모
든 점들이 x축을 따라 2배 확대된다(그림 8). 이 함수를 수식으로 쓰
면 다음과 같다.

$$h(x)=g\left(\frac{1}{2}x\right)=\left(\frac{1}{2}x\right)^2=\frac{x^2}{4}$$

보라, $g(x)=x^2$을 평행이동해서
는 절대로 $h(x)$와 겹칠 수 없다.

뿐만 아니라 고무를 양쪽으로 잡
아 늘이듯이 도형을 좌우로 넓힐
수 있다. 그림 9와 그림 10에서 실
선은 원래 도형이고 점선은 x축을
따라 2배 잡아 늘인 것이다.

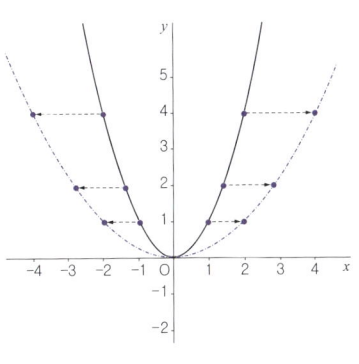

그림 8

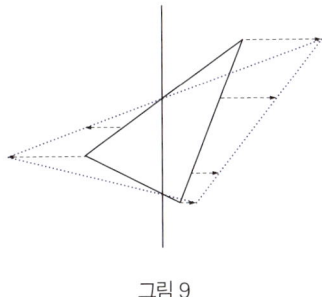

그림 9

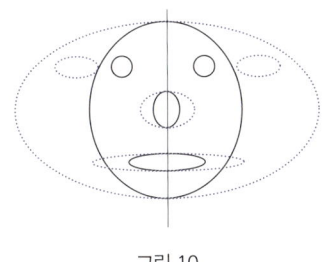

그림 10

❷ x축을 따라 k배 축소

함수 g가 $h(x)=g\left(\dfrac{1}{2}x\right)$로 합성될 때는 '$x$축을 따라 2배 확대'인
데 비해서 $h(x)=g(2x)$는 'x축을 따라 2배 축소'이다. 확대인 합성
을 제대로 이해했다면 이것은 식은 죽 먹기다.

$h(x)=g\left(\dfrac{1}{2}x\right)$인 등식은 이렇게 말한다.

"함수 g를 'x축을 따라 2배 확대'한 함수가 h이다."

이것은 이미 우리가 이해한 말이다. 그런데 이 말을 뒤집으면 이렇
게 말하는 것과 같다.

"함수 h를 'x축을 따라 2배 축소'한 함수가 g이다."

같은 말을 뒤집은 것이다. 역추적 과정이다. 이제 $\dfrac{1}{2}x=y$라고 생
각하면 $x=2y$이고, 이 두 함수 관계는 $h(2y)=g(y)$이다. 또 나온 말
이지만, 여기서 x니 y니 하는 것은 기호일 뿐이다. 무엇을 나타내는?
그렇다. 그것은 '독립변수'를 대신하는 기호일 뿐이다. y로 쓰든 x로
쓰든 아니면 ⊙를 쓰든 상관없다. 그래서 다음과 같은 말이다.

$g(x)=h(2x)$

기호를 바꿔 썼을 뿐 다음 말을 계속하고 있다.

"함수 h를 'x축을 따라 2배 축소'한 함수가 g이다."

그래서 $h(x)=g(2x)$는 이런 말이다.

"함수 g를 'x축을 따라 2배 축소'한 함수가 h이다."

똑같은 이유로 $h(x)=g(3x)$인 등식이 말하는 내용은 이것이다.

"함수 g를 'x축을 따라 3배 축소'한 함수가 h이다."

앞에 든 예제에서 다른 것은 모두 같고 $h(x)=g(2x)$인 관계라는 것만 바뀌었다고 가정하고, 여러분 스스로 다이어그램, 수식, 프로그램 조립, 좌표평면으로 나타내 보기 바란다.

요약

함수 g, h가 $h(x)=g(kx)$인 관계이고 $1<k$이면, h는 g에서 x축을 따라 k배 축소한 결과다. 거꾸로도 참이다. 다시 말해 $g(x)$를 k배만큼 좌우로 줄이고 싶으면 $1<k$인 k일 때 $h(x)=g(kx)$로 합성하면 충분하다.

좌표평면에 있는 어떤 점에 대해서도 같은 원리가 적용되니 도형을 x축을 따라 축소시킬 수 있게 되었다. 그림 11, 12, 13에서 실선은 원래 도형이고, 점선은 x축을 따라 2배 축소한 도형이다.

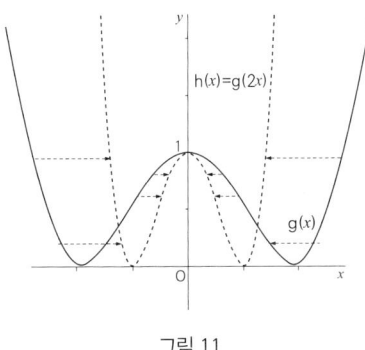

그림 11

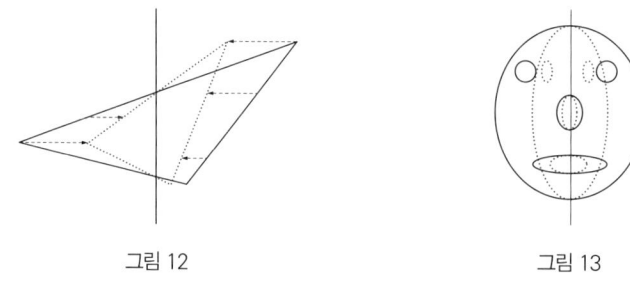

그림 12
그림 13

❸ x축을 따라 대칭

이제 정상이 눈앞이다. 지금까지의 상황을 정리해 보자. 함수 g와 h 가 $h(x)=g(kx)$인 관계일 때, 함수 h는 함수 g를 다음과 같이 변화시킨다.

$1<k$일 때 x축을 따라 k배 축소

$k=1$일 때   그대로

$0<k<1$일 때 x축을 따라 k배 확대

그렇다면 이제 남은 경우는 k가 -1일 때다.

예제 1 g의 정의역이 {-1}일 때.

함수 g는 초간단 항등함수 $g : \{(-1, -1)\}$이라고 하고, '(-1) 곱하기' 함수인 f와 합성한 $h(x)=g((-1)\times x)$는?

함수 g의 정의역은 $\{-1\}$이므로 이 함수가 제대로 기능하려면 x에 1이 입력되어야 한다. $h(1)=g(-1)=-1$이고, 결국 $h:\{1,\,-1\}$이다. 좌표평면에 나타내면 함수 g와 함수 h는 y축을 대칭축으로 뒤집은 형태다(그림 14).

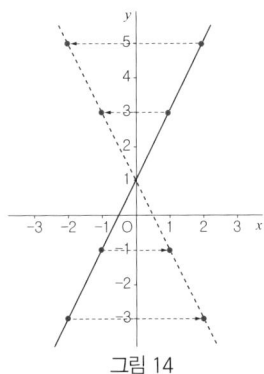
그림 14

예제 2 g의 정의역이 $\{-1,\,2\}$일 때.

함수 g가 $g:\{(-1,\,-1),\,(2,\,1)\}$로 정의되었다고 하자. 이때 $h(x)=g((-1)\times x)$는?

이것도 마찬가지다. 함수 g의 정의역은 $\{-1,\,2\}$이므로 h의 정의역은 $\{1,\,-2\}$여야 한다. 그럴 때 함수 g가 합성되어 제대로 작동한다.

$$h(1)\ =g((-1)\times 1)\ \ \ \ =g(1)=-1$$
$$h(-2)=g((-1)\times(-2))=g(2)=1$$

따라서 함수 h는 다음과 같다.

$$h:\{(1,\,-1),\,(-2,\,1)\}$$

이것 역시 함수 g와 함수 h는 y축을 대칭축으로 서로 뒤집힌 형태이다(그림 15).

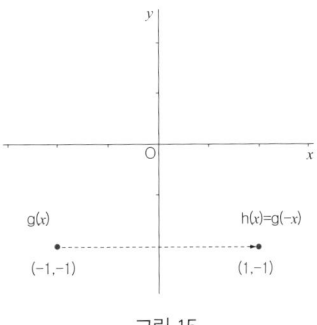
그림 15

예제 3 g의 정의역이 실수이고 $g(x)=2x+1$일 때.

$h(x)=g((-1)\times x)$인 합성을 보자. 이 경우도 앞의 경우와 다를 바 없다. 직선 함수 g를 이루는 모든 점들에서 앞의 경우와 같이 y 축을 대칭축으로 해서 x축을 따라 뒤집힌다(그림 16). 수식으로 나타내면 다음과 같다.

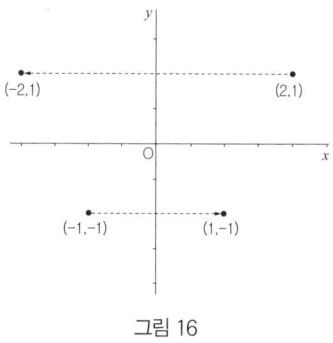

그림 16

$$h(x)=g(-x)=2(-x)+1=-2x+1$$

예제 4 g의 정의역이 실수이고 $g(x)=x^2$일 때.

$h(x)=g((-1)\times x)$인 합성을 보면 $g(x)=x^2$의 그래프는 특별하게 행동한다. 왜냐하면 $h(x)=g(-x)=(-x)^2=x^2$이어서 뒤집힌 모든 점이 그 곡선에 있기 때문이다(그림 17).

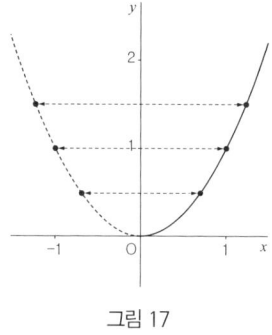

그림 17

$f(x)=x^2$처럼 $f(-x)=f(x)$인 독특한 성격을 가진 함수들을 한데 묶어 짝함수 또는 한 자로 우함수라고 한다. 좌표평면에서는 함수 y축에 대해 좌우 대칭으로 나타난다. 짝수 차 다항으로 된 함수 $f(x)=x^4$, $f(x)=x^6\cdots$ 들은 모두 그렇다. 물론 상수함수도 0차이 니 이런 성격을 가지고 있었다. 그에 비해 $f(x)=x$처럼 $f(-x)=-f(x)$인 성격을 가지면 홀함수 또는 기함수라고 부른다. 홀수차 다항으로 된 함수 $f(x)=x^3$, $f(x)=x^5\cdots$ 들이 비슷한 성격을 가지고 있다. 좌표평면에서는 원점 대칭으로 나타난다. 따라서 짝함수를 양수 부분만 그린 다음 y축에 대칭한 것이 나머지 부분이고, 홀함수는 양수 부분만 그린 다음 원점 대칭하면 끝난다. 반만 알면 나머지 반을 아는 것이니 알고 있으면 편리하다.

요약

함수 g, h가 $h(x)=g(kx)$인 관계일 때, k값에 따라 합성함수 h 는 함수 g를 다음과 같이 변화시킨다.

- $1<k$일 때 x축을 따라 k배 축소
- $0<k<1$일 때 x축을 따라 k배 확대
- $k=-1$일 때 x축을 따라 대칭
- k가 (-1) 아닌 음수일 때 x축을 따라 대칭하고 확대나 축소

그림 18, 19, 20은 어떤 함수 $g(x)$를 $g(2x)$, $g\left(\dfrac{1}{2}x\right)$, $g(-x)$로 합 성한 그래프이다.

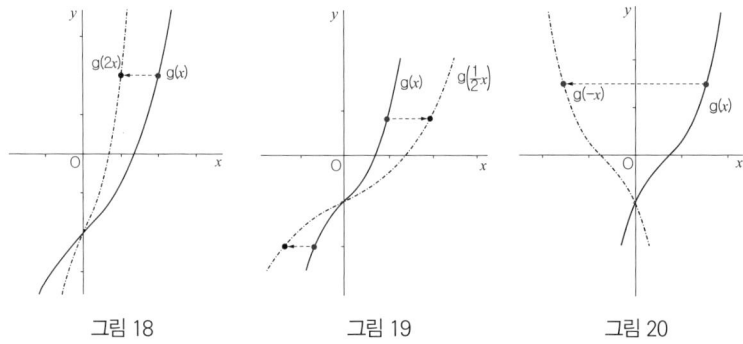

| 그림 18 | 그림 19 | 그림 20 |

합성을 하나 더 익힐 때마다 우리 힘은 강해진다. 이전에는 y축을 따라 변형하는 데 그쳤지만, 이제는 x축을 따라 변형할 수도 있게 되었다. 이 규칙에 따라 합성에 합성을 거듭하면서 마음껏 도형을 줄이고 늘이고 대칭하고 평행이동할 수 있다.

이제 우리는 아래 그림처럼 뒤집어진 작은 하트를 닮은 모양으로 키우고 뒤집고 원하는 자리로 옮길 수 있게 된 것이다. 이게 바로 하나를 배우면 열을 깨우치는 것이 아닐까? 되었다. 이제 넉넉히 지혜와 힘과 무기를 충전했다. 이것을 바탕으로 전진한다. 우리 앞에 2차함수가 있다.

원주율 π는 3.14159…로 시작해서 끝없이 계속 간다. 십진법으로 더 써 보면 3.14159 26535 89793 23846 26433 83279 50288 41971 69399…… . 계속 가고 도무지 규칙이 안 보이는 신비한 수이다. 같은 무리수라도 $\sqrt{2}$는 자연수와 셈기호를 써서 나타냈는데, 이 수는 얼마나 복잡하면 이런 기호 π를 쓸까. 또 얼마나 무질서하면 전 세계에서 누가 누가 기억력 좋은가를 뽑는 암기력 대회에 이 수를 쓸까.

이 수를 십진법으로 나타낼 때 가장 길게 외운 사람은 중국 젊은이다. 〈기네스북〉에까지 이름을 올렸다. 그는 1년을 노력해서 10만 자리까지 외웠다고 한다. 독한 사람이다. 하지만 공식 대회에서는 67,890 다음 자리를 할 때 틀려 거기까지가 현재 세계 공인 기록이다.

외우는 방법도 가지가지인데, 가장 널리 쓰이는 방법 중 하나가 의미 있는 말을 만들어서 하는 것이다. 우리말로 하면 3.14159를 외운다면, "가라니 곧 가야지요 저 아우성치는 가시비늘바다지렁이…"로 해서 3자, 1자, 4자, 1자… 이렇게 시를 지어 암송하는 것이다. (우리나라 말에는 긴 낱말이 적어서 힘들다. 9자리 낱말을 찾기 위해 〈국어사전〉을 뒤졌다.)

원주율 π는 수학자들에게도 좀처럼 정체를 드러내지 않고 있다. 소수점으로 계속 쓰면 거기 0이 1억 개 계속 이어 나오는 구간이 있을까? 0부터 9까지의 숫자 중 무한히 계속 나오지 않고 언젠가 끝나 버리는 숫자가 있을까? 0이 나온 만큼 1이나 2도 나올까? 이런 문제들은 아직 풀리지 않았다.

그래도 π는 여전히 가장 사랑받는 상수이다. 다른 유명한 상수들과 함께 영원히 지성과 감성의 벗으로 인류와 함께할 것이다. 수학자들에게만 그런 것은 아니다. 노벨 문학상 수상자인 폴란드 시인 쉼보르스카는 π를 예찬하는 시를 지었고, 3.14를 기려 만든 '파이데이'에 파이를 만들어 즐기는 사람들도 늘고 있다. 2년 전 미국 하원에서는 파이데이를 공식 기념일로 정하는 법안을 지지했다. 우리나라에서도 '쵸코파이'로 기념하는 과학고등학교가 있다고 들었다. 아래 사진은 네델란드 최대 과학기술대학인 델피 과학기술대학에서 파이데이를 기려 만든 파이이다. (이걸 아까워서 어떻게 먹는다지?)

19

2차 함수 완전 정복

2차 함수 $y=ax^2+bx+c$와 그래프

이 책의 최종 목표에 이르렀다. 대망의 순간이 다가왔다. 2차 함수를 완전 정복하러 왔다. 자연수 하나에서 시작해 직선을 가득 채우는 실수까지 점점 넓은 수 세계로 나왔고, 다항과 그것으로 이루어진 방정식을 풀었고, 집합의 대응 관계인 함수와 그 기본 합성까지…… 긴 여행이었다. 이제 이 책이 목표로 하는 정상에 이르렀다. 이 안에는 그동안 우리가 함께한 것들이 거의 모두 들어 있다.

2차 방정식이 수학 공부의 단단한 씨앗이라면 2차 다항함수는 꽃이다. 앞에서 우리는 직선인 1차 함수를 자세히 살펴보았다. 이제 2차 함수를 완전 정복할 차례다. 낯 뜨거운 제목이지만 기왕에 '1차 함수 완전 정복'이라고 썼으니 일관성을 지키기 위해 그냥 쓴다.

자, 제목이야 어떻든 함께 2차 함수라는 수학의 꽃을 보러 떠나자.

❶ 2차 함수의 기본 형태 $f(x)=x^2$

반지름 x와 원 넓이 y의 대응 관계 $y=\pi x^2$이다. 원주율 π를 십진법으로 표시하면 3.1415926535…로 시작해 끝없이 가면서 도무지 규칙이 안 보이는 수다. 하지만 괴상하게 생겼다고 해봤자 3.14보다 크고 3.15보다 작은 상수라는 것은 변함없다. 따라서 반지름과 원 넓이 관계는 더 단순한 함수 $f(x)=x^2$에 '곱하기 π'라는 함수를 합성한 것이다. 그래프로는 이게 어떤 뜻이었더라?

그렇다. $f(x)=x^2$에서 y축을 따라 π만큼 확대다. 그러니 초점은 $f(x)=x^2$의 그래프이다. 점 몇 개를 찍어 보자. 비교적 계산이 쉬운 것들로 골라 봤다.

$$(-2,\ (-2)^2),\ (-1,\ (-1)^2),\ (0,\ 0^2),\ (1,\ 1^2),\ (2,\ 2^2).$$

이 점들은 $f(x)=x^2$ 그래프를 아는 데 충분한 정보를 주지는 않지만, 최소한 이 점들을 지나야 한다는 정보는 준다.

함수 그래프를 그릴 때 점 몇 개만 해보고 쭉~ 잇는 것은 별로 좋은 방법이 아니다. 쭉~ 잇는 것은 너무 무모하다. 2차가 아니라 3차, 4차로 다항의 차수가 올라갈수록 이 방법은 소용이 없기 때문이다. 다항이 아니라 $y=\dfrac{1}{(x-1)^2}$, $y=\sqrt{x^2-2x+5}$ 처럼 유리항, 무리항으로 항이 더 복잡해지면 그때는 어떡하겠는가? 게다가 $f(x)=x^2$을 그렇게 알았다고 해도 같은 2차 함수인데 조금 바꿔 놓으면 그때마다 점을 찾고 찍고 있어야 하니 딱할 노릇이다. 예를 들어 다른 2차 다항 $y=2x^2$, $y=-2x^2$, $y=x^2-2x+3$, $y=(x-3)^2$의 그래프를 그릴 때도 그때마다 점을 찾고 찍을 것인가?

점 찍어 잇기 방법은 금세 힘을 잃는다. 그러니 처음 배울 때 강력한 방법을 익히는 게 낫다. 그 방법은 다른 게 아니라 원리 터득이다. 처음엔 깨우치는 데 시간이 더 걸릴지 모르지만 일단 원리를 터득하면 뻥 뚫린다. 하나를 깨우쳐 열을 배우는 것과 같다.

1차 함수에서 했던 대로 우리는 기울기와 주요 좌표라는 관점으로 봐야 한다. 그리고 1차 함수에 없던 성질, 즉 대칭이라는 성질도 고려해야 한다.

■ 주요 좌표

y축과 만나는 점부터 보자. x가 0일 때 좌표를 찾으면 된다. 그런데 $f(0)=0$이다. 따라서 y축과는 오로지 $(0, 0)$에서 만난다. 다음은 x축과 만나는 점을 찾을 차례다. y가 0일 때 x값을 찾으면 된다. $0=x^2$을 만족해야 하는데, 이것을 만족하는 x도 오로지 0이다. x축과 만나는 점도 $(0, 0)$이다. 축과 만나는 점은 하나뿐이다.

좋은 정보를 얻었으나 아쉽게도 아직 갈 길이 멀다. 골라낸 5점을 지나고 $(0, 0)$에서만 x, y축과 만나는 함수들은 얼마든지 많으니까 (그림 1).

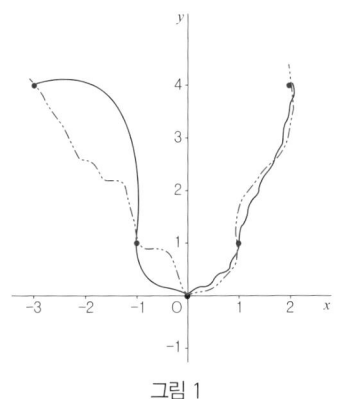

그림 1

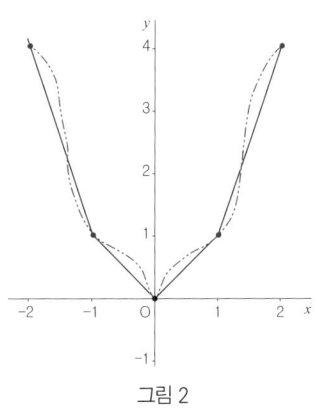

그림 2

■ **대칭성**

골라낸 점 $(-2, (-2)^2)$, $(-1, (-1)^2)$, $(0, 0^2)$, $(1, 1^2)$, $(2, 2^2)$에서 보듯 이 점들은 모두 y축에 대칭하고 있다. 이 점들에서만 그런 게 아니라 모든 정의역에서 $f(a)=f(-a)=a^2$이므로 y축에 대칭이어야 한다(18장 그림 17의 설명을 참조할 것). 따라서 정의역이 $0<x$일 때 그래프만 얻으면 충분하다. 그것을 y축에 대칭시켜 붙이면 정의역이 $x<0$일 때인 남은 부분도 얻게 된다. 주요 좌표만 알 때보다 훨씬 좋다. 하지만 아직 멀었다. y축에 대칭한다는 성질까지 고려하면 가능성을 상당히 좁혔지만, 여전히 상상하는 만큼 얼마든지 많이 나올 수 있다(그림 2).

■ **기울기**

항등함수와 비교하며 기울기를 짐작해 보겠다. 정의역을 잘게 쪼개 표로 보자.

x좌표	0	0.2	0.4	0.6	0.8	1	3	5
$y=x$일 때 y좌표	0	0.2	0.4	0.6	0.8	1	3	5
구간 평균 기울기	1		1		1		1		1		1		1	
$y=x^2$일 때 y좌표	0	0.04	0.16	0.36	0.64	1	9	25
구간 평균 기울기	0.2		0.6		1		1.6		1.9		4		8	

예를 들어 x가 0에서 0.2로 변할 때 항등함수는 항상 기울기가 1인 게 마땅하다. 하지만 $f(x)=x^2$에서 대응하는 y값은 0에서

0.04로 변했으니 이때 평균 기울기는 다음과 같다.

$$\frac{0.04-0}{0.2-0}=0.2$$

이런 식으로 표를 만들었다. 보다시피 독립변수 x가 0 근방으로 갈수록 $y=x^2$의 평균 기울기는 '점점 더' 낮다. 그런데 x좌표가 0에서 멀어지면 멀어질수록 평균 기울기가 '점점 더' 커진다(그림 3). 하나하나 따지며 손가락을 짚어 가면 다음 결론에 도달한다.

- x가 0 근방에서는 기울기가 0에 가깝다.
- x값이 커지면서 평균 기울기는 '점점' 커지며 휘어 오른다.

이때 x값이 0.4에서 0.6일 때 평균 기울기는 항등함수와 같은 기울기 1이다. 따라서 옆 그림의 점선처럼 항등함수와 평행하다.

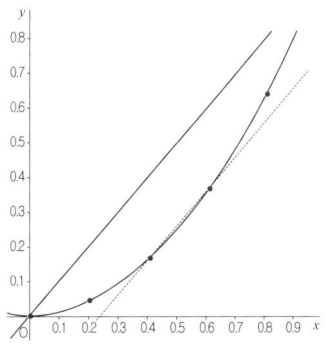

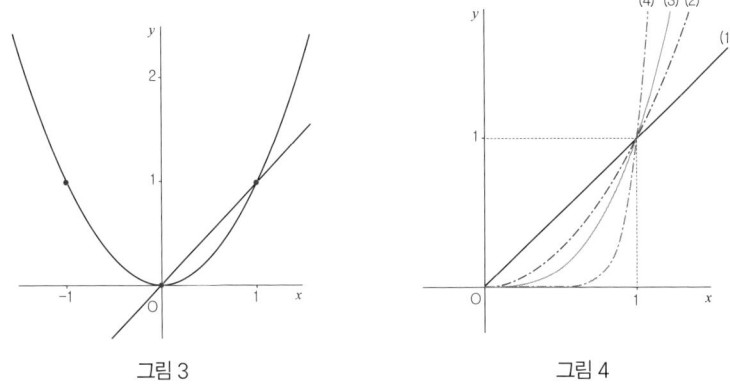

| 그림 3 | 그림 4 |

종합하면 $y=x^2$ 그래프는 0 근방에서는 x축과 거의 닮은 듯 누웠다가 서서히 일어서고, x값이 0.4에서 0.6일 때 $y=x$ 함수와 평행한 이후 점점 가파르게 된다. 그래서 매끄럽게 휘어 오르다가 점점 가파르게 되는 그래프이다(그림 3).

이런 경향은 차수가 높을수록 심해진다. 정의역이 0 근방에서는 $y=x^2$보다 $y=x^3$이 훨씬 완만하다가 1 근방에서는 둘이 비슷해지고, 정의역이 1보다 크면서 점점 $y=x^3$이 엄청 더 가파르다. 함수 $y=x^{10}$은 더 극적이다. 마치 한글 ㄷ자를 90도 꺾어 놓은 듯하다. 그림 4의 (1), (2), (3), (4)가 차례대로 $y=x$, $y=x^2$, $y=x^3$, $y=x^{10}$이다. 보기 편하도록 정의역이 양수인 경우만 그렸다.

❷ 확대, 축소, 대칭 $y=kx^2$

지금까지 탐색한 정보를 종합해 보면 $f(x)=x^2$은 그림 5에서 보는

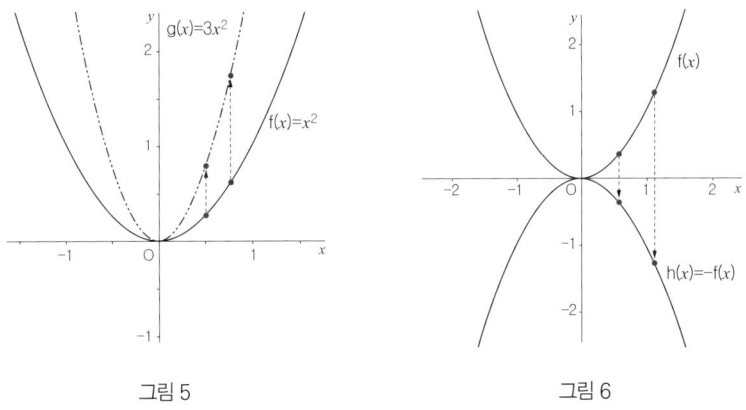

그림 5   그림 6

실선으로 나타난다. 따라서 $g(x)=3x^2$이라는 함수도 포물선이지만,
함수 f에서 y축을 따라 3배 확대이므로 더 가파를 것이고(그림 5 점
선), π는 3보다 살짝 크므로 $y=\pi x^2$은 $y=3x^2$보다 조금 더 가파른
그래프이다.

　이제 함수 $f(x)=-x^2$은 어떻게 될까? 이때는 k가 -1인 경우이니
$f(x)=x^2$이 x축을 대칭축으로 뒤집어진다(그림 6). 물건을 하늘 멀리
던지면 이런 선으로 나타난다고 해서 포물선이라고 부른다. 포물선

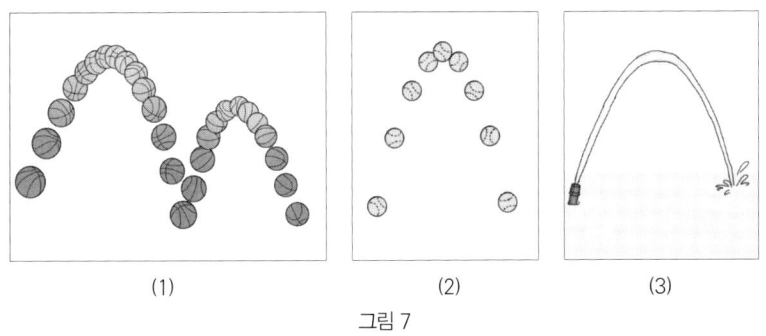

(1)　　　　　　　　　(2)　　　　　　　　　(3)

그림 7

은 곡선 중에서도 중요한 곡선
이다. 농구공이 튈 때도 포물선
모양으로 올라갔다가 떨어진
다(그림 7(1)). 타자에게 얻어맞
은 야구공(그림 7(2)), 골퍼가 쳐
올린 골프공도 모두 이 모양이
고, 분수 꼭지에서 뿜어져 나온
물도 그렇게 오르다 떨어진다

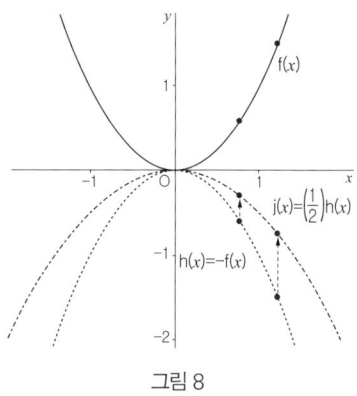

그림 8

(그림 7(3)). 무심한 듯 보여도 비밀스런 규칙이 숨어 있다.

그럼 $j(x) = -\left(\dfrac{1}{2}\right)x^2$이라면?

이것은 $j(x) = \left(\dfrac{1}{2}\right)(-1)x^2 = \left(\dfrac{1}{2}\right) \cdot h(x)$로 볼 수 있으므로 함수 h
에서 y축을 따라 '2배 축소'되므로 기울기는 완만해진다(그림 8).

지금까지의 내용을 종합하면 $y = kx^2$ 함수는 다음 성질을 지닌다.

"포물선 모양이고 x축, y축과 만나는 점은 오로지 $(0, 0)$ 하나다.
$x = 0$ 그래프에 대칭하고, k가 양수이면 $(0, 0)$에서 가장 낮은 점이
고 k가 음수이면 가장 높은 점이다."

이렇게 쓰고 보니 $(0, 0)$은 특별한 점이다. 그 안에 대칭축에 대한
정보와 치역 중 최솟값 또는 최댓값에 대한 정보를 담고 있다. 특별
하니 이름도 따로 있다. '꼭짓점'이라고 부른다.

❸ y축을 따라 평행이동 $y=kx^2+m$

두 함수 f와 g가 $f(x)=x^2$이고 $g(x)=x^2-1$이라 하자. 어떻게 변할까? 여기서는 $g(x)=f(x)-1$까지 생각이 닿기만 하면 된다. 처음엔 어렵다고 느낄지 모르지만 연습할수록 자신도 모르게 쉽게 눈에 띈다(정말 잡힐 듯이 보인다!). 함수 f와 함수 g는 $g(x)=f(x)-1$인 등식 관계가 성립하므로 y축을 따라 -1만큼 평행이동한다(그림 9).

더 멋을 부려 볼 수도 있다. 함수 f가 뒤집어지고, 확대되고, y축을 따라 평행이동까지 한 경우로 보자. 예를 들어 $h(x)=-2x^2+4$는 어떤가? 이 경우는 우선 $g=-2\times f(x)=-2x^2$이라고 보고 '곱하기 (-2)' 합성 효과로 '뒤집고 확대'한다(그림 10의 아래 점선).

그리고 거기서 $h(x)=-2x^2+4=g(x)+4$라고 보고 y축을 따라 4만큼 평행이동해서 얻을 수 있다(그림 10의 위 점선). 끝!

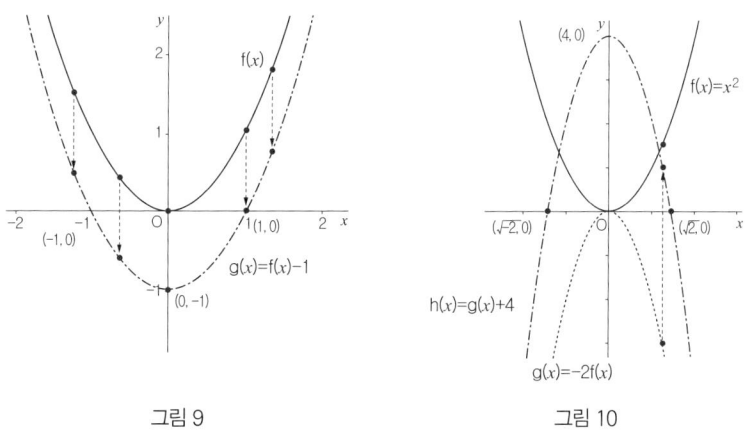

그림 9   그림 10

끝이라고? 아니다. 아직 끝나지 않았다. 주요 좌표를 표시하지 않았으니까. 모든 점이 평행이동하니 꼭짓점도 이동하고 꼭짓점이 이동하니 꼭짓점이 대표했던 정보도 변할 수밖에 없다. 기울기와 주요 좌표는 항상 눈여겨보고 찾아서 표시하라.

■ $g(x)=x^2-1$일 때 주요 좌표

y축과 만나는 점은 x좌표가 0일 때이니 $(0, g(0))$이다. 따라서 $(0, -1)$. x축과 만나는 점은 y좌표가 0일 때이니 $(a, 0)$이다. y좌표가 0인 x좌표를 찾으면 된다. $0=x^2-1$이다. 2차 방정식 문제다! 그렇다. 2차 함수의 주요 좌표를 찾기 위해서는 2차 방정식 문제를 익숙하게 다룰 줄 알아야 한다. 위 등식은 $x^2=1$과 같다. 이 등식을 참으로 하는 x값은 -1도 되고 1도 된다. 따라서 x축과 만나는 점은 $(-1, 0)$과 $(1, 0)$이다.

꼭짓점은 $(0, 0)$에서 -1만큼 평행이동했으니 $(0, -1)$로 바뀌었다. x좌표는 변하지 않아서 대칭축은 그대로이고, 치역 중 최솟값은 -1로 바뀌었다(그림 9).

■ $g(x)=-2x^2+4$

다를 것은 없다. y축과 만나는 점은 $(0, g(0))$이다. $g(0)=4$이므로 $(0, 4)$. x축과 만나는 점은 $0=-2x^2+4$를 만족하는 x를 찾아야 한다. 그 근은 $+\sqrt{2}$와 $-\sqrt{2}$ 둘뿐이다. 따라서 x축과 만나는 두 점은 $(-\sqrt{2}, 0)$, $(\sqrt{2}, 0)$이다.

여기서 멈추지 말고 두 점이 대충 어디쯤인지 정확하게 표시하는 습관을 들이자($\sqrt{2}$는 1.4와 1.5 사이다). 꼭짓점은 $(0, 0)$에서 $(0, 4)$로 바뀌었다. x좌표는 그대로이니 대칭축은 변하지 않고 함수가 뒤집혀서 치역 중 최댓값이 4이다.

※ 주의! 2차 함수에서는 x축과 만나는 점은 2개까지 가능하다. 2차 방정식의 근이 최대 2개이기 때문이다. $f(x)=x^2$일 때는 1개였고, $g(x)=x^2+1$이라면 x축과 만나는 점이 없다. 대칭인 곡선이었던 것, 그리고 x축과 만나는 점도 2개까지 가능하다는 것은 1차 함수에서는 없던 현상이다.

❹ x축을 따라 평행이동 $f(x)=ax^2+bx+c$

지금까지는 2차항과 상수항만 있을 때였다. 이것보다 더 일반적인 2차 다항 꼴은 1차항도 참여한 경우다. 1차항이 참여하면 그래프에 어떤 영향을 줄까? 바로 여기가 2차 함수다운 매력이 뿜어져 나오는 부분이다. 먼저 예제 셋을 뽑아 차례차례 보겠다. 그런 다음 '모든' 2차 함수 그래프를 정확히 알아낼 알고리즘을 보려고 한다. 2차 방정식을 다루는 기술을 이미 익혔고 함수 합성을 이해했다면 다음에 나오는 설명이 꽤 흥미진진할 것이다.

예제 1 $f(x)=x^2-2x+1$

이 함수가 작동하는 원리는 이렇다. x가 입력되면 x^2 연산을 한다. 그리고 $-2x$, 그 둘을 더해 x^2-2x가 된다. 그리고 거기에 1을 더한다. 정의역의 모든 x좌표에 대해 이런 일이 일어난다(그림 11). 이렇게 보면 이 함수는 세 함수를 섞어서 작동한다고 볼 수 있다. 실제로 이렇게 함수와 함수를 덧셈해서 구하는 것도 나름대로 재미있다(스스로 해보라).

그런데 모든 2차 다항은 항상 1차항이 없는 꼴로 변신할 수 있다는 것을 잊지 않았다면 풀이 방식이 달라진다. 2차 방정식에서 근을 구하는 알고리즘을 찾을 때 했던 방식이다. '완전제곱꼴'이라고 불렀다. 이 예에서는 $x^2 - 2x + 1 = (x-1)^2$이다. 모든 x에 대해 등호 왼쪽 항과 오른쪽 항은 항상 같지만, 함수로 작동하는 방식은 다르다. 왼쪽 항은 그림 11에 나타난 방식이고, 오른쪽 항은 그림 12에 나타난 것과 같다. 눈 깜짝할 사이에 부품을 설계하는 방식이 달라졌다.

$h(x) = (x-1)^2$ 함수는 x가 입력되면 '빼기 1' 연산을 하고 그 결과를 '제곱' 연산하는 것으로 끝난다. 그래프 이동이라는 용어로 다시 말하면 기본 2차 다항함수 $y = x^2$ 그래프를 x축 방향으로 모두 1만큼 평행이동한 합성함수다. $x^2 - 2x + 1$에 비해 연산 횟수가 확

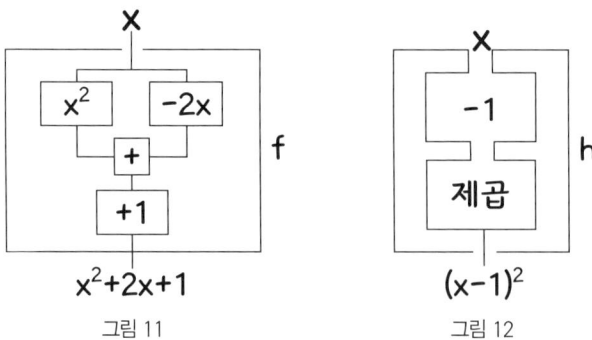

그림 11　　　　　　　　그림 12

줄었다. 결국 함수 f의 그래프는 함수 h의 그래프와 겹친다(그림 13). 아니, 겹칠 수밖에 없었다.

예제 2 $f(x) = x^2 - 2x - 3$

이것도 마찬가지다. 이것을 1차 항이 없는 완전제곱꼴로 바꾸면 $x^2 - 2x - 3 = (x-1)^2 - 4$이다. 이때 $(x-1)^2 - 4$는 x^2에서 $(x-1)^2$을 거쳐 $(x-1)^2 - 4$로 합성되어 갔다고 보면 된다.

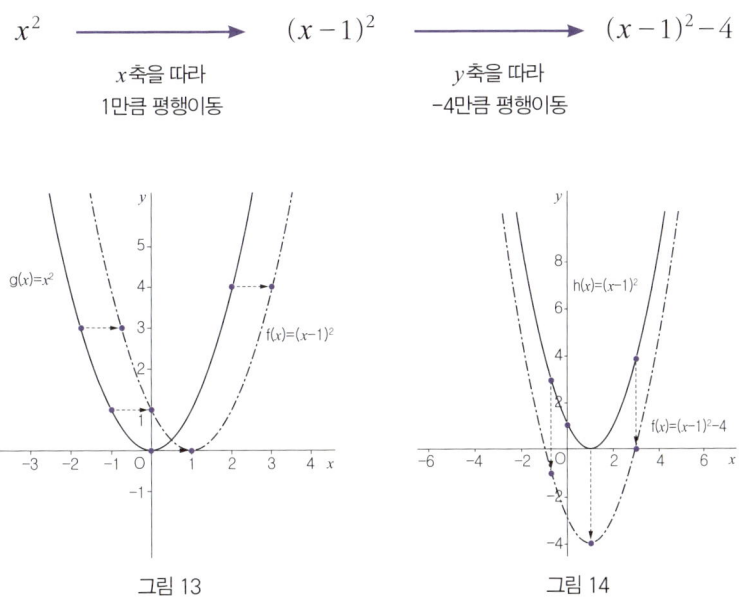

$$x^2 \xrightarrow{\qquad\qquad} (x-1)^2 \xrightarrow{\qquad\qquad} (x-1)^2 - 4$$

x축을 따라 y축을 따라
1만큼 평행이동   −4만큼 평행이동

그림 13　　　　　　　　　그림 14

예제 3 $f(x) = 2x^2 + 3x + 2$

약간 복잡하지만 원리는 같다. 2차 다항을 완전제곱꼴로 바꾸면 다음과 같다.

$$2x^2 + 3x + 2 = 2\left(x + \frac{3}{4}\right)^2 + \frac{7}{8}$$

이번에는 y축을 따라 확대도 합성되어 있다. $g(x) = x^2$에서 y축을 따라 2배 확대한다. 그것을 잠시 함수 $h(x) = 2 \times g(x)$라 하겠다(그림 15).

이제 x축을 따라 $\frac{3}{4}$만큼 평행이동한다. 이것을 $p(x) = h\left(x + \frac{3}{4}\right)$이라고 쓰겠다(그림 16).

마지막으로 y축을 따라 $\frac{7}{8}$만큼 평행이동한다. 그 함수를 q라 하면 $q(x) = p(x) + \frac{7}{8}$이다. $q(x)$가 바로 $f(x)$이다(그림 17). 이 과정을 요약하면 다음과 같다.

$$x^2 \xrightarrow{\text{그림 15}} 2x^2 \xrightarrow{\text{그림 16}} 2\left(x + \frac{3}{4}\right)^2 \xrightarrow{\text{그림 17}} 2\left(x + \frac{3}{4}\right)^2 + \frac{7}{8}$$

y축 따라 x축 따라 $-\frac{3}{4}$만큼 y축 따라 $+\frac{7}{8}$만큼
2배 확대   평행이동   평행이동

여러분이 모든 경우에 대해 주요 좌표를 정확히 표시하고 있다면 아주 좋은 습관을 들이고 있는 것이다. 반드시 좋은 일이 있을 것이다! 이 책이 끝나간다. 이제 스스로 찾을 만큼 여러분의 내공도 깊어졌으리라 믿는다. 아직 해보지 않았다면 지금 바로 주요 좌표를 찾아 표시해 보라. 위의 그래프와 주요 좌표를 문제없이 찾는다면, 스스로

눈치챘든 아니든 여러분의 지성은 이미 한 단계 올라와 있다는 뜻이다. 그러니 여러분 자신에게 박수를!

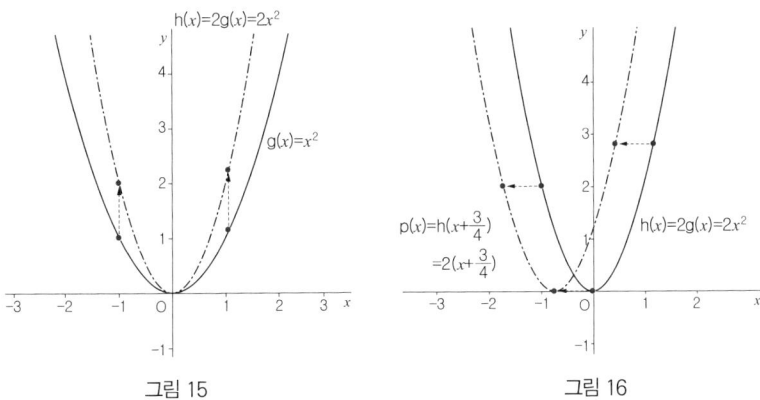

그림 15

그림 16

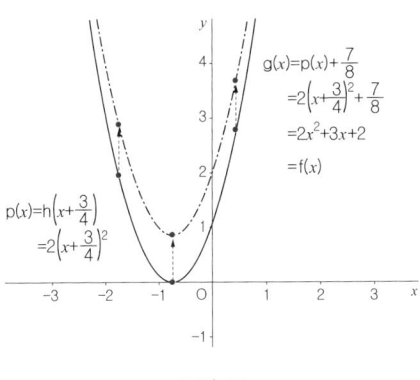

그림 17

이제 2차 다항 함수의 그래프를 총정리할 때가 되었다. 넓게 봐서 지금까지 함께 익혀 온 함수와 그래프, 합성까지 모두 종합하는 것이다. 2차 다항을 다루는 내용(주요좌표 찾기, 완전제곱꼴로 바꾸기)까지 들어갔으니 더 넓게 보면 이 책 전체에 대한 총정리다.

먼저 2차 다항 표준형을 완전제곱식으로 변형하면 다음과 같다는 사실을 상기해야 한다.

$$ax^2 + bx + c = a\left(x + \frac{b}{2a}\right)^2 - \frac{b^2 - 4ac}{4a}$$

안타깝게도 여러분의 공책을 검사할 수는 없지만, 여러분 스스로 이 과정을 유도해야 한다. 공책에 적어 보라. 한 줄에서 한 줄 넘어갈 때 반드시 근거를 명확히 밝히면서.

a는 0 아닌 어떤 실수, b와 c는 어떤 제약도 없는 실수일 때, $f(x) = ax^2 + bx + c$라 하자. 먼저 2차 다항 중 가장 간단한 형태로 시작해서 합성에 합성을 거듭한다.

$g(x) = x^2$

$h(x) = ag(x) = ax^2$ … y를 따라 확대·축소·대칭

$p(x) = h\left(x + \dfrac{b}{2a}\right) = a\left(x + \dfrac{b}{2a}\right)^2$ … x축을 따라 평행이동

$q(x) = p(x) - \dfrac{b^2 - 4ac}{4a}$

$\qquad = a\left(x + \dfrac{b}{2a}\right)^2 - \dfrac{b^2 - 4ac}{4a}$ … y를 따라 평행이동

이 $q(x)$가 바로 $f(x)$다.

찾았다! 보라, 우리가 얼마나 강해졌는지를! 이제 우리는 2차 함수가 어떤 꼴로 나오든 그래프를 좌표평면에 나타낼 수 있다. 기본형인 $y=x^2$에서 시작해서 기본 합성을 하면 충분하다.

❺ 2차 함수와 교차

함수를 그래프로 나타낼 때 x축, y축과 만나는 점을 표시하는 습관을 들이기로 우리는 약속했다. (아니, 약속이라고요? 언제요? 에헴, 아무튼! 약속 안 했으면 지금 약속하자!) 앞의 여러 예제에서 보았듯이 주요 점을 찾는 문제는 결국 2차 방정식 문제였다. 그것뿐만 아니라 직선과 포물선 교차, 포물선과 포물선 교차도 2차 방정식 문제다.

■ 직선과 포물선의 교차

혹시 예전에 나왔던 문제를 기억하는가? $f(x)=x^2$ 포물선을 따라 운동하는 행성과 $g(x)=-x+1$인 직선으로 운동하는 우주선이 만나는 점 이야기. 이제 만나는 그 점들을 찾아보자. 그것은 함수 f의 원소 중 하나이면서 동시에 함수 g의 원소이기도 하다. 만나는 점의 x좌표를 a라 하면, 다른 건 몰라도 최소한 다음 내용은 안다.

$$f : \{\cdots, (a, a^2), \cdots\}$$
$$g : \{\cdots, (a, -a+1), \cdots\}$$

여기서 함수 f에 있는 점 (a, a^2)과 함수 g에 있는 점 $(a, -a+1)$은 교차하는 점이므로 y좌표도 같다. 수식으로 쓰면 $a^2 = -a+1$이다. 따라서 변수 a에 대한 2차 방정식이고 표준형으로 바꾸면 다음과 같다.

$$a^2 + a - 1 = 0$$

먼저 판별항 D를 검사하면, $D = 1^2 - 4 \times 1 \times (-1) = 5$이고, $D > 0$이므로 근은 2개다. 그림에서 보는 것과 같다. 2차 방정식을 알고리즘에 따라 풀면 다음과 같다.

$$a = \frac{-1+\sqrt{5}}{2} \text{ 또는 } a = \frac{-1-\sqrt{5}}{2}$$

이것으로 끝인가? 아직 아니다. 맞게 찾았는지 확인해 봐야겠다. 먼저 양수인 경우부터.

$$a^2 = \left(\frac{-1+\sqrt{5}}{2}\right)^2 = \frac{1-2\sqrt{5}+5}{4} = \frac{3-\sqrt{5}}{2} = \frac{1-\sqrt{5}}{2} + 1$$
$$= (-1) \times \left(\frac{-1+\sqrt{5}}{2}\right) + 1 = -a + 1$$

맞다! a가 음수인 경우를 확인하는 문제는 여러분에게 맡기겠다. (여러분을 믿는다.)

해야 할 게 하나 더 있다. 우리는 좌표를 더 정확히 표시하는 습관을 들이겠다는 약속도 했다. (또 약속이라고요? 에헴!) $\sqrt{5}$가 2보다 조금 큰 수일 테니, 가능한 a 중에서 양수 $\frac{-1+\sqrt{5}}{2}$는 0보다 크고 0.5보다 작

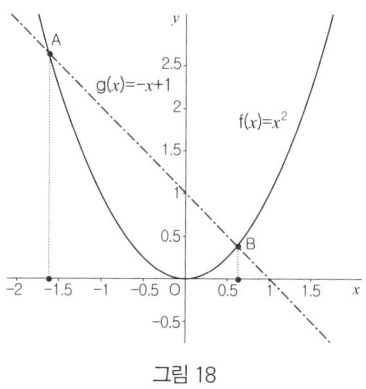

그림 18

을 것이고, 다른 하나인 음수 $\dfrac{-1-\sqrt{5}}{2}$ 는 -1.5보다 조금 작다. 깔끔하다. 이제 되었다. 그림 18을 보라.

만약 이 문제에서 우주선이 가는 길 $g(x)=x-1$이었다면 f가 나타내는 길과 교차할까? 교차한다면 $a^2-a+1=0$이 참인 a값이어야 한다. 이런 값은 절대 존재하지 않는다. 왜냐하면 D<0이기 때문이다(확인해 보라). 두 길은 교차하지 않는다, 절대로.

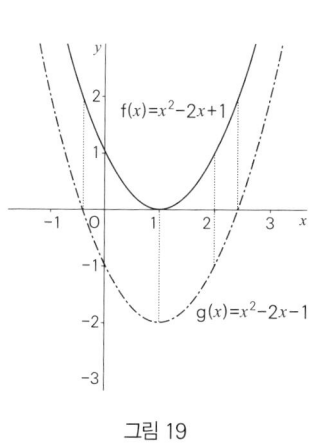

그림 19

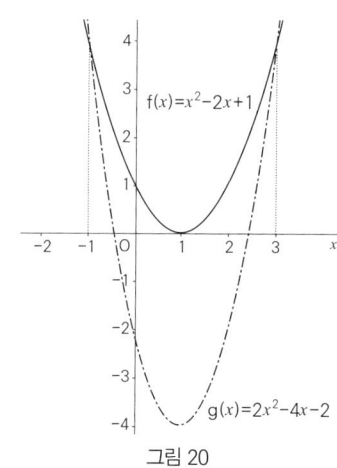

그림 20

■ **포물선과 포물선의 교차**

이제 두 포물선인 경우이다. 함수 f는 $f(x) = x^2 - 2x + 1$이라고 하자.

예제 1 함수 g가 $g(x) = x^2 - 2x - 1$이면 교차할까? 어떻게 생각하는가? 이 문제의 열쇠는 $g(x) = f(x) - 2$로 볼 수 있느냐에 달렸다(처음엔 잘 안 보여도 기호에 익숙해질수록 어느새 눈에 들어온다). 등식 $g(x) = f(x) - 2$는 함수 f에서 y축을 따라 -2만큼 평행이동한 것이 g라고 말하고 있다. 평행이동이니 두 곡선은 '평행'이다. 절대 겹칠 수 없다(그림 19).

> 문제1 함수 $g(x) = x^2$일 경우 $f(x) = g(x-1)$이므로 x축으로 이동이다.
> 그래서 절대 겹칠 수 없다. 이것은 맞는 말일까?

예제 2 $g(x) = 2x^2 - 4x - 2$라면 어떻게 될까? 그래프를 정확히 그릴 줄 알게 되면 두 그래프가 만난다는 것을, 다시 말해 함수 f와 g의 그래프가 공통 원소를 가진다는 것을 알기 쉽다(그림 20). 그림에서 보다시피 겹친다는 확신이 생긴다. 겹치는 점 x좌표를 a라 하면 점 $(a, a^2 - 2a + 1)$과 $(a, 2a^2 - 4a - 2)$는 같으므로, 따라서 등식 $a^2 - 2a + 1 = 2a^2 - 4a - 2$가 참이다. 그림에서 보다시피 a에 대한 2차 방정식을 풀면 a는 -1 또는 3이다. 맞게 풀었는지 확인해 보겠다.

$$3^2 - 2 \times 3 + 1 = 4 = 2 \times 3^2 - 4 \times 3 - 2$$

맞다. a가 -1인 경우도 맞게 했는지 여러분 손끝으로 직접 확인해 보라.

📓 **문제2** 아래 함수 f와 g의 그래프를 그리고 교차점을 찾아라.

- $f(x) = x^2 - 1$ $g(x) = -x^2 + 1$
- $f(x) = x^2 - 4$ $g(x) = -x^2 + 2x - 1$
- $f(x) = 2x^2 - 2x - 1$ $g(x) = x^2 + 1$

원의 넓이, 튀는 공, 던진 물체, 뿜어져 나오는 물……. 모두 포물선과 연관되어 있다. 행성 중에도 포물선과 연관된 것들이 있다(그림 21). 길면서도 튼튼한 다리를 만들 때도 포물선이 참여한다(그림 22). 접시 모양의 안테나는 포물선 형태로 굽어 있고, 멀리 빛을 쏘는 손전등 안의 거울도 그렇다(그림 23). 곳곳에 포물선 함수가 숨어 있다.

그림 21

그림 22

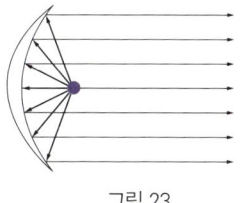

그림 23

이제 긴 여행을 마칠 때가 왔다. 우리는 2차 함수가 무엇이든 그래프를 그리고 중요한 정보를 알아낼 수 있다. 행성 운동이든 다리 세우기든 상관없다. 어떤 문제든 수학 언어를 써서 2차 함수꼴로 번역만 하면 해결할 토대를 다진 것이다. 그 일을 하는 데 무엇이 필요한지도 우리는 안다. 기본 함수와 기본 합성이면 충분하다. 이 모든 것을 하는 데 어떤 오묘한 법칙이 필요한 것은 아니다.

수와 식, 함수와 합성!

이것이면 충분하다. 기본과 원리에 충실하면 그것으로 충분하다. 굿바이!

공부하다 질릴 때면 낙서 본능이 발동한다. 포물선을 향해 지독하게 달려왔다. 질릴 때도 되었다. 여러분은 여러분대로 나는 나대로. 2차 함수를 몇 개나 그렸고 몇 번이나 보았던가!

바로 지금, 낙서 본능이 작열한다. 사실은 이 글을 쓰는 내내 포물선만 보면 떠올랐던 모습들이 눈앞으로 휙휙 지나간다.

여러분도 2차 함수에 질려 저절로 몸 부림쳐질 때, 가끔은 그래프에 이런 낙서를 하면서 스트레스를 풀어 보시라. 이 책도 끝났으니, 포물선 안에서 룰루랄라~ 좋아하는 만화를 봐도 좋겠다. 포물선에 대고 온몸을 활처럼 펴보면 더 좋겠다. (포물선 위에서 시체놀이를 해볼 수도…)

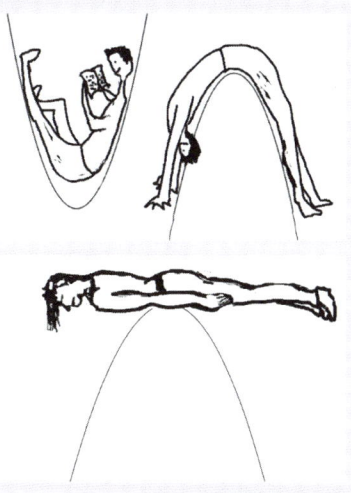

무엇이든 좋습니다, 좋아요. 지금까지 읽어 주신 여러분, 감사합니다. 이제 할 일은 하나 남았습니다. 기지개를 활짝 켜고 손바닥으로 땅! 내리친 다음, 딱! 소리가 나게 이 책을 확 덮어 버리십시오.

안녕, 굿바이, 아듀, 아디오스, 빠까, 차오, 짜이지엔, 사요나라……

중학수학
처음부터 이렇게 배웠더라면

초판 1쇄 인쇄 2012년 2월 6일
초판 6쇄 발행 2020년 9월 5일

지은이 박병하

펴낸곳 (주)행성비
펴낸이 임태주

출판등록번호 제313-2010-208호
주소 경기도 파주시 문발로 119 모퉁이돌 303호
대표전화 031) 8071-5913 **팩스** 0505) 115-5917
이메일 hangseongb@naver.com
홈페이지 www.planetb.co.kr

ISBN 978-89-97132-12-6 (13410)